“十三五”普通高等教育规划教材

C/C++程序设计

第3版

陈卫卫　王庆瑞　编著

机械工业出版社

本书是学习C/C++语言程序设计的教材。内容包括：C语言基础、分支和循环、构造类型（数组、结构、联合、枚举、文件）、函数、指针类型、类和对象，以及用附录形式给出的数制和码制、ASCII码表、C/C++常用库函数、Visual C++ 6.0的基本用法、Visual C++ 2010的基本用法、部分习题参考答案等。

本书通过100多个例题和500多道习题讲解C/C++语言基本用法，向读者讲授程序设计的方法。

本书可作为普通高校计算机类专业程序设计语言课程教材，也可作为广大信息技术爱好者学习程序设计方法的参考书。

本书配有微课视频和拓展文件（包括：一部分附录和一部分例题、习题以及程序源代码等），扫描二维码即可观看。

本书另配有电子教案和习题解答源程序，需要的教师可登录www.cmpedu.com免费注册，审核通过后下载，或联系编辑索取（QQ：2966938356，电话：010-88379739）。

图书在版编目（CIP）数据

C/C++程序设计 / 陈卫卫，王庆瑞编著. —3版. —北京：机械工业出版社，2019.1

“十三五”普通高等教育规划教材

ISBN 978-7-111-61405-0

Ⅰ. ①C… Ⅱ. ①陈… ②王… Ⅲ. ①C语言－程序设计－高等学校－教材 Ⅳ. ①TP312.8

中国版本图书馆CIP数据核字（2018）第280553号

机械工业出版社（北京市百万庄大街22号　邮政编码100037）

策划编辑：和庆娣　　责任编辑：和庆娣　胡　静

责任校对：张艳霞　　责任印制：张　博

河北鑫兆源印刷有限公司印刷

2019年1月第3版・第1次印刷

184mm×260mm・20印张・490千字

0001－3000册

标准书号：ISBN 978-7-111-61405-0

定价：59.00元

前　言

本书自 2008 年第 1 版和 2013 年第 2 版发行以来，在计算机基础教学中发挥了应有的作用，深受读者欢迎，对此，作者表示感谢。

图灵奖获得者 Dijkstra 说过："我们所使用的工具影响着我们的思维方式和思维习惯，从而也将深刻地影响着我们的思维能力"。计算机（包括一切智能设备）无疑是当今人们最为依赖的工具，这就促使我们必须用一种新的思维方式——计算思维，去理解人类的行为，探寻求解问题的方法，设计更多更好的计算机处理算法和程序，从而让计算机更好地为人类服务。培养人们的计算思维能力也是近年来国际学术界和教育界所倡导的一种新的教育理念。要具备这种思维能力，就必须了解计算机，懂得计算机的工作原理，掌握程序设计方法（就这个意义上说，计算思维也可理解为程序思维，或者说，计算思维包含程序思维）。而程序设计方面的训练是其中的重要环节。故而，本次再版力求将这种教育理念更好地融入教学内容当中。

作者根据长期从事算法设计与分析、数据结构、汇编语言和多种高级语言等有关计算机课程教学的经历，总结出这样的经验：要学好用好程序设计语言，必须把握好"记、读、仿、练、操"5 个环节。

记，是指学生先要粗记基本语法和程序框架，然后再通过上机练习，在理解中加以记忆和巩固，起到事半功倍的效果。尤其是对那些内容繁杂的、比较抽象和"绕人"的内容，如输入/输出格式、函数参数传递、指针等不能盲目死记。

读，就是熟读教材中的示例程序，细心体会其中的算法设计方法和程序设计技巧。大多数例题都有一定的代表性和渐近性，需要熟读。

仿，就是在第二步熟读的基础上，多多模仿编写与示例内容相近、结构相近的程序，逐步"仿造"出"好"程序来。

练，就是多做练习题，特别要独立完成程序阅读题和程序填空题。程序阅读题是用人脑模拟计算机，跟踪程序的执行，从而得出答案。跟踪过程对巩固语法规则很有帮助。完成程序填空题，需要弄清程序的功能和大体结构，根据上下文，"猜出"应该填写的语法成分，这对提高学生的程序思维能力大有好处。

操，即上机操作。在纸上编写的程序是"静止"的"死"程序。只有上机操作，才能让程序"动"起来、"活"起来，学会在调试过程中找出程序中的语法错误和逻辑错误。只有学会了在机器上编程并调试，才算真正地学会了编程。

作者正是按照如何在教学中紧扣上述 5 点打造本书的。具体体现于如下几点。

1. 全书始终以介绍程序设计方法为主线，语法概念仅作为支撑程序设计的工具，而不是单纯拿语法"说事"。适当地弱化语法概念，缩减单纯语法规则所占篇幅，将语法概念更多地融入例题和习题之中。为此，本书选用了 100 多道例题（包括拓展文件中的例题），分支、循环、数组等重点内容都配有单独一节程序设计示例，以突出这条主线。另有 500 多道习题与之配合，服务于这条主线，作为正文内容的补充和延伸，为教师留下较大的教学空间，以突出重点，强调应用。

2．将相关内容融合在一起，既体现出共性，压缩了篇幅，也便于归纳和总结。例如，运算符和表达式、构造类型、参数传递方式等。

3．每个例题都经过精心挑选，在多（量大）、经（经典）、精（精巧）、广（涉及面广）的选题指导思想基础上，本着循序渐进的原则，从解题的算法设计思路、算法的自然语言描述、算法的流程图、算法的实现程序、注释、对程序的解释说明等多角度对例题解法、所用到的数据、每一步的实现方法，以及程序结构和主要语句的含义等方面加以剖析与讲解，一步步引导读者进行计算思维，使之容易读懂程序，逐步学会程序设计方法。

4．有的例题先后多次出现，以体现不同的解法和使用不同的语法工具（如是否用数组、是否用函数、是否递归、是否用指针、是否用文件等）。通过这些范例，展示如何用语法描述问题和求解问题。

5．每道习题都经过精心设计，不仅习题量大，题型多（包括一般概念题、选择题、改错题、程序填空题、程序跟踪题、程序设计题等），有层次，而且自成体系，能够起到对教学内容“消化、细化、深化”的作用。在附录部分给出部分习题的参考答案，这些答案大多具有代表性，以冀起到指导作用。

题号前带“△”标记的是作者建议的上机练习题，这些题对巩固课堂知识具有典型的促进作用。多做上机练习是学好程序设计语言的最佳途径。因而，有能力的读者除完成那些带“△”标记的上机练习题之外，不妨从程序设计题中挑选出更多的习题进行上机练习。

6．与前两版的“章习题”模式不同，本版采用“节习题”模式，将独立训练单位由章细化到节，所配备的习题训练点的针对性更强，不仅便于教师布置作业，也便于学生自我练习。

7．书中所有程序（包括例题程序和习题中的程序）都进行了精心设计（并在 Visual C++ 6.0 环境下测试通过），具有良好的程序结构和程序设计风格，以起到示范作用。

8．考虑到 ANSI C（美国国家标准协会发布的 C 语言版本，也称 C89）作为一种优秀的教学语言被长期广泛使用，而单纯的 ANSI C 在现实中已极少用到（通常用 C++代替），故本书以 ANSI C 为主，将 C++的一些“好用的”（相对于基本 C）语法成分（如行注释、cin、cout 和传引用等）穿插其中，使学生从一开始就养成编写结构良好程序的习惯。特别是“传引用”的参数传递方式，对“净化程序”和增强易读性起到“不可代替的”作用。

9．简略介绍 C++的面向对象程序设计机制，使学生了解面向对象程序设计的基本原理，了解面向过程与面向对象之间的关系和差别，为以后掌握面向对象的程序设计方法打下基础。

全书共 6 章，前 4 章是基本内容，也是重点内容。第 5 章（指针）既是重点也是难点，第 6 章（C++的类和对象）是引申的提高内容。标有“*”的章节为选讲（或略讲）内容。

本书由陈卫卫、王庆瑞编写。微课视频分别由下列教师讲授：张睿（第 1 章）、赵斐（2.1 节）、王家宝（2.2 节）、唐艳琴（第 3 章）、李志刚（第 4 章）、吴永芬（第 5 章）和雷小宇（附录 D、附录 E 和 Codeblocks 用法）。

在此，对曾经为本书的编写、出版给予帮助、支持和鼓励的所有人士表示感谢。特别感谢机械工业出版社陆军工程大学的一贯关注和支持。

对于书中不当甚至错误之处，恳请读者批评、指正。作者联系方式 njcww@qq.com。

编 者

目　录

第1章　C语言基础

本章讲述C语言程序设计的基础知识，其中，程序设计语言的发展和分类、C语言的产生和发展过程、程序设计风格（以及附录A数制和码制），均属于C语言程序设计的外围知识；基本语法成分是学习后续内容的基础，数据类型、运算符和表达式等尤为重要；数据的输入和输出函数以及编译预处理命令不属于本章重点训练内容，但很常用（每个程序都必不可少）。1.1.3节中通过示例展示的算法设计基本方法和程序实现方法，对学习后续内容均有指导作用。

1.1　一般概念

1.1.1　程序设计语言的发展和分类

1．程序设计语言的发展

众所周知，计算机是在程序控制下自动工作的，要让计算机完成某项任务，就必须编写相应的计算机程序。编程所用的语言叫程序设计语言，这种语言人和计算机都能“看懂”，因此，程序设计语言是人指挥计算机的工具。

计算机中直接参与计算的运算器和控制器等部件都是由逻辑电路构成的电子器件，而逻辑部件只“认识”0和1，所以程序的最终形式都是由0和1组成的二进制代码。

二进制代码形式的语言称为机器语言。早在计算机诞生之初，人们就是直接用机器语言编程。但是，这种在计算机看来十分明了的机器语言程序，在人看来却是一部“天书”。后来，人们又将3个二进制位合并在一起变成八进制。再后来，为了与字节对应，又将4个二进制位合并在一起变成十六进制。将机器语言程序写成八进制，或十六进制形式，要比二进制形式“好看”一些。但是，不管二进制、八进制，还是十六进制，用数字表示指令序列都不直观，不仅专业性极强，而且非常难读难用，编程工作效率低，又极易出错。好在当初计算机应用面很窄，编程工作量不大，矛盾并不十分突出。

随着计算机应用面不断地扩大，程序需求量大增，编程工作量也越来越大，人们便产生了用符号代表机器指令的想法，设计出汇编语言（Assemble Language，又称符号语言）。比如，用ADD表示加法指令，用SUB表示减法指令等，要比用二进制0/1序列“00111011”表示某一条指令直观得多。用汇编语言编写的程序称为汇编源程序。将汇编源程序送入计算机，由计算机自动地将汇编源程序翻译成计算机能够直接执行的二进制程序，而计算机的自动翻译功能是由专用软件——汇编程序（Assembler，又称汇编器）完成的，当然，这个软件也是人们事先编写好，并安装在计算机系统中的。一台计算机配上了汇编程序就相当于人们“教会”计算机认识汇编语言了。再后来，人们又设计出反汇编程序，它能将机器语言程序反过来翻译成汇编语言程序。通过反汇编，人们就可以读懂安装在计算机中的可执行程序。

使用汇编语言减轻了不少人们的编程工作量，但是，汇编语言仍然十分原始，一条汇编语句（也称汇编指令）对应一条机器指令，易读性仍然很差。编制一个程序，哪怕只是用来完成简单计算任务的程序，通常需要成百上千条汇编指令。不仅编程效率低，程序不易调试，而且容易出错。更为麻烦的是，这种语言是完全按照计算机硬件设计的，不同种类的计算机都有自己特有的机器语言和汇编语言，一种类型的机器无法识别另一种类型机器的机器语言，所以，汇编源程序缺乏可移植性。

人们把机器语言和汇编语言归属为低级语言。

汇编语言的出现具有划时代的意义，它启发人们，可以设计出更好用的语言，只需要通过翻译器，将新语言的源程序翻译成机器语言程序。于是，人们期待的，脱离计算机机种的高级程序设计语言（以下简称高级语言）便陆续被设计出来。

第一个高级语言是 20 世纪 50 年代中期出现的 FORTRAN（FORmula TRANslator）语言，它的取名就意味着它所起的角色（翻译器）。该语言特别适用于编写科学计算（即纯数值计算）程序，直到今天仍然在发挥着作用，可见其生命力之强大。

后来人们又相继设计出用于商业事务处理的 COBOL 语言（Common Business Oriented Language），适合于算法描述的算法语言 ALGOL（ALGOrithmic Language），面向初学者的 BASIC 语言（Beginner's All-purpose Symbolic Instruction Code）、PL/1 语言（Programming Language/1）以及 Niklaus Wirth 根据结构化程序设计思想设计的 PASCAL 语言（Philips AutomaticSequence CALculator，同时也为了纪念最早实用计算器的发明者、数学家 Blaise Pascal 而命名），以及 C 语言、C++语言和一些更好用、“级别更高”的语言，这些语言在程序设计语言的发展历程中都起到十分重要的作用。

高级语言引入了变量、数组、分支、循环、子程序，以及接近数学语言的表达式等语法成分，用接近英语口语的语句描述处理步骤（例如，if…then…else…），不仅容易理解和记忆，而且一条语句的处理能力相当于几条、几十条，甚至几百条汇编指令，大大地提高了编程效率。

2．程序设计语言的大致分类

高级语言有两种形式，一种是编译型的，另一种是解释型的。

用编译型的高级语言编写的源程序（也称源代码）经过编译程序（Compiler，又称“编译器”）对其编译，产生出机器语言程序（称目标程序），再将一个或几个目标程序与标准库函数程序连接起来，最终构成一个完整的可执行程序。FORTRAN、PASCAL、C 等都属于编译型的语言。

BASIC 是典型的解释型高级语言，采用解释的方法执行源程序中的语句。通过解释程序（Interpreter，又称解释器）对源程序中的语句边解释边执行，而不产生目标程序文件。目前最流行的网络编程语言 Java 也属于解释型高级语言。

编译和解释的最大区别是，前者得到一个完整的机器语言程序，执行时可以脱离翻译环境，所以运行速度快；后者则不能脱离解释器单独执行，因而执行速度慢。

从另一角度，又可将高级语言分为面向过程的和面向对象的两大类。凡提供面向对象程序设计手段的语言都属于面向对象的，否则，属于面向过程的。

早期的高级语言（如 PASCAL、ALGOL 和 C 等）都是面向过程的。这类语言基于数据类型和处理数据的函数（或称过程）定义。数据在其作用域内可被任何函数访问，数据和处理数据的函数是分离的，缺乏数据保护机制。

面向对象的语言提供的机制支持面向对象的程序设计方法。以类（实际上是类的对象）作为基本单位，把数据以及处理这些数据的代码严密地封装在一起形成类，外部只知有类，但不知（也不必知道）类是如何处理的，只能通过类访问和处理类中的数据，而不能绕过类去访问类中的数据。这样，类内部的处理细节对外是屏蔽的，从而保护了类中的数据，有效地保证数据的完整性和一致性（详见第 6 章）。

20 世纪 60 年代开发的 Simula 67 语言提出了对象和类的概念，被认为是面向对象语言的鼻祖。20 世纪 70 年代出现的 ADA 语言（为纪念第一位有文字记载的女程序员 Augusta Ada Lovelace 而命名）支持抽象数据类型，是基于对象的语言。但由于它并不全面支持继承，所以仍算不得真正面向对象。再后来的 Simulatalk 语言和 Java 语言进一步丰富了面向对象的概念，将信息隐藏得更加严密，通过向对象发送信息的方式进行程序设计。C++语言，以及当前流行的网络编程语言 C#、Python 等都属于面向对象的程序设计语言。

另外，为了满足不同行业、不同人群的需要，人们还设计出各种各样的专用语言（比如，数控语言、各种辅助设计语言、数据库操作语言），以及专门用来软件开发的各种开发工具（有的也属于编程语言）等，这里不能一一列举。

总之，语言的发展促进了编程技术的发展，而编程技术的发展和编程要求同样也激励着编程语言的发展。易学、好用、功能强大，对使用者所应具备的计算机专业知识要求不高，是未来语言的发展方向。

3．C 语言的产生和发展过程

1967 年，Martin Richards 为编写操作系统和编译器开发了一种特殊的语言 Basic Combined Programming Language（缩写为 BCPL）。后来，贝尔实验室的 Ken Thompson 对 BCPL 进行修改，并取 BCPL 的首字母 B 作为名称，即 B 语言。

1972 年，贝尔实验室的 Dennis Ritchie 再次对 B 语言进行修改，取 BCPL 的第二个字母 C 作为修改后的语言名称，即 C 语言，并成功地在 DEC PDP-11 计算机上加以实现（即编写出该语言的编译器）。C 语言继承了 BCPL 语言和 B 语言的优点，克服其不足。继而，贝尔实验室用 C 语言开发 UNIX 操作系统大获成功，引起计算机界高度关注。从此，人们对 C 语言开发低层软件的能力有了充分的认识。

1978 年，Kernighan 和 Ritchie 在 Prentice Hall 出版的《The C Programming Language》一书引起了人们对 C 语言的广泛兴趣，C 语言得以普及和发展。到 20 世纪 70 年代末期，C 语言已逐步发展成今天所说的“传统 C”（也称 Kernighan & Ritchie C）。

1983 年，在美国国家标准委员会（ANSI）下属计算机和信息处理分会（X3）指导下，成立了 X311 技术委员会，该委员会对 C 语言进行了扩充，制定了统一的 C 语言标准（即 ANSI C）。后来又对 ANSI C 进行修订，产生了新的 ANSI C。此后，虽然产生多种不同的 C 语言版本，但它们基本上都符合 ANSI C 标准。

20 世纪 80 年代初，贝尔实验室又在 C 语言基础上，扩充了支持面向对象的程序设计功能，取名为 C++。

历史上比较有影响的 C 语言和 C++语言版本（大多带集成开发环境）有 Microsoft 公司出品的 Microsoft C（简称 MSC），Borland 公司出品的 Turbo C（简称 TC）和 Borland C++（简称 BC），以及 Microsoft 公司出品的 Visual C++（简称 VC）等。

本书以 ANSI C 为基础介绍 C 语言程序设计方法，同时穿插地介绍一些“好用的”的 C++语法成分（比如，输入 cin 和输出 cout，行注释符“//”，引用运算符“&”，运算符 new 和 delete 等）。这种以 C 语言为主，并含有一部分 C++语法成分的语言，本书称之为 C/C++语言。为便于叙述，后文中的“C 语言”多数情况下指的就是 C/C++语言。

本书第 6 章简单介绍 C++语言的类和对象的基本用法，以彰显面向过程和面向对象的程序设计的异同之处，使读者对面向对象的程序设计方法有一个粗浅的认识。

4．C 语言的特点

C 语言具有独特的风格，超短而精巧的源程序，灵活多变的 for 语句、break 语句和 continue 语句，“变化多端的”指针操作，超高的编译效率（源程序能被编译出效率非常高的目标代码）。

C 语言具有丰富的数据类型，以及多种多样的运算符和表达式。其中，自增自减运算、位运算、指针运算、取地址运算等与硬指令极为接近，使得 C 语言既具有一般高级语言的特征，又保留了部分汇编语言的特点，将高级语言和低级语言的优点融会在一起（所以特别适于开发底层系统软件）。正因为如此，C 语言被认为是一种带有低级语言色彩的、介于高级语言和低级语言之间的“中级”结构化程序设计语言。

编译预处理功能也是 C 语言的特色之一。

C 语言的语法格式十分灵活（如 for 语句），给程序员提供了极大的自由编程空间。

C 语言也存在不足之处。例如，因语法规定过于灵活而降低程序的易读性，甚至会造成隐蔽性错误；没有复数类型，纯数值计算能力差等。

另外，C 语言运算符的种类繁多，结合性和优先级等概念较复杂，初学者不易全面掌握。

1.1.2 C 源程序的基本结构

视频 1.1.2 C 源程序的基本结构

源程序结构包括物理结构和逻辑结构两个方面。物理结构指的是程序语句和程序块在源程序文件中的排列形式；而逻辑结构指的是程序语句和程序块的执行次序，即程序的流程。

1．物理结构

C 语言将一个独立的程序块称为一个函数。一个 C 源程序文件由一到多个函数组成，这些函数顺序排放在源程序文件中，排放次序并不十分重要（多少有点关系，详见第 4 章）。这种结构属于模块式结构[㊀]。函数是并列的、独立的，而不是嵌套的（一个函数内部不能定义另一个函数）。两个函数之间可以夹杂一些说明性语句，比如，编译预处理命令、全局量的定义或声明等。

每个函数都由一个函数头（包括函数类型、函数名、形参表等）和函数体（用一对花括号括起来的语句序列）组成。

图 1-1 给出 C 源程序物理结构示意图。其中，图 1-1a 是源程序文件结构，图中，双线条代表说明性语句，矩形代表函数；而图 1-1b 则是其中一个函数的结构。

㊀ 有些语言采用嵌套式的层次结构，如 PASCAL。

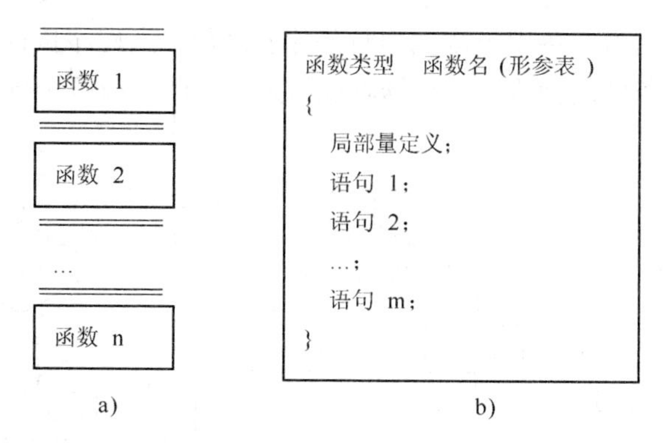

图 1-1　C 源程序的物理结构示意图

a) 源程序文件结构　b) 函数结构

一个完整的 C 源程序（可能由一个或多个源程序文件组成）必须有一个名为 main 的主函数，其余函数均是子函数（子函数名由程序员任取）。运行时总是从主函数的第一条可执行语句开始执行（无论主函数放在什么位置）。仅当被调用时，子函数才得以执行。当执行完主函数的最后一条语句时，这个程序的执行也便终止了。

源程序的任何地方都可以出现注释。

C++提供两种注释方式：行注释和段注释；ANSI C 只提供段注释，不提供行注释。

行注释以“//”开头，到本行末为止的内容均是注释。段注释从“/*”起到“*/”止，中间的内容都是注释。

行注释录入方便，但注释内容不能跨行。段注释则可以跨行，也可以夹在程序语句中间，而且段注释中还可以包含行注释。

对于大段大段的注释内容，若采用行注释，每行开头都要加“//”，所以采用段注释要方便些。

注释不是源程序语句，有无注释对程序执行结果没有丝毫影响，通过注释对程序语句、变量、程序段的功能加以注解，便于自己或他人阅读程序。

本书几乎所有的注释都采用行注释，当然，如果需要，也可改为段注释。

2．逻辑结构

程序的逻辑结构指的是，同一函数内语句的执行次序，以及各函数的执行次序。

同一函数内的语句总是顺序排列的。执行时也总是从第一条语句开始一条一条地依次执行。但是，当执行一条控制语句（条件语句、转移语句、循环语句等）时，就会改变语句的执行次序，从而改变了程序的流程方向。

有 4 种不同的流程结构：顺序结构、分支结构、循环结构和函数调用结构。其中，前 3 种属于函数内结构，第 4 种是函数间的调用关系。

处在顺序结构中的语句，执行时严格按照语句的先后次序逐条执行，其流程如图 1-2 所示（箭头表示流程方向），即执行次序是：语句 1、语句 2、语句 3。

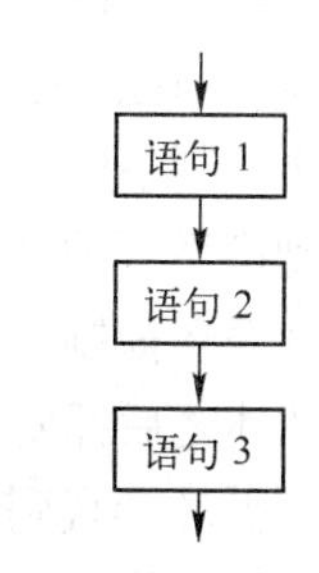

图 1-2　顺序结构流程图

分支结构有二分支和多分支两种，分别由 if 语句和 switch 语句实现，参见图 1-3。

分支结构的前部通常有一条用于测试判断条件的语句。当程序执行到该语句时，就对事先设置在程序中的判断条件进行测试，根据测试结果，从两个或多个分支中选择一个分支执行（其他分支不被执行）。

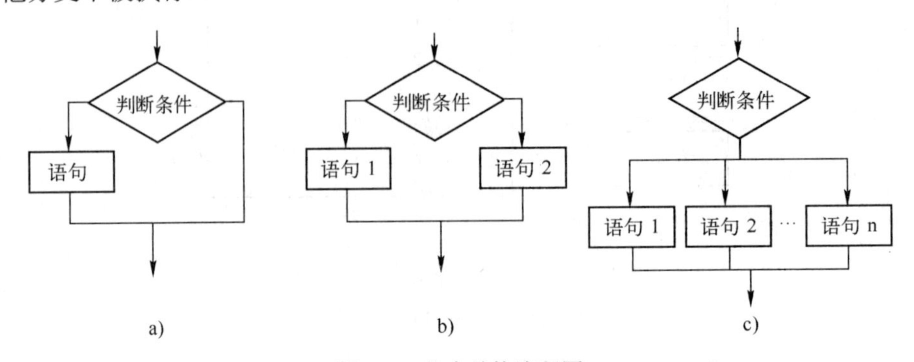

图 1-3　分支结构流程图

a) 二分支结构 1　b) 二分支结构 2　c) 多分支结构

循环结构也称重复结构。处在循环结构中的程序段称为循环体，在循环控制条件的控制之下，循环体可以反复执行。循环结构用于反复处理相同或相似的计算步骤。while 语句、for 语句和 do-while 语句都可以实现循环结构。

有两种循环结构：当型循环和直到型循环，如图 1-4 所示。

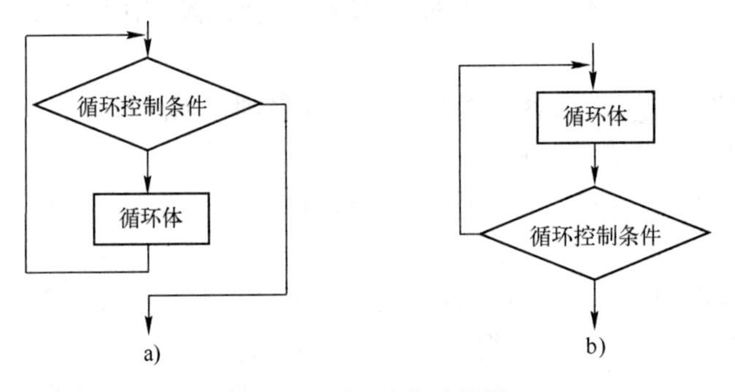

图 1-4　循环结构流程图

a) 当型循环结构　b) 直到型循环结构

当型循环的循环控制条件设在循环结构的前部，其执行流程是：先测试控制条件，然后根据测试结果，确定是否执行（或再一次执行）循环体，其意是当控制条件满足时就执行一次循环体；当控制条件不满足时就退出本循环结构。当然，每执行一次循环体之前都要重新检查一次控制条件。

直到型循环的循环控制条件设在循环结构的尾部，其执行流程是：先执行一次循环体，然后测试循环控制条件，确定是再次执行循环体，还是退出本循环结构。当然，也是每执行一次循环体之后都要重新检查一次控制条件。

当型循环和直到型循环的执行流程唯一区别在于，执行循环体前先测试循环控制条件，还是执行循环体后再测试循环控制条件。

顺序、分支、循环 3 种结构可以穿插出现在同一函数中，而分支结构、循环结构中也可以含有顺序结构、分支结构和循环结构，也就是说，这 3 种结构可以相互叠加，相互嵌套，形成复杂的程序结构。

函数调用可以改变程序的执行路径（即流程方向）。在执行一个函数时，如果遇到函数调用语句，那么控制（流程）从主调函数的调用点转移到被调函数，开始执行被调用函数。执行完被调函数后，返回到主调函数的调用点，继续执行主调函数中调用语句后面的语句。如图 1-5 所示。

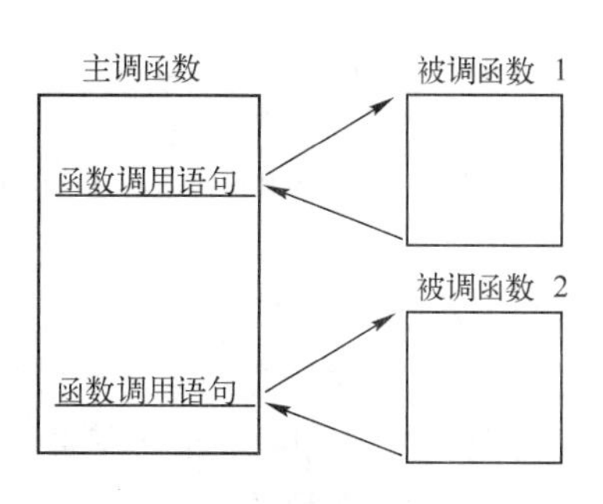

图 1-5　函数调用流程图

主函数可以调用子函数，子函数可以调用其他子函数，也可以调用自身（递归调用）。但任何函数（包括主函数本身）都不能调用主函数。

1.1.3　算法的描述和实现

1．程序和算法的关系

当人们着手求解某给定问题，设计求解此问题的处理程序时，先要确定解题方案，从中抽象出问题所涉及的数据及数据结构，设计出求解算法（即如何对这些数据一步步地进行处理，最后得到问题所需要的计算结果），然后按照算法中描述的计算步骤编写计算机程序（这一步称作算法的实现，而前一步则是算法的描述）。这就是著名的 Wirth 公式“算法+数据结构=程序”所概括的算法、数据结构和程序之间的关系。

视频
1.1.3　算法的描述和实现

按照这一角度，算法就是对计算步骤的描述，而程序则是实现计算步骤的（计算机可以执行的）指令序列，显然，程序中必含有算法。因此，有时候将算法称为程序，或将程序称为算法。

算法有多种描述形式，其中最常用的是自然语言描述形式（即文字叙述形式），以及下面介绍的流程图形式。

2．流程图

流程图也称框图，因为算法是程序的雏形，所以算法的流程图也就是程序的流程图。画流程图时要使用规范的流程图符号。

画流程图时要使用规范的流程图符号。

图 1-6 给出常用的流程图符号。其中，椭圆（图 1-6a）用于标注程序的起点（起始框）和结束点（终止框），框内通常书写“开始”和“结束”；矩形（处理框，图 1-6b）内书写程序的处理步骤；菱形（决策框，图 1-6c）用于书写程序分支或循环的判断条件；平行四边形（输入/输出框，图 1-6d）内书写程序的输入和输出数据；带箭头的线条（流程线，图 1-6e）用于指明程序的流程方向；小圆点（旁边带字母等记号，图 1-6f）用于指明流程图的连接点，当流程图太大，一处画不完时，通过连接点转到另一处再画，记号相同的，表示同一个流程点。

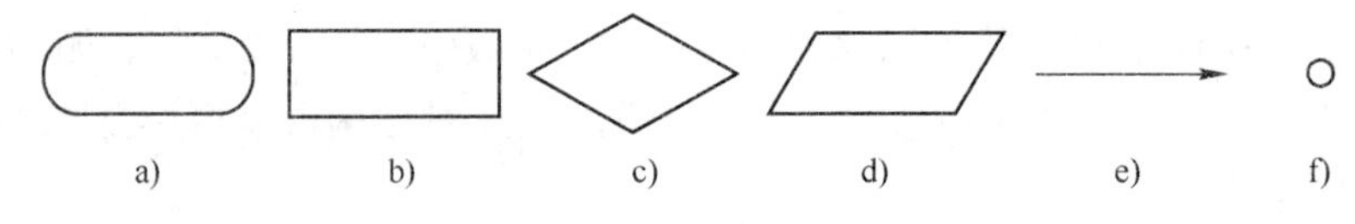

图 1-6 常用流程图符号

a) 开始、终止框 b) 处理框 c) 决策框 d) 输入/输出框 e) 流程线 f) 连接点

对于较为复杂的算法，通常先画出粗框图，再画出细框图，并逐步细化，直到容易编程实现为止。

3．示例

下面通过示例介绍如何针对给定问题设计算法，画流程图，以及如何编程实现。

【例 1-1】 输入一批正整数，统计其中奇数的个数和偶数的个数。

算法的设计思路

设计求解此题的算法时，可能涉及下面 3 个问题。

1）如何判定一个整数 x 是奇数还是偶数？

2）如何统计并记录奇数个数和偶数个数？

3）如何控制循环读数，并判断输入数据是否结束？

判断整数 x 的奇偶性可以采用“除 2 判余法”（后述）。

统计并记录奇数和偶数的个数可采用“计数器累加法”。使用两个变量 odd 和 even 分别作为奇数个数和偶数个数的计数器，使它们的初值为 0（俗称清 0）。然后，每当遇到偶数时就将偶数计数器 even 的值加 1，每当遇到奇数时就将奇数计数器 odd 的值加 1。

在使用计数器之前，总是先将其清 0，这是一个常识。

读数控制和判断输入数据是否结束，可以这样考虑：因为不知道一共有多少个正整数（只知道是一批），可以约定，在这批正整数后面添加一个值为 0 的数。于是，依次输入这些整数（输入一个处理一个），当输入的数为 0 时，就表示输入数据结束。

算法的自然语言描述（文字叙述）

第 1 步，将计数器 odd 和 even 清 0，即 odd=0，even=0。

第 2 步，输入第一个数 x。

第 3 步，如果当前输入的 x 为 0，则转第 5 步；否则执行第 3-1 步和第 3-2 步。

第 3-1 步，如果 x 是偶数，则计数器 even 加 1；如果 x 是奇数，则计数器 odd 加 1。

第 3-2 步，输入下一个数 x。

第 4 步，返回第 3 步（循环处理）。

第 5 步，输出统计结果，结束。

判断 x 奇偶性的具体方法是，用 x 除以 2，考查所得的余数是否为 0，若余数为 0，则 x 是偶数；若余数不为 0，则 x 是奇数。取余运算“x%2”能够得出 x 除以 2 所剩的余数，于是第 3-1 步可以描述为“如果 x%2 等于 0，则 x 是偶数 even 加 1，否则 x 是奇数 odd 加 1”。

算法的流程图

图 1-7 为上述算法对应的流程图。

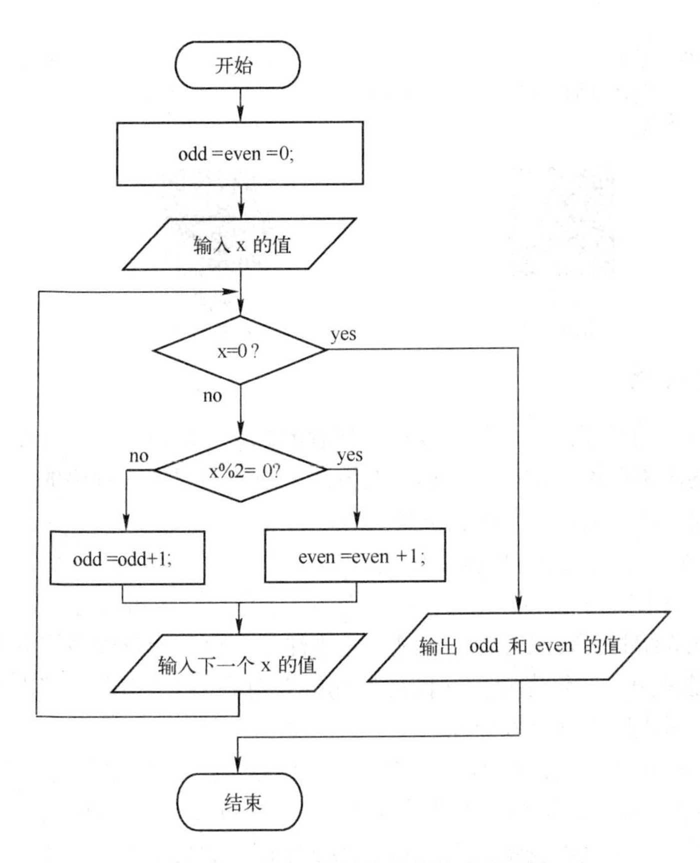

图 1-7　统计奇偶数个数的算法流程图

算法的实现程序

输入数据可用输入语句“cin >>x;”实现，输出数据可用输出语句“cout<<even;”实现，循环处理可用循环语句“while(x!=0)”实现，判断 x 的奇偶性并计数可用条件语句“if(x%2= =0)even=even+1;else odd=odd+1;”实现。

再配上必要的编译预处理命令、变量定义，和适当的注释，就可拼装成一个完整的 C 源程序。由于上述算法结构比较简单，只用一个主函数，无须子函数。

程序如下：

```
#include <iostream.h>                //文件包含命令
void main( )                         //主函数头部
{ int x, even,odd;                   //定义变量
  odd=even=0;                        //将 odd 和 even 清 0
  cout<<"请输入一批整数，最后输入一个 0 表示输入结束！"<<endl;          //提示信息
  cin>>x;                            //输入第一个数
  while(x!=0)                        //当输入的 x 不是 0 时，进入循环体
   { if(x%2= =0)even=even+1;         //x 是偶数时，even 加 1
     else   odd=odd+1;               //x 是奇数时，odd 加 1
     cout<<"再输入一个整数";          //提示信息
     cin>>x;                         //输入下一个数
   }
```

```
    cout<<"你共输入了"<< even+odd<<"个数，其中，"<<odd<<"个奇数，"<<even<<"个偶数。"<<endl;
        //输出有关数据后，再输出一个换行符
}       //程序结束
```

拓展
示例 T1-1

拓展
示例 T1-2

1.1.4 程序设计风格

设计出结构良好的程序是每个程序设计工作者的职责，所以，从一开始就要注意培养良好的设计风格，逐步掌握设计结构良好程序的方法。通常需要考虑程序的易读性、可维护性和用户界面等方面。具体地说，要注意下列几点。

1）语句行首对齐方式（源程序排版格式）。

C 语言采用自由书写格式，每行可写多条语句，一条语句可占多行，行首起点任意。

这种自由格式为编程者带来方便，但是，稍不注意，也会造成程序结构上的混乱。

规范的做法是采用"同级左对齐（同层语句行首对齐），子句向右移"的缩排格式，按照程序的逻辑层次对程序进行排版处理。

另外，最好一行只写一句，而不要写多句。这不仅便于阅读，也易于调试。

2）适当地加以注释。注释用于对程序中的变量、语句、程序段的功能进行附加说明，以便于阅读。所以，要对重点变量和重点语句加以注释。如果不加注释不仅他人不易读懂，就是编程者本人，过一段时间后，也可能读不懂自己编写的程序，给程序维护带来困难。

尤其要注意的是，修改程序应同步修改注释。从这一点上说，注释并非越详细越好，过多的注释会增加因修改程序而修改注释的工作量。如果修改了程序，但没有及时修改注释，那么注释反而有害，因为错误的注释使程序更难读懂。

3）合理地使用标识符。选用带实际含义的常量名、变量名和函数名，可以增强程序的易读性。

4）采用"自顶向下"和"自底向上"相结合的设计方法，也就是自顶向下逐步分解，自底向上逐级编程实现。具体地说，在处理"较大问题"（即为求解较复杂问题而设计程序）时，不要急于动手编程，先设计出粗略的处理步骤，画出粗框图，然后将粗框图不断地细化，画出一系列细框图，逐步求精，直到每个框图中的每一步都很容易编程实现。然后对每个细框图分别编程实现（作为一个程序段，或一个独立的函数），并逐级向上拼装成大的功能模块，直到最顶层的粗框。

这种做法的好处在于，易于保持良好的程序结构，即使一时遗漏了某些应当考虑的情况，也只要修改下层程序，不触及或较少触及上层程序。

5）少用或不用 goto 语句。使用 goto 语句可以使程序流程"灵活地"转移（也称跳转）到任一处执行。然而，正是这种灵活，极大地损伤了程序结构。跳来跳去，难于理解。出了错，也很难查出错在何处和出错原因。

6）事先考虑周全，少打"补丁"。有一种情况，对程序结构的破坏是"事后所为"。由于开始时考虑不周全，不细致，等到大程序拼装完成后，发现这儿有问题，那儿也有问题。只好用打补丁的办法对程序进行修补。而打补丁通常靠goto语句实现，这就破坏了程序结构。

7）要注意用户界面的设计，力求界面良好。程序中，凡是要求用户输入数据时，都要先输出提示信息，提示用户按程序要求输入相应的数据。

比如，【例 1-1】的程序中，输入语句“cin >>x;”之前的那条语句就是输出提示信息的。如果没有这条输出提示信息的语句，那么，当程序运行到输入语句“cin >>x;”，用户屏幕上将出现黑屏（只有一个闪烁的光标，等待用户输数据），出现这种情况时，用户很可能不知如何操作。

必要时，在用户输入数据后，将输入的数据原样显示，供用户自我检查所输入的数据是否是自己想要的。【例 1-1】的程序中缺少这样的语句。

8）程序要有容错性。为使程序更加完美，还要对用户输入数据的合法性进行检查。当用户输入数据不符合程序要求时，提示用户重新输入（直到数据合法为止）。也就是允许用户输入数据时出现差错。

为使程序具备容错性，必然会增加程序的长度，有时会增加得很长，不利于对程序主体部分的阅读。由于本书中的示例程序属于教学程序，而非实用性程序，所以都不带容错性检查。但尽管如此，作者仍希望读者在设计程序时，哪怕是练习程序，尽量带容错性检查，以养成良好的程序设计习惯。

习题 1.1

[简答题]

1.1-1　什么叫低级语言？什么叫高级语言？哪种语言对使用者要求更高？

1.1-2　与“面向过程”相比，面向对象的程序设计方法有什么特点？

1.1-3　保持良好的程序风格需要注意哪些方面的问题？

1.1-4　简述C语言具有的特点（包括优点和不足之处）。

1.1-5　简述C语言源程序的物理结构和逻辑结构。

[填空题]

1.1-6　一个 C 语言源程序通常含有多个函数，其中必须包含一个（1）________，而且总是从（2）______函数开始执行。

1.1-7　C++提供（1）________两种注释方式。ANSI C只提供（2）______注释，不提供（3）______注释。

1.1-8　当型循环的循环控制条件设在（1）________，其执行流程是：先（2）______，然后根据测试结果，确定是否执行（或再一次执行）循环体，其意是，当（3）______就执行一次循环体（并再次循环）；当（4）______就退出本循环结构。

1.1-9　直到型循环的循环控制条件设在（1）____________，其执行流程是：先（2）_________，然后（3）_________，确定是再次执行循环体，还是退出本循环结构。当然，也是每执行一次循环体之后都要重新检查一次控制条件。

1.1-10　当型循环和直到型循环的执行流程唯一区别在于（1）_________。

[算法设计题]

1.1-11　用自然语言描述判定正整数n是不是素数（即质数）的算法。

1.1-12　分别用自然语言和流程图描述求解下面问题的算法。

输入一批非 0 整数（当输入为 0 时表示输入结束），统计其中正数和负数各多少个。

1.1-13　分别用自然语言和流程图描述求解下面问题的算法。

输入一批学生的考试成绩（百分制），当输入分数值为负数时表示输入结束，分别统计其中不及格、60～69 分、70～79 分、80～89 分、以及 90～100 分的人数。

1.1-14　分别用自然语言和流程图描述求解下列问题的算法。

输入一个 4 位正整数 n，输出其各位数字之和 s，并判断 s 能否被 3 整除，若能则输出“Yes”，否则输出“No”。

△1.1-15　练习在 Visual C++ 6.0（或 Visual C++ 2010）环境下，创建源程序文件，并将【例 1-1】中的程序录入到新创建的源程序文件中，对其进行编译和运行。

录入时可以故意录错几处，观察编译结果和改后的编译结果。

△1.1-16　用下面的程序代替【拓展示例 T1-1】中的程序将其投入运行。并与之比较，哪个程序更好些，为什么？

```
#include  <iostream.h>
void  main( )
{ int x, n;
  cout <<"请输入正整数 n 的值（n=0 时结束）   n= ";
  cin>>n;
  while(n!=0)
  {
     cout <<n<<"的质因子分解式为："<<n<<'=';
     while(n%2= =0&&n>2)
         {cout << 2<<'*';   n=n/2;}
     x=3;
     while(x*x<=n)
       if(n%x= =0){cout << x<<'*';   n=n/x;}
       else   x=x+2;
    cout <<n<<endl;
    cout <<"请再输入一个正整数 n 的值   n= ";
    cin>>n;
   }
}
```

1.2　基本语法成分

视频
1.2.1　字和词

1.2.1　字和词

C 语言中，由字符构成单词（共有 6 种单词：保留字、标识符、常量、运算符、分隔符、注释符），由单词“拼成”表达式、语句和说明，由语句和说明构成函数，由函数组合成完整的源程序。一个源程序就是一个符合语法规定的并具有一定处理功能的语句和说明序列。

1．字符

具有语法含义的字符包括下列 4 类，均属于 ASCII 码基本字符集中的可印刷字符。

（1）英文字母（大写字母和小写字母各 26 个，且大小写字母含义不同）、数字 0～9、下画线

可用这些字符拼写保留字、标识符和常数值。

（2）5 种括号：{ }　[ ]　( )　'　"

1）一对花括号“{ }”用作语句括号和成员括号，将若干条语句和说明括起来构成分程序或复合语句；定义结构类型、联合类型、枚举类型和类时，将成员序列括起来；为数组元素赋初值时，将初值序列括起来。

2）一对方括号“[ ]”用于定义数组长度，或表示数组元素的下标。

3）一对圆括号“( )”用在表达式中改变运算次序，或用于函数的参数表。

4）一对单引号“ ' ”（不分左右）用于表示字符常量。

5）一对双引号“ " ”（不分左右）用于表示字符串常量。

（3）专用符号（作为运算符和分隔符）

+　-　*　/　%　=　<　>　!　?　:　.　,　&　^　～　|　;　#

（4）空白符和空字符

空白符包括：空格符、水平制表符（Tab）、换行符（'\n'）。

空字符（'\0'）是字符串结束符。

除上述 4 类以外的其他字符均不具有语法含义，但可以作为字符常量，或出现在字符串和注释中。

2．保留字

保留字（keyword）也称关键字，是具有特定语法含义的英文单词（或缩写）。所有的保留字均由小写字母构成（不用大写字母）。

常用的保留字可分为下列 3 类。

（1）用于对变量的类型和属性说明的保留字

char　int　float　double　void（基本类型）

enum　struct　union（构造类型）

long　short　signed　unsigned（类型修饰符）

static　auto　extern　register　const　volatile（属性说明符）

typedef（定义新类型）

（2）用于描述语句的保留字

if　else　switch　case　default　goto（分支和转移语句）

for　while　do　break　continue（循环语句）

return（返回语句）

（3）运算符

C 语言中，用保留字表示运算符的只有“sizeof”。该运算符用于计算指定对象所占存储单元数（字节数）。

C++中，另有一些用保留字表示的运算符，例如 new 和 delete。

另外，大多数版本都各自扩充了一些保留字，使用时要注意，不要误用作标识符，造成语法错误。

3．标识符

标识符（identifier）又叫用户字，是用户为程序中的常量、变量、数组、函数、文件、类型等所起的名字，所以标识符又俗称“名字”。

标识符可以是单个字母，也可以是由字母或下画线开头的字母、数字、下画线组成的字符序列。注意，标识符不能与保留字相重，而且字母大小写是不同的。

例如，合法的标识符：

NanJing　　DLink　　dLink　　a　　A　　_proc　　r3

其中，DLink 与 dLink 是两个不同的标识符，a 与 A 也是两个不同的标识符。

下面的字符序列不能用作标识符：

for　　W.doc　　a&b　　A_3　　2ps　　x^2

对标识符长度（字符个数）的限制，不同系统可能有不同的规定。比如，TC 规定前 32 个字符有效，超过规定长度时，超过部分被忽略。

用户给变量或常量等取名时，不要过于随意，最好能够做到“见名知意”，以增强程序的易读性。比如，用 sum 表示累加和，用 average 表示平均值，用 MAX 表示最大值等，使人一看就能猜出大概含义。

建议不用单个的 Z、O 以及 L 的小写字母等作为变量名，因为它们容易与数字 2、0 和 1 混淆。

main 是一个特殊的标识符，只能作为主函数名，不能作为变量名。

有些标识符前面加“#”代表预编译命令，如#include（文件包含）和#define（宏定义），不要将它们作为一般标识符使用。

1.2.2　数据类型

视频
1.2.2　数据类型

1．常量和变量

程序中参加运算的数据可以是常量（constant）和变量（variable）。无论常量还是变量，都必须有确定的数据类型。

在程序运行期间，可以通过输入或赋值等操作修改变量的值，但常量的值是不能改变的。

常量可以数值形式出现，也可用标识符表示。用标识符表示的常量称为符号常量或标识符常量（symbolic constant）。

常量的数据类型由其数值形式确定，无须专门指定其类型。

例如，219 和−123 属于整数型常量，12.31 和 12E07 是实数型常量，'a'和'A'是字符型常量。

有 3 种方式定义符号常量：用宏命令定义、用 const 定义、用枚举类型定义。

使用宏命令定义符号常量的一般格式为

```
#define　常量名　具体数值
```

其中，“#define”是宏命令名，“常量名”是标识符。

例如：

```
#define　N　256　　　　//定义 N 等于 256（整数），后面不带分号
```

```
#define    PI    3.14159          //定义π的近似值（实数）
```

用 const 定义符号常量，如：

```
const   int    N=256;          //定义N等于256，后面要带分号
const   float   PI=3.14159;
```

用枚举类型定义常量的方法见 3.3.2 节。

习惯上，符号常量名用大写字母表示，而一般变量名用小写字母表示（容易区分）。

使用符号常量可以增加程序的易读性和通用性。建议，除 0、1 等特殊常数外，程序中所用的常数最好都采用符号常量形式，尤其是定义数组时，其长度最好不要直接用具体数值。

变量定义的简单格式为

```
类型说明    变量名或变量名序列;
```

其中，"类型说明"通常是"类型名"。

例如：

```
int   i, j, k;          //定义3个int（整型）变量i，j，k
float   r;              //定义一个float（实型）变量r
char   c;               //定义一个char（字符型）变量c
```

程序中的变量必须先定义（产生名和类型）再使用，先定值（产生值）再使用其值。如果未定义就使用，那么编译时将报错"undeclared identifier"（标识符未定义）。如果未定值就使用其值（其值是不确定的），那么可能出现意想不到的计算结果。

有多种方法给变量定值，可以在定义时赋初值（称为初始化），可以通过输入语句为其输入数值，也可以用赋值运算为它赋值。

例如，在定义时为变量赋初值：

```
int   a=0, b, c=15;          //定义时分别给a、c赋了初值，而没对b赋初值
char   ch1='a', ch2;         //定义时给ch1赋了初值
```

2．数据类型的分类

数据类型分为基本类型、构造类型、指针类型和空值类型，如图 1-8 所示。其中，构造类型和指针类型都是由基本类型导出的类型，而空值类型（也称空类型，或哑类型）通常用来说明某些函数的类型。

基本类型和指针类型属于简单类型（只含单一数值，即单值类型）。构造类型含有多个成员（分量），属于多值类型，其成员可以是简单类型，也可以是构造类型（形成嵌套）。

不同类型的数据所占内存单元数（长度）不同，存储格式不同，数值取值范围不同，可参与的运算种类也不同。

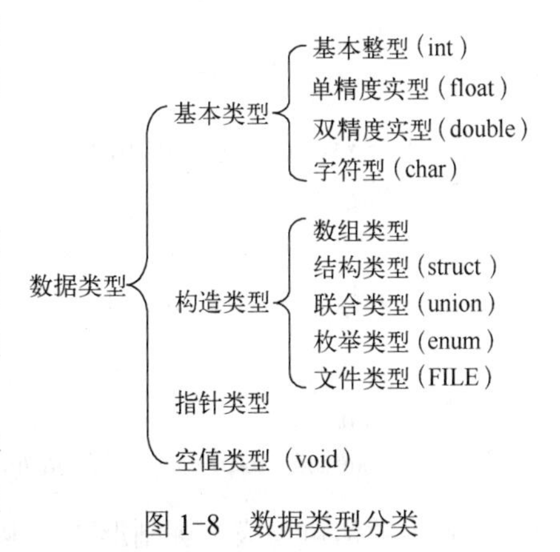

图 1-8　数据类型分类

void 以外的基本类型还可以附加下列修饰符（用于改变存储方式和取值范围）：

signed：带符号修饰符。

unsigned：无符号修饰符。

long：长型修饰符。

short：短型修饰符。

另外，不同系统对各类型的长度（即所占内存字节数）有不同的规定。例如，VC 系统中 long int 和 int 都占 4B，short int 占 2B（见表 1-1）；而 TC 中，int 和 short int 都占 2B，long int 占 4B。

表 1-1 VC 的基本数据类型的长度和取值范围

类 型 名	长度	取 值 范 围
char	1	-128～127
int	4	-2147483648～2147483647
float	4	3.4E-38～3.4E+38（绝对值）
double	8	1.7E-308～1.7E+308（绝对值）
signed char	1	同 char
unsigned char	1	0～255
signed int	4	同 int
short int	2	-32768～32767
signed short int	2	同上
unsigned int	4	0～4294967295
unsigned short int	2	0～65535
long int	4	同 int
signed long int	4	同 long int
unsigned long int	4	同 unsigned int
long double	10	1.2E-4932～1.2E+4932（绝对值）

注：带下画线的部分表示此内容可以省略。

程序中可以使用运算符 sizeof 测试某类型的长度，形式如下：

```
sizeof (类型名)
sizeof 表达式        //若表达式中带有运算符，要考虑优先级
sizeof (表达式)
```

例如，VC 中，sizeof(int)的结果值为 4；而 TC 中，sizeof(int)的结果值为 2。

3．整型

整型又分为基本整型（int）、长整型（long）、短整型（short）和无符号整型（unsigned）等（见表 1-1），其值只能是整数。例如：

```
int    i, j, k;          //定义 i,j,k 为基本整型变量
short   si ;             //或 short int si;（定义 si 为短整型变量）
unsigned  ui ;           //或 unsigned int ui;（定义 ui 为无符号整型变量）
```

整型数值可写成十进制形式，也可写成八进制形式和十六进制形式。

十进制形式：可带正负号的数字串（但第一位不能是 0）。比如 123、-108、0 等。

八进制形式：如果数字串的第一位为 0，就是八进制形式。如，0123 相当于十进制的83（而不是 123），-011 是十进制的-9。不过八进制数中的每位数字必须是 0～7。

十六进制整数：如果以 0X 开头，就是十六进制表示的整数。十六进制数中的数字可以是 0～9、A～F（即 10～15）。例如 0x1a2c 和 0XFF（相当于十进制的6700 和 255）。这里，字母 X 和 A～F 不分大小写。

如果整数后面带字母 L（不分大小写），则表示长整型数值（十进制、八进制、十六进制均可）。例如，1234567890L。

带符号数所占存储单元的最高位是符号位，用于表示数值的正负号，“0”表示正数，“1”表示负数，其他位才是数值。无符号数没有“符号位”的概念，所占字节的每一位（bit）都用来存储数值。

4．实型（也称浮点型）

实型数据分单精度（float）和双精度（double）两种，例如：

```
float   x,y;            //定义 x 和 y 为单精度实型变量
double   d,c;           //定义 d 和 c 为双精度实型变量
```

实型常量不能表示成八进制或十六进制形式，也无单双精度之分，其数值可采用十进制形式或指数形式（即科学表示法）。

十进制形式表示的实数中含有一个小数点，小数点之前是整数部分，小数点之后是小数部分（也可以缺少小数部分，或缺少整数部分），当然整个数前面可带正负号（正号通常不写），例如，2.19、-0.123（或-.123）、1.0（或 1.）、0.0（或 0.、.0）等。

用十进制形式表示绝对值不大不小的数值很直观，但要表示-5180000000000000000 或0.000000000000000263 就很不方便。平时人们常将这样的数值写成指数形式：-5.18×10^{18}和 2.63×10^{-16}，便于目测数值大小。在程序中分别写成-5.18E18 和 2.63E-16（字母 E 不分大小写）。

指数形式的一般格式为

```
尾数部分 E 指数部分
```

尾数部分、字母 E 和指数部分三者缺一不可。而且，尾数可以是整数，也可以是十进制实数（即带小数点），指数部分必须是整数。所以，E-3（少尾数）、3.8e2.13（指数不是整数）等都是不合法的。

5．字符类型

字符变量用来存放一个字符（只能是“一个”，既不能多也不能少），例如：

```
char   c1,c2;           //定义 c1,c2 为字符变量
```

字符常量有两种形式，一种是用一对单引号括起来的一个普通字符，另一种是用一对单引号括起来的转义字符。

单引号括起来的字符常量比较直观，如'A'、'='、'b'、'+'、'd'等。但是，'A=b+d'却不是字符常量（因为括号内有多个字符）。

转义字符以转义控制符反斜杠“\”开头，后面跟一个小写字母，或 1～3 个八进制数字，或小写字母 x 再跟 1～2 个十六进制数字 3 种书写形式，例如：

'\n'：表示换行符（而不是小写字母 n 本身）。

'\101'：表示 ASCII 码等于八进制的 101（即十进制的 65）的字符（大写字母 A）。

'\x62'：表示 ASCII 码等于十六进制 62（即十进制的 98）的字符（小写字母 b）。

表 1-2 给出了常用的转义字符及其含义，其中多数是不可见的控制字符，而“\\”和“\'”分别表示反斜杠本身和单引号本身。

表 1-2　常用的转义字符

书写形式	功能及含义	书写形式	功能及含义
\n	换行	\r	回车
\t	横向跳格到下一输出位置	\f	走纸换页
\v	竖向跳格	\\	字符反斜杠本身
\b	退格	\'	字符单引号本身

空字符'\0'是一个很重要的转义字符，其 ASCII 码值为 0，用作字符串的存储结束标记。

字符型数据可以作为整数使用（参与运算、输入、输出）。一个字符型数据的数值就是其 ASCII 值（参见附录 B）。

6．字符串常量

字符串常量是用一对双引号括起来的一串字符（即字符序列），串中的字符个数称为串长度。如："China_Nanjing"、"This is a string"、"a"等都是字符串常量。空串""（双引号中一个字符也没有）的长度等于 0。

C 语言没有专门的字符串类型，如果要将字符串表示成变量形式，可以将其存储在一维字符数组中。

在存储字符串时，通常要在尾部加一个字符串结束符'\0'（大多数情况下，是系统自动加的）表示字符串的结束，结束符却不计入串的长度。

图 1-9 分别给出字符常量'a'和字符串"a"，以及字符串"Nanjing"的存储形式。

图 1-9　字符和字符串的存储形式

a) 'a'的存储形式　b) "a"的存储形式　c) "Nanjing"的存储形式

另外，C 语言中没有逻辑类型（即布尔类型），整型、实型、字符型都可用来表示逻辑值的“真”和“假”，0 表示假，1 或者非 0 表示真。

C++语言中的逻辑类型名为“bool”。

视频
1.2.3　运算符和表达式

1.2.3　运算符和表达式

1．运算符的优先级和结合性

表达式是由运算对象（常量和变量）和运算符组成的计算式。单独一个常量、一个变量或一个函数式（带有返回值的函数调用）也是一个表达式。

C 语言的运算符和表达式的种类繁多，有算术运算符（加、减、乘、除、取余数等）和位运算符（移位和按位运算）、关系运算符（比较数值的大小）、逻辑运算符（与、或、非等），以及赋值运算符和复合赋值运算符、逗号运算符、条件运算符。相应地（由这些运算构成的）有算术表达式、关系表达式、逻辑表达式、赋值表达式、逗号表达式和条件表达式等。

不仅按优先级，而且还按结合性（也称结合方向，是 C 语言特有的概念）来规范运算符的运算次序。当一个表达式中出现多个运算符时，首先按优先级的高低确定运算次序，而同级运算符相继执行时，则按结合性确定运算次序。

表 1-3 按优先级由高到低列出了所有运算符的优先级和结合性。“目数”栏中列出运算符需要的操作数个数。

表 1-3　运算符的优先级及结合方向

<table>
<tr><th>优先级</th><th>运 算 符</th><th>含　　义</th><th>种　　类</th><th>目　　数</th></tr>
<tr><td>1</td><td>( )
[ ]
->
.</td><td>圆括号
下标
指向结构的域
取结构的域</td><td>初等运算符</td><td></td></tr>
<tr><td>2☆</td><td>!　~
++　--
-
（类型）
*
&
sizeof</td><td>逻辑非、按位取反
自增、自减
负号
类型转换
指针
取地址
求长度</td><td>单目运算符</td><td>1</td></tr>
<tr><td>3</td><td>*　/　%</td><td>乘、除、取余</td><td rowspan="2">算术运算符</td><td rowspan="10">2</td></tr>
<tr><td>4</td><td>+　-</td><td>加、减</td></tr>
<tr><td>5</td><td><<　>></td><td>左移、右移</td><td>移位运算符</td></tr>
<tr><td>6</td><td><　<=　>　>=</td><td>关系运算</td><td rowspan="2">关系运算符</td></tr>
<tr><td>7</td><td>==　!=</td><td>等于、不等于</td></tr>
<tr><td>8</td><td>&</td><td>按位“与”</td><td rowspan="5">逻辑运算符</td></tr>
<tr><td>9</td><td>∧</td><td>按位“异或”</td></tr>
<tr><td>10</td><td>|</td><td>按位“或”</td></tr>
<tr><td>11</td><td>&&</td><td>逻辑“与”</td></tr>
<tr><td>12</td><td>||</td><td>逻辑“或”</td></tr>
<tr><td>13☆</td><td>?　:</td><td>条件运算</td><td>条件运算符</td><td>3</td></tr>
<tr><td>14☆</td><td>=　+=　-=
/=　%=　&=
∧=　|=
<<=　>>=</td><td>赋值，复合赋值</td><td>赋值运算符</td><td>2</td></tr>
<tr><td>15</td><td>,</td><td>逗号</td><td>逗号运算符</td><td></td></tr>
</table>

注：1. 级数小表示优先级高。
2. 优先级栏中带“☆”者表示“右结合”，其余为“左结合”。

2．算术运算

（1）基本算术运算

基本算术运算包括：+（加）、-（减）、*（乘）、/（除）和%（取余）。

其中，+、-、*、/具有通常的数学含义，参与运算的数据可以是整型、字符型和实型。运算的结果类型则可能是整型（若两个操作数都是整型），也可能是实型（若含有实型操作数）。

对于除运算“/”来说，如果参与运算的两个操作数都是整型，则结果值只取商的整数部分，忽略其小数部分（不管小数部分有多大，比如0.999），并且结果类型是整型。例如：

```
15/4        //结果值为3
```

只要除数或被除数中有一个是实型，那么结果值就是实型（包括商的整数部分和小数部分）。如果程序中遇到两个整型数据相除，而且要求完整的商（包括整数部分和小数部分）的话，至少将其中的一个操作数转换成实型。例如 15/4，应当写成：15/4.0 或 15.0/4 或 15.0/4.0。

如果 a 和 b 都是整型变量，而且需要“真除”，那么 a/b 应当写成：float(a)/float(b)或 double(a)/b 等，也就是至少将其一类型强制转换为实型。

另外，“-”除了作为减号使用（两操作数相减）外，还可作为负号使用，如：-2，-b 等。

取余运算（%）也称模运算，要求参与运算的两个操作数必须都是整型（或字符型），运算结果值是两数相除所得的余数。例如：

```
18%4        //结果值为2
```

（2）自增自减运算

自增（++）和自减（--）是两个特殊的单目运算符，分别使变量的值增 1（++）和减 1（--）。

有两种用法，一种是将自增自减运算符放在变量的右侧（后缀运算），其格式为

```
变量++
变量--
```

其含义是：先使用变量的值，再将变量的值加 1 或减 1。

另一种是将自增自减运算符放在变量的左侧（前缀运算），其格式为

```
++变量
--变量
```

其含义是：先将变量的值加 1 或减 1，再使用变量的值。

例如，如果 i=1，则赋值语句：

```
j=i++;          //将i原来的值赋给变量j（j=1）之后，再使i的值加1（i=2）
```

相当于：

```
j=i;
i=i+1;
```

而赋值语句：

```
j=++i;          //先将i的值加1（i=2），再将i的新值赋给j（j=2）
```

相当于：

```
i=i+1;
j=i;
```

关于自增自减运算符用法有下面几点说明：

1）++和--的运算对象只能是简单变量，不能是一般的表达式。例如，++(x+y)、12--、sqr(x)++等都是错误的。

2）++和--的结合方向是“自右至左”的，而且具有较高的优先级，当++和--与其他运算符一起使用时，最好加括号，明确表示设计者的意图，以增加程序的透明度，不要让人费解。例如，如果程序中出现表达式

x+++y

要么写成

(x++)+y

要么写成

x+(++y)

明确意图，增加易读性，不要让别人猜测。

3）最好不在同一个表达式中对同一个变量多次进行自增自减，例如“j=++i+k+i++”让人费解。

（3）类型转换

类型转换分为自动类型转换（隐式转换）和强制类型转换（显式转换）两种方式。

1）自动类型转换。自动类型转换是指（在计算表达式值时）系统按某种固定规律，将某一类型的数据自动地转换成另一类型的数据，然后再进行计算。转换过程总是将“低级类型”转换成“高级类型”，如图 1-10 所示。

自动类型转换又分成无条件转换和有条件转换两种。

- 有条件转换：当不同类型的数据混合运算时所进行的自动转换，如图 1-10 中横向箭头所示。
- 无条件转换：即使不是混合运算，为了保证数值计算的精度和准确性所进行的自动转换，如图 1-10 中纵向箭头所示。

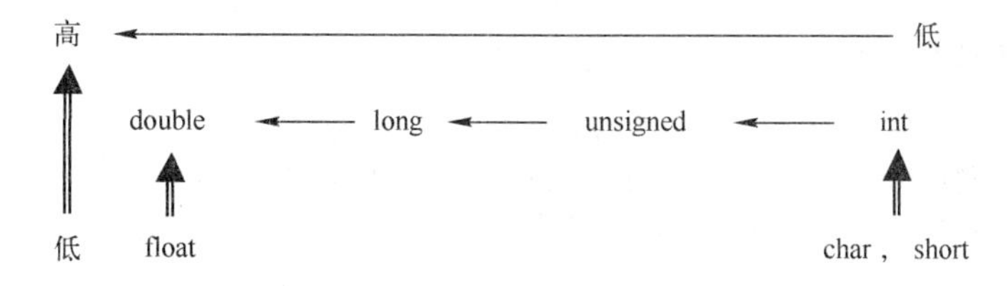

图 1-10　类型级别和自动转换规则

只有数据参与运算时才进行自动类型转换，而且转换过程对用户是透明的。

2）强制类型转换。强制类型转换的一般格式为

(类型名)　(表达式)

其中“(类型名)”用来指出转换后的结果类型，表达式则是转换对象。如果被转换对象只是单一量，表达式两侧的括号也可以不写。例如：

```
(int) (a)    //或(int) a 都表示将 a 的值转换成 int 类型
```

但是，“(float)(i/j)”与“(float)i/j”的含义不同，前者表示 i 除以 j 之后，再将相除结果转换成 float 类型；后者表示将 i 转换成 float 类型后，再与 j 相除。二者可能产生不同的结果。

无论自动类型转换还是强制类型转换，都只产生中间类型的数值，并不影响数据原来的类型和值。上例中，变量 a、i、j 还保留它们原来的类型和值。

3．关系运算

关系运算（也称比较运算），用于比较两个运算对象的数值大小关系（通常用于判断某个条件是否满足）。

共有 6 种关系运算符：<（小于）、<=（小于或等于）、>（大于）、>=（大于或等于）、==（等于）、!=（不等于）。

例如：

```
a>b
x!=0
```

都是合法的关系表达式。

关系运算的结果得到一个逻辑值，所比较的关系成立时，结果值为 1（即逻辑“真”）；不成立时，结果值为 0（即逻辑“假”）。

上例中，若 a 的值确实比 b 的值大，则 a>b 的值为 1；否则 a>b 的值为 0。若变量 x 所存储的数值确实不是 0，那么 x!=0 的值为 1；否则 x!=0 的值为 0。

再如：

```
x=b>c
```

由表 1-3 可知，“>”的优先级高于“=”，所以“x=b>c”相当于“x=(b>c)”，因而这是一个赋值表达式，将关系运算（b>c）的结果值赋给变量 x。执行结果：若 b 的当前值确实大于 c 的当前值，则将 1 赋给 x；否则将 0 赋给 x。

4．逻辑运算

共有 3 个逻辑运算符：

```
!       逻辑非（一元运算符，相当于数学上的～或 NOT）
&&      逻辑与（二元运算符，相当于数学上的∧或 AND）
||      逻辑或（二元运算符，两个竖号，相当于数学上的∨或 OR）
```

逻辑运算的运算规则与数学上的逻辑运算规则相似（见表 1-4）。表 1-4 中，a 和 b 均代表某个表达式（当然，也可能是常量或变量）。

表 1-4　逻辑运算真值表

a	b	!a	!b	a&&b	a||b
0	0	1	1	0	0
0	非 0	1	0	0	1
非 0	0	0	1	0	1
非 0	非 0	0	0	1	1

例如：

```
(x>0)&&(x<10)  //若 x 的值为 1～9 之间，则运算结果为 1；
               //否则运算结果为 0
(a==b)||(c!=0)  //若 a 等于 b，或者 c 的值不为 0，则运算结果为 1；否则运算结果为 0
```

注意，判断 x 的值是否在 0～100 之间，不能写成：

```
0<=x<=100
```

而应当写成：

```
x>=0&&x<=100
```

或者写成（更清楚）：

```
(x>=0)&&(x<=100)
```

多数 C 语言版本都采用下面的短路规则。

1）如果参加&&运算的左边那个运算对象的值为假（&&的结果值已经可以确定为假了），就不对&&右边那个运算对象进行求解计算了。

2）如果参加||运算的左边那个运算对象的值为真（||的结果值已经可以确定为真了），就不对||右边那个运算对象进行求解计算了。

在某些情况下，是否对右边的运算对象求解，将会产生不同的结果。比如，右边的运算对象含有赋值运算，或函数调用的情况。

5．条件运算

条件表达式的一般格式为

```
E1?E2:E3
```

其中，问号“?”和冒号“:”合起来构成条件运算符（是唯一的三目运算符）；E1 是判别表达式；E2 和 E3 是一般的任意表达式。

判别表达式可以是除结构类型和联合类型以外的任意表达式，不过，最常用的是关系表达式和逻辑表达式。

除此处外，判别表达式还出现在 if 语句和循环语句中。

条件表达式的执行流程如下（参见图 1-11）：

1）计算 E1 的值。

2）若 E1 的值不为 0（真），则计算 E2 的值，并将 E2 的值作为整个表达式的值。

3）若 E1 的值为 0（假），则计算 E3 的值，并将 E3 的值作为整个表达式的值。

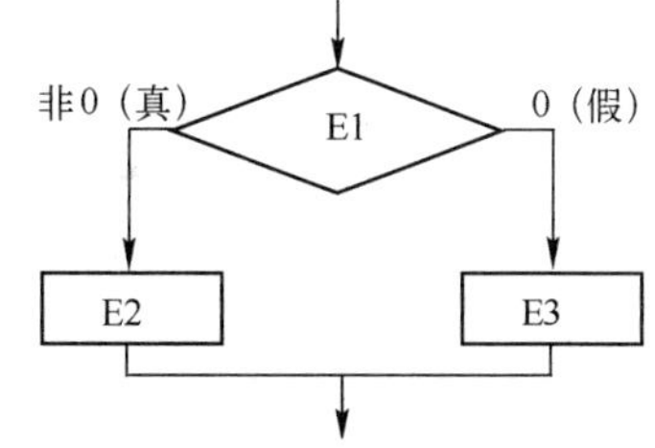

图 1-11　条件表达式的执行流程

例如：

```
max= a>b?a : b;          //使 max 等于 a 和 b 二者中较大的值
```

这是一条赋值语句，将条件表达式“a>b ? a : b”的结果值赋给变量 max，而条件表达式的值，要由判别表达式“a>b”来确定，若“a>b”成立，则条件表达式的值等于 a 的值；否则 a>b 不成立，条件表达式的值就等于 b 的值。

由表 1-3 可知，条件运算符的优先级比较低（仅高于赋值运算符和逗号运算符），例如

```
a>b ? a : b+1   //相当于(a>b)? a : (b+1)，而不是 a>(b ? a : b+1)，也不是(a>b ? a : b)+1
```

条件表达式可能形成嵌套，例如：

```
a>b ? a :c>d?c:d
```

由于两个条件运算相继执行，而条件运算具有“右结合性”，所以，该嵌套的条件表达式相当于（先将右边的条件表达式结合成一个整体）：

```
a>b ? a :(c>d?c:d)      //而不是 (a>b ? a :c)>d?c:d
```

于是，上式计算结果是：若 a>b 则取 a 的值；否则，若 c>d 则取 c 的值，否则取 d 的值。这样，若 a=2，b=9，c=3，d=6，则上式最终取值为 6，而并非取 a、b、c、d 中的最大值。

通常不用条件表达式表示复杂的嵌套条件（不易阅读），最好改用 if 语句。

6．赋值运算

（1）简单赋值运算

赋值表达式的一般格式为

```
V=E
```

其中，“=”是赋值运算符（也称赋值号，读作“赋以”）；V 是变量名；E 是表达式。

该赋值表达式的执行步骤是：

计算表达式 E 的值，将计算结果值赋给变量 V（将 V 的值改为 E 的值），并且取 E 的值为整个赋值表达式的值。

例如：

```
x=a+10          //将算术表达式 a+10 的值赋给变量 x（x 原来的值被覆盖）
x=x+1           //使 x 的值增加 1（若执行前 x 的值为 2，则执行后 x 的值为 3）
```

如果在表达式的尾部加一个分号“；”就构成表达式语句。于是，赋值表达式尾部加“；”就是赋值表达式语句（赋值语句）。

C 语言中，所有语句都以分号结束。

关于赋值运算，需要说明以下几点：

1）赋值运算符“=”左边的赋值对象必须是变量，不能是常量或一般表达式。例如，下列写法都是错误的。

```
(a+b)=c         //不能向表达式(a+b)赋值
5=x             //不能向常数 5 赋值
f(a)=b          //不能向函数调用式赋值
```

2）在赋值表达式“V=E”中，V 与 E 的类型要一致，否则编译时将报错（下列情况除外）。

当 V 与 E 均为数值型或字符型时，系统自动将 E 的结果类型转换成变量 V 的类型，再进行赋值。

不过要注意，当 E 是实型而 V 是整型变量时，只取实数的整数部分。例如，若 x 为整型变量，执行“x=2.91”后，x 的结果值为 2。

3）赋值运算符“=”、比较运算符“==”，以及数学上等于号“=”三者的含义不同。

数学上，“x=1”表示一种事实（x 的值就是 1），绝不会出现“x=x+1”的式子。

程序中，“x=1”表示使 x 的值为 1（不考虑 x 的原来值）；式子“x=x+1”也是合理的。

程序中，“x==1”代表一种判断，x 的值可能等于 1，也可能不等于 1；一般也不会出现形如“x==x+1”的式子（因为这是永远不能成立的关系表达式，即其值恒假）。

初学者往往容易将“x==1”错写成“x=1”，造成十分隐蔽的逻辑错误（难以查出）。

（2）连续赋值运算

赋值表达式“V=E”中，若E又是另外一赋值表达式，就出现连续赋值运算，即：

```
V1=V2=V3=…=E
```

这里，V1，V2，V3，…必须都是变量名。

例如：

```
a=b=c=1.6;               //连续赋值语句
```

因为赋值运算符“=”的结合性是“从右向左”的，所以上式等价于

```
a=(b=(c=1.6));
```

上述赋值语句的本义是让变量a、b、c的值同为1.6，这在a、b、c的类型同为实型时是对的。但是，如果a、b、c的类型不全是实型，将会产生不同的结果。比如，a和c是实型，b是整型，先执行：

```
c=1.6
```

c和表达式“c=1.6”的值同为1.6，再执行

```
b=c
```

b的值等于1（因为b是整型），最后执行

```
a=b
```

a的值便等于1.0。

所以，使用连续赋值操作时，最好不要出现这种令人费解的现象。

（3）复合赋值运算符

赋值运算符“=”前面加一个算术运算符（+、−、*、/、%）或一个位运算符（&、|、∧、<<、>>）便组合成复合赋值运算符，即：+=、−=、*=、/=、%=、&=、|=、∧=、<<=、>>=。

复合赋值表达式的一般格式为

```
V+=E            //将表达式E的值加变量V的值再赋给V
```

其功能相当于V=V+(E)。

例如：

```
a-=b+c       //相当于a=a-(b+c)，而不相当于a=a-b+c
a*=b+c       //相当于a=a*(b+c)，而不相当于a=a*b+c
```

注意，若表达式E是“真”表达式（含有运算符）时，相当于给E加上括号。

引入复合运算符的目的，一是简化书写，二是提高运算效率。

7．逗号运算

逗号运算符“,”是C语言特有的运算符。用逗号将多个表达式连在一起，便形成逗号表达式，其一般格式为

```
E1,E2,…,En
```

其中，E1，E2，…，En 都是任意表达式，它们都是整个逗号表达式的分表达式。

逗号表达式的执行步骤是：依次计算各分表达式 E1，E2，…，En 的值，并将最后一个分表达式的结果值作为整个逗号表达式的结果值。

同样，逗号表达式后面加一个分号，就是一个逗号表达式语句。

例如（假定当前 b=2，c=6），执行下面的逗号表达式时

```
a=b+1,c+2
```

先执行第一个分表达式“a=b+1”（使 a=3），再执行第二个分表达式“c+2”（相加结果等于 8）。整个逗号表达式“a=b+1,c+2”的值等于 8。

因为逗号运算符“,”的优先级低于“=”，所以，上式不能理解成

```
a=(b+1,c+2)
```

即使写成

```
x=a=b+1,c+2;            //作为一条独立的逗号表达式语句
```

也不能认为 x 的值被赋成 8（仍是 3），只是第一个分表达式是连续赋值表达式，而第二个分表达式“c+2”的计算结果值没有使用。

如果写成

```
x=(a=b+1,c+2);
```

则计算结果为：a=3，x=8，而 b 和 c 的值没变，仍然是 b=2，c=6。

8．位运算

有两种位运算：逻辑位运算和移位运算，其运算对象都是整型或字符型数据（主要针对无符号整型和无符号字符型），运算结果也是整型或字符型。

（1）逻辑位运算

共有 4 个逻辑位运算符：～（按位反）、&（按位与）、|（按位或）、^（按位异或）。

其中，按位反运算（～）为一目运算符（只要求一个操作数），其余均为二目运算符（要求两个操作数）。

表 1-5 列出逻辑位运算的运算规则。表中只给出其中一位的运算规则，当然，每一位都按这个规则分别运算。

表 1-5　逻辑位运算规则

<table>
<tr><th colspan="2">操作数的对应位</th><th>～</th><th>&</th><th>|</th><th>^</th></tr>
<tr><td></td><td>0</td><td>1</td><td></td><td></td><td></td></tr>
<tr><td></td><td>1</td><td>0</td><td></td><td></td><td></td></tr>
<tr><td>0</td><td>0</td><td></td><td>0</td><td>0</td><td>0</td></tr>
<tr><td>0</td><td>1</td><td></td><td>0</td><td>1</td><td>1</td></tr>
<tr><td>1</td><td>0</td><td></td><td>0</td><td>1</td><td>1</td></tr>
<tr><td>1</td><td>1</td><td></td><td>1</td><td>1</td><td>0</td></tr>
</table>

观察表 1-4 和表 1-5，逻辑位运算与逻辑运算的运算规则有些相似，但是它们的运算含义、运算结果值以及用法存在很大差别，主要差别在于：

其一，逻辑运算是将操作数作为一个整体进行运算的；而逻辑位运算对操作数的每一位分别单独进行运算：一目运算（～）对操作数的每一位都要单独进行运算，二目运算（&、|、^）对两个操作数的每一对应位分别进行运算。

其二，逻辑运算的结果值只有 0 和 1 两种可能（只有末位是 0 或 1，其余各位必为 0）；而逻辑位运算结果值的每一位都可能是 0 或 1（每一位的 0/1 代表不同的含义），所以其结果

值可以是任意整数值。

下面举例说明逻辑位运算规则和用法。示例中运算对象（表达式）和运算结果均用二进制或十六进制表示，以便于观察每一位是怎样分别进行运算的。

1）～运算。～a 的运算结果值是将 a 的各位求反（即按位求反）之后所得的一个整数。按位求反，也就是将 a 的每一位的 0 变成 1，每一位的 1 变成 0（但 a 的值不变）。

例如：

```
unsigned char   c,a=0xDB;                //即二进制的 11011011（十进制的 219）
```

那么，执行赋值语句

```
c=～a;
```

变量 c 的值便等于二进制的 00100100（十六进制的 24，十进制的 36）。

2）&运算。a&b 的运算结果是将 a 和 b 的对应位相与（按位与）所得到的整数。当 a 和 b 的对应位均为 1，运算结果值的该位等于 1；否则（a 和 b 的对应位有其一为 0，或都为 0）运算结果值的该位等于 0。

例如：

```
unsigned char a=0x7B,b=0x93,c;          //a 和 b 的二进制值分别为 01111011，10010011
c=a&b;
```

变量 c 的值便等于十六进制的 13（二进制的 00010011，十进制的 19）。

按位与运算&常用来将一个变量的某些指定位设置为 0（其余各位不变）。例如，要将变量 c 的右起第一位和第三位设置为 0，则

```
c&=(0xFF-5);
```

3）| 运算。a|b 的运算结果是将 a 和 b 的对应位相或（按位或）所得到的整数，只要 a 和 b 对应位中有一个等于 1，运算结果值的该位便等于 1；否则，a 和 b 的对应位都为 0，运算结果值的该位等于 0。

例如：

```
unsigned char a=0x7B,b=0x93,c;          //a 和 b 的二进制值分别为 01111011，10010011
c=a|b;
```

变量 c 的值便等于十六进制的 FB（二进制的 11111011，十进制的 251）。

按位或运算|常用来将一个变量的某些指定位设置为 1（其余各位不变）。例如，要将变量 c 的右起第一位和第二位设置为 1，则

```
c|=3;
```

4）^ 运算。a^b 的运算结果是将 a 和 b 的对应位相异或（按位异或）所得到的整数，只有 a 和 b 对应位不同（一个为 0，另一个为 1），运算结果值的该位才等于 1；否则（a 和 b 的对应位同为 0，或同为 1），结果值的该位等于 0。

例如：

```
unsigned char a=0x7B,b=0x93,c;          //a 和 b 的二进制值分别为 01111011，10010011
```

```
c=a^b;
```

变量 c 的值便等于十六进制的 E8（二进制的 11101000，十进制的 232）。

^运算可用来将某变量值清 0（将所有数位都置为 0）。例如：

```
c=c^c;
```

（2）移位运算

移位运算分为左移（<<）和右移（>>）两种，一般格式为

```
a<<b       //将表达式 a 的值左移 b 个二进制位
a>>b       //将表达式 a 的值右移 b 个二进制位
```

这里 b 的值只能是正整数（通常是 1、2、3 等常数）。

在不考虑数值越界的前提下，对“小正整数”，每向左移一位，相当于将数值乘以 2；每向右移一位，相当于将数值除以 2。

对正数和负数的移位规则有所不同，而且对负数的移位规则还与所用系统有关。下面介绍的是 VC 所遵循的移位规则。

1）左移运算（<<）。左侧移出去的数位被舍弃，右侧移“空”了的数位补 0。

例如：

```
unsigned   char   a=2, c;
c=a<<4;          //相当于 c=16*a（c=32），参见图 1-12
```

再如：

```
int c,a=-4;
c=a<<1;          //左移结果 c=-8
```

2）右移运算（>>）。右移规则如下：

对正数的右移时，右侧移出去的数位被舍弃，左侧移“空”了的数位补 0。

对负数的右移时，右侧移出去的数位被舍弃，左侧移“空”了的数位补 1。

例如：

```
unsigned   char   a=8, c;
c=a>>2;          //相当于 c=a/4（c=2），参见图 1-13
```

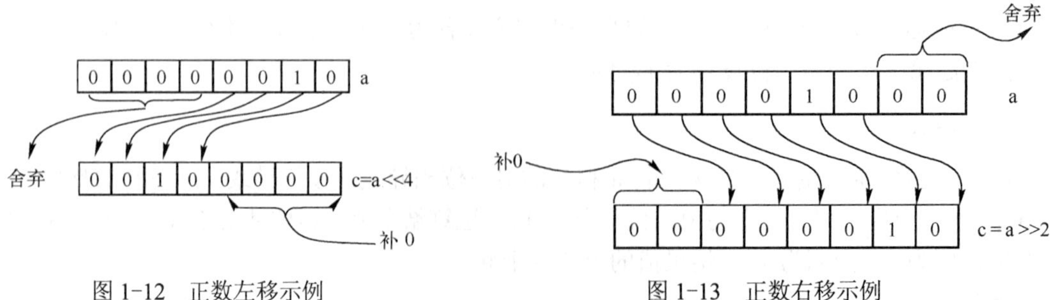

图 1-12　正数左移示例　　　图 1-13　正数右移示例

再如：

```
int c,a=-8;
c=a>>1;            //右移结果 c=-4
```

【例 1-2】 移位运算的示例程序。

```
#include <iostream.h>          //C++程序
void main( )
{ short int x, n;
 while(1)
 { cout<<"请输入 x 和 n 的值，当 n 小于或等于 0 时，程序结束。"<<endl;
  cin >>x>>n;
  if(n<=0)break;
  cout<<"将"<<x<<"左移"<<n<<"位结果为："<<(x<<n)<<endl;
  cout<<"将"<<x<<"右移"<<n<<"位结果为："<<(x>>n)<<endl;
 }
 cout<<"程序结束!"<<endl;
}
#include <stdio.h>             //对应的 C 程序
void main( )
{ short int x, n;
 while(1)
 {
  printf("请输入 x  和 n 的值，当 n 小于或等于 0 时，程序结束。\n");
  scanf("%d%d",&x,&n);
  if(n<=0)break;
  printf("左移:   %d << %d = %d\n",x,n,x<<n);
  printf("右移:   %d >> %d = %d\n",x,n,x>>n);
 }
 printf("程序结束!\n");
}
```

（3）位运算的复合赋值运算

共有下列 5 种位运算的复合赋值运算符：&=、|=、^=、<<=、>>=。

例如：

```
x&=0xF5          //相当于  x=x&0xF5
x^=x             //相当于  x=x^x
```

习题 1.2

[简答题]

1.2-1　试指出下列各“词”哪些是保留字，哪些可作为标识符，哪些可以作为字符串内容，哪些不可以作为上述任何语法成分（并指出为什么）。

_b	C	C++	cpp	x_2	x^2	program	$5
\n	switch	and	a3W	whlie a[i]	FOR	for	β

sin(x)	int	π	flaot	who	false	pas	integer
t&d	case	windowsxp	DOS floa	class	return		

1.2-2　下列哪些是合法的常量？哪些是不合法的常量？对于合法的常量，请指出其类型和数值；对于不合法的常量，请指出为什么不合法。

'\065'	3FF	123,456	−1.0E05	0X4D	213.	"c"
"a+=m;"	"123+219"	−1E−3	012	029	40L	'\n'
1E2.5−900.	E15	'None'	.007	−2.0e MAXPI		

1.2-3　下面定义 1～定义 5 哪些是正确的？哪些是错误的（指出错误原因，并改正）？

```
float   i,j;    int   x,y;          //定义 1
Float   a, b;   Int   q, m,p;       //定义 2
char   'a', 'b';                    //定义 3
char   ch1;   char   ch2;           //定义 4
int   a=b=0;                        //定义 5
```

[填空题]

1.2-4　C 语言的标识符只能由（1）____________________3 种字符组成，而且第一个字符必须是（2）______________。

1.2-5　八进制整型常量以（1）_________开头，十六进制整型常量以（2）________开头。八进制和十六进制（3）_________表示实数（回答：能或不能）。

1.2-6　与十进制数 312 等值的八进制数为（1）__________；与十进制数 1902 等值的十六进制数为（2）_________。

1.2-7　'a'在内存中占（1）____字节，"a"在内存中占（2）_____字节，"\101"在内存中占（3）______字节。

1.2-8　C 语言的基本数据类型有（1）_____________和实型。其中，实型又分为（2）_____________两种。

1.2-9　若一个 int 类型数据占 16 位，那么无符号整型变量的取值范围是________。

1.2-10　实数________进行位运算（回答：能/不能）。

1.2-11　根据运算符的优先级和结合性，适当地给表达式加圆括号，得到一个与之等价而又直观的表达式：

（1）a>b?b>c?x=1:x=2:x=3　　　等价于　　　__________________

（2）a+b>=10　　　等价于　　　__________________

（3）a=x=b+=2　　　等价于　　　__________________

（4）*p++　　　等价于　　　__________________

1.2-12　运算符“&”表示（1）__________运算；运算符“*”表示（2）_________运算。

[选择题]

1.2-13　可用作变量名的是（　　）。

A．X.room　　B．2a　　C．_3x　　D．$99

1.2-14　写法不正确的实数是（　　）。

A．123.　　B．.45　　C．1e23　　D．2E5.0

1.2-15　与逻辑“真”值等价的是（　　）。

A．大于 0 的数　　B．大于 0 的整数　　C．非 0 值　　D．非 0 的整数

1.2-16　字符型常量在内存中以（　　）形式存放。

A．ASCII 编码　　B．BCD 编码　　C．Unicode 编码　　D．十进制编码

1.2-17　结合方向为自左向右的是（　　）。

A．?:　　B．,　　C．+=　　D．++

1.2-18　设有定义：float x；那么，表达式 sizeof(x)和 sizeof(float)（　　）。

A．都正确　　B．都不正确　　C．前者正确　　D．后者正确

1.2-19　设有定义：int x=1, y=3; 分别单独计算下列表达式后，（　　）的计算结果使 x 的值不等于 6。

A．x=y+5.9/2　　B．x=(y+=2,x+y)

C．x=y%2 ? 2*y : ++y　　D．x-=-(--y+3)

1.2-20　设有定义：double　x=3.0,y=4.0;（　　）使 y 的值最小。

A．y+=x+2.0　　B．y-=x+2.0　　C．y*=x+2.0　　D．y/=x+2.0

1.2-21　设有定义：int x;　double　y=15.8; 执行表达式“x=(int)(y/3+0.5)+((int)y%3)”之后，x 的值等于（　　）。

A．5　　B．5.0　　C．5.8　　D．5.3

1.2-22　用于判断字符变量 ch 存储的是大写或小写字母的表达式是（　　）。

A．ch>='a'&&ch<='z' || ch>='A'&&ch<='Z'

B．'a'<=ch<='z' || 'A'<=ch<='Z'

C．!(ch<'A' || 'Z'<ch<'a' || ch>'z')

D．(ch>='A' || ch<='Z') || (ch>='a' || ch<='z')

[程序阅读题]

1.2-23　写出下列各表达式的值。

设有定义：int a,b, x=4;

（1）(float)9/2+12/2.0　　（2）9/2*2

（3）15%x+2　　（4）4*x/(7%3)

（5）a=1,b=++x　　（6）x+=sizeof(2)

1.2-24　写出下列各表达式的值。

设有如下定义：

```
int    i=4, k=6, j=12,a=10,n=4;
float   x=5.4;
char    c='D';
```

（1）c+i　　（2）c-3

（3）c+x　　（4）++i/(int)x

（5）(float)(c-1)/i+x　　（6）(c-'A'+5)%3

（7）--i+('A'+'G')/2　　（8）c-'A'+'a'

（9）(int) ((2*i-x)/(i+x))　　（10）!x || c

（11）i<=10 && i>= -3

（12）!c+i

（13）!x || i && (i>=c)

（14）i=c

（15）n/=12-n

（16）a-=n+1

（17）a*=n+3

（18）a*=(n+3)

（19）++n,a/=n

（20）a%=(n/=2)

（21）a+=a-=a*=a

（22）a=a+n, n=n/a

（23）a=(a<n)? a++: a%n

（24）a=a= =a

（25）2*k<=j+4

（26）k/2<j

（27）k>-6&&k<=6&&j<=6

（28）k<=8||j<=6&&j>0

（29）k>0&&j<=10

（30）k<=12||k<=12

（31）k>12 &&k<24||j<33

（32）k!=4&&k!=5

（33）k<4 || k>5

（34）!(k>6)

1.2-25　写出下列表达式的值。

设有定义：signed　short　x=10，y=4;

（1）x|y

（2）x&y

（3）～x&y&&x+y

（4）x||y&8

（5）6&&7||x

（6）!x^y

（7）8&x|y^0x123

（8）～0xFFFF&x|y

（9）x>>4|y

（10）y<<2&&x

1.2-26 写出执行下面程序段后各变量的值。

```
int a=10,b=3,x;
x=b,b=a,a=x;
```

1.2-27　写出执行下面程序段后各变量的值。

```
int a=10,b=3,x;
a=a+b,b=a-b,a=a-b;
```

[程序设计题]

1.2-28　试写出下列算式对应的表达式。

（1）$\frac{-b+\sqrt{b^2-4ac}}{2a}$

（2）$\frac{a+b}{a-b}$

（3）$1.08x^5-12.3x^4+0.45x^3-2.19x^2+19.67x+9.11$（写成嵌套括号形式）

（4）sinx+cosy　（这里，sin 和 cos 是三角函数，x 和 y 是角度）

（5）$x_1^2+2x_2^3-3x_3$

1.2-29　分别将下列描述写成表达式。

（1）设现在时针指向 a 点，那么 t（t>0）小时后时针指向的点数。

（2）设现在时针指向 a 点，那么 t（t>0）小时之前时针指向的点数。

（3）设现在时针指向 a 点，那么 t（t 可正可负）小时之后时针指向的点数。

（4）已知变量 int　a 中存放着一个 3 位正整数，将 a 的 3 位数字之和赋给 int　b。

（5）平面坐标系中两点 A（x1, y1）和 B（x2, y2）之间的距离。

（6）已知 int a,b,c 三个变量的数值都不相同，将其中既不最大也不最小的那个值赋给 int x。

（7）将 x 年（公历年号）2 月份的天数赋给变量 a2。

1.2-30　分别写出判断下列说法是否成立的表达式。

（1）字符变量 ch 中存放的字符是小写字母。

（2）实型变量 x 的值非常接近 0（精确到 10^{-6}）。

（3）实型变量 x 的值满足 x∈[0，1)。

（4）整数 a 是相邻数字不同奇偶的 3 位正整数。

（5）x 是 y 的一个因子。

（6）正实数 x 的整数部分为 0，而小数部分不为 0；或者整数部分不为 0，而小数部分为 0。

1.2-31　设“sizeof(int)=2，unsigned a,x;”，用赋值语句将 a（数值请用十六进制）：

（1）高 8 位清零，低 8 位保持不变赋给 x。

（2）低 8 位清零，高 8 位保持不变赋给 x。

（3）高 8 位置 1，低 8 位保持不变赋给 x。

（4）低 8 位置 1，高 8 位保持不变赋给 x。

（5）高 8 位各位取反，低 8 位保持不变赋给 x。

（6）低 8 位各位取反，高 8 位保持不变赋给 x。

1.2-32　假设“sizeof(int)=2，unsigned a;” 用 4 种方法将 a 的各位清零（数值请用十六进制）。

1.2-33　假设“sizeof(int)=2，unsigned a;” 用 4 种方法将 a 的各位置为 1（数值请用十六进制）。

△1.2-34　输入整型变量 a 和 b 的值，分别输出 a+b，a-b，a*b，a/b，(float)a/b，a%b 的计算结果值。要求连同算式一起输出，每个算式占一行。

例如，如果输入的 a 等于 10，b 等于 3，那么输出结果为

```
10+3=13
10-3=7
10*3=30
10/3=3
(float)10/3=3.3333
10%3=1
```

△1.2-35　输入无符号字符类型变量 x 的值，分别完成（其中的“位”指“比特位”）：

（1）将 x 的末 3 位（右起）赋给变量 a。

（2）将 x 的右起第 1、3、5、7 位求反（其余位不变）赋给变量 b（x 的值不变）。

（3）将 x 左边 4 位与右边 4 位交换赋给变量 c（x 的值不变）。

（4）将 x 的右起第 2、4、6 位置为 1（其余位不变）赋给 x。

分别将 x 原来的值和最后的值，以及 a、b、c 的值输出成二进制和十六进制形式。

1.3 数据的输入和输出

1.3.1 cin 和 cout

视频

1.3.1 cin 和 cout

程序中输入/输出数据是通过调用系统提供的标准输入/输出函数完成的。这些标准输入/输出函数通常存放于某个库函数文件中。使用时需要用文件包含命令，将含有相应函数声明的头文件“包含”到源程序中。

在 C++中，输入/输出是靠输入/输出流完成的，使用输入/输出流，需要在程序前面加如下编译预处理命令。

对于 Visual C++ 6.0，则

```
#include   <iostream.h>            //包含 cin，cout 等的头文件
#include   <iomanip.h>             //包含 setw，setfill 等的头文件
```

对于 Visual C++ 2010，则

```
#include   <iostream>              //包含 cin，cout 等的头文件
#include   <iomanip>               //包含 setw，setfill 等的头文件
using namespace std;
```

1．cout 的简单用法

输出流 cout 是与标准输出设备（通常指显示器）相关的流（对象）。

使用输出流的一般格式为

```
cout <<表达式 1<<表达式 2<<…<<表达式 n;
```

其中，“<<”称为输出运算符（也称插入符），表示将紧跟其后的表达式的值送入输出流。一条输出语句可输出多项，每个输出项前都要加<<。

被输出的数值可以是整型、实型、字符型、字符串常量等，所占宽度为它们的实际长度（没有间隔符）。输出实数时，若其绝对值为“中等大小”，则输出成十进制形式；“过大或过小”则输出成指数形式。

通过输出换行符可以引起换行（以后输出的数据将放在下一行），例如：

```
cout<<'\n';             //输出一个换行符，引起换行
```

也可写成：

```
cout<<endl;             //endl（是 end of line 的缩写）也表示换行符
```

这里，endl 最后一个是小写字母 l，不是数字 1。“endl”只能用于输出，不能用于输入。

2．setw 的简单用法

setw 的功能是为 cout 输出的数据项指定域宽，一般格式为

```
cout<<setw(n)<< 表达式
```

其中，“n”是 int 类型，用于指定输出“表达式”所占域宽。若表达式实际长度小于

n，则由填充字符补足；若表达式实际长度大于 n，则突破域宽，按实际长度输出。每个输出项都要单独指定域宽，如果没有指定域宽，则对应的输出项将按实际长度输出。

例如：

```
cout<<'A'<<setw(5)<<'B' <<setw(3)<<1234567<<endl;
```

输出结果为：

```
A□□□□B1234567              //这里，□表示空格
```

需要说明的是，可以用 setiosflags 设置对齐方式（默认为右对齐）；用 setfill 设置填充字符（默认为空格符）。例如（设置为左对齐，设置用*作为填充字符）：

```
cout<< setiosflags(ios::left)<<setw(10)<<'A'<<setw(10)<<setfill('*')<<12345<<endl;
```

输出结果为:

```
A□□□□□□□□□12345*****
```

注意，一旦调用函数 setiosflags 和 setfill 进行设置之后，就对其后所有带 setw 域宽的输出项起作用（即具有开关性质），直到重新设置。

用下面两条语句可以恢复为右对齐：

```
cout.setf(ios::adjustfield);            //重置标记
cout<< setiosflags(ios::right);         //设置右对齐
```

3．cin 的简单用法

输入流 cin 是与标准输入设备（通常指键盘）相关的流（对象）。

使用输入流的一般格式为

```
cin >>变量 1>>变量 2>>…>>变量 n;
```

其中，“>>”称为输入运算符（又称提取符），表示将数据从输入流传给其后的变量。

1.3.2 printf

C 语言的头文件 stdio.h 中含有系统提供的一组标准输入/输出函数，使用下面的文件包含命令即可调用其中的输入/输出库函数。

```
#include   <stdio.h>            //stdio 是 standard input and output 的缩写
```

使用 stdio.h 中的格式输出函数 printf，用户可以按照自己的意图，指定输出数据项的输出格式。

视频

1.3.2 printf

一条 printf 语句可以输出多项，一般格式为

```
printf(格式控制串，输出项序列);
```

其中，“输出项序列”形式为

```
表达式 1，表达式 2，…，表达式 n
```

这些表达式的值要按照格式控制串中相应的指定格式输出。

“格式控制串”由若干个格式段组成，其间可以夹杂一些原样输出的普通字符（包括转义字符）。格式段的个数应与输出项个数相等，且对应的类型相配。

“格式段”总是以%开头，以格式控制字符（简称格式字符）结束，形式为

%附加格式说明 格式字符

其中，标下画线的语法成分可以省略（本书在描述语法格式时，凡用下画线标出的语法成分均表示可以省略）。上述语法格式表示，一个格式段可以带（也可不带）附加格式说明。

最常用的格式字符为 d、f 和 c，分别用于指定整型、实型和字符型数据的输出格式。

例如，表达式 A、B、C 的类型分别是整型、实型和字符型，要输出 A、B、C 的值，可以写成：

```
printf("%d %f %c\n"A,B,C);          //其中“\n”表示输出一个换行符
```

一个“全套”格式段的形式为

% + − 0 域宽 补充格式 格式字符

其中，“%”和“格式字符”分别是本格式段的起止点。下画线标出的内容都属于附加格式说明部分，含义如下：

“+”：表示要求输出数值的正负号，即“正数和 0 输出正号，负数输出负号”；省略“+”时，则表示“正数和 0 不输出正号，负数要输出负号”。

“−”：表示要求输出数据采用“左对齐”方式；省略“−”时，表示采用“右对齐”方式。

“0”：表示当采用“右对齐”方式时，左侧的空位置用“0”填充；省略“0”时，用空格填充。

“域宽”：用于指定输出项所占宽度（字符位数）。若省略域宽，则表示按“标准域宽”输出，非实型数据按实际长度输出，实数按指数格式输出。

指定的域宽有两种：单域宽和双域宽。

- 单域宽的形式为：m
- 双域宽的形式为：m.n

这里，m 和 n 均是不带正负号的具体整数值。m 用于指定所占宽度（对单、双域宽都如此），当指定域宽小于实际长度时，按实际长度输出；双域宽仅用于输出实数，n 表示小数点后的位数（输出的精度）。

“补充格式”：有小写字母“l”和“h”两种，分别用于输出长整型数据和短整型数据。

例如，假定 a=123（整型），b=−219.457（实型），若输出 a 和 b 两个数据项采用输出语句

```
printf("a=%d，b=%9.4f\n", a,b);
```

则格式控制串被分成 5 段：

```
a=        //第一段（原样输出字符）
%d        //第二段（格式段）        数据项 a 要求的输出格式
，b=      //第三段（原样输出字符）
%9.4f     //第四段（格式段）        数据项 b 要求的输出格式
\n        //第五段（原样输出字符）  输出换行符，引起换行
```

上述语句的输出结果为：

```
a=123,  b=-219.4570↵
```

这里，“↵”代表换行符（不可见字符）。

表 1-6 给出 printf 的常用格式控制字符。

表 1-6　printf 的常用格式控制字符

格式字符	输出数据的类型和形式	格式字符	输出数据的类型和形式
d	整数（十进制）	s	字符串
o	整数（八进制）	f	实数（小数形式）
x	整数（十六进制）	e	实数（指数形式）
u	无符号整数（十进制）	g	实数（小数或指数的最短格式）
c	字符		

值得提醒的是，如果要在同一行上输出多项数据，需要适当地加大域宽，或夹带一些原样输出的字符（如逗号等），使输出结果之间有明显的分界，否则，输出数据将会连在一起，无法分清哪段数据是哪个输出项的输出结果。例如，若 a=12，b=405，那么

```
printf("%d%d",a,b);        //输出结果为：12405，无法分清 a 和 b 的值
```

1.3.3　scanf

scanf 是 C 语言的头文件 stdio.h 中提供的格式输入函数，一般用法格式为

```
scanf(格式控制串，地址序列);
```

其中，“格式控制串”的含义与 printf 函数相似；“地址序列”列出需要读取数据的变量地址，变量名前需要加取地址运算符“&”。

例如：

```
scanf("%d%d",&a,&b);       //读入两个整数，分别赋给 int 类型的变量 a 和 b
```

视频

1.3.3　scanf

scanf 中的格式控制串中的格式段也是以%开头，以格式字符结尾，形式为

%附加格式说明 格式字符

一般情况下不用附加格式说明。一个“全套”格式段的形式为

%　*　域宽 m　补充格式　格式字符

附加格式说明的含义如下：

“*”：抑制符，表示只读对应的输入数据，但不赋给任何变量，相当于跳过指定的列数。

“域宽 m”：m 是具体的无符号整数值，表示读入 m 列（字符位数）。省略域宽时，输入的数值型（整型、实型）数据之间要用空白符隔开。

“补充格式”：有小写字母“*l*”或“h”两种，分别用于输入长整型和短整型数据，而“%*l*f”则用于输入 double 类型数据。

如果 scanf 中格式控制串中含有普通字符，那么输入数据时，必须原样输入这些字符。这种做法完全没有必要，只会造成麻烦，所以建议不要在格式控制串中使用普通字符。

表 1-7 给出 scanf 函数常用的格式控制字符。

表 1-7　scanf 的常用格式控制字符

格式字符	输入数据的类型和形式	格式字符	输入数据的类型和形式
d	整型（十进制）	s	字符串
o	整型（八进制）	f	实型（整数，小数，指数形式）
x	整型（十六进制）	e	同 f
c	字符型		

习题 1.3

[填空题]

1.3-1　设有定义：float a;　int b; char c;

用输入语句“scanf("%f%c%d", &a,&c,&b);”为变量 a, c, b 输入数据时，欲使 a=12.34，c='A'，b=56，那么，应当输入的一行数据为：________________。

1.3-2　使用 C++中的输入/输出流，需要在程序前面加编译预处理命令：__________。

1.3-3　C++中的输出流（一般格式）

```
cout <<表达式 1<<表达式 2<<…<<表达式 n;
```

中，<<称为（1）________（也称插入符）。输出流语句“cout<<endl;”的功能是（2）__________。

1.3-4　C++中的输入流（一般格式）

```
cin >>变量 1>>变量 2>>…>>变量 n;
```

中，>>称为（1）__________（又称提取符），表示将数据（2）__________其后的变量。

[选择题]

1.3-5　执行语句 scanf("%d□%d,%d",&a,&b,&c);时，合法的输入形式为（　　）。（□代表空格）。

A．123□234□345　　B．123,234,345

C．123□□234□□345　　D．123□234,345

1.3-6　设有定义：unsigned　char　x=25，那么，

```
printf("%d",(x&22>>2)|((x>1)|7&x^43));
```

输出结果为（　　）。

A．7　　B．47　　C．43　　D．46

1.3-7　设有定义：unsigned char x=10，那么，

```
printf("%d",(x&&0x5F)&(x|0x35&0x74));
```

输出结果为（　　）。

A．0　　B．62　　C．12　　D．1

[程序阅读题]

1.3-8　写出程序输出结果。

```
#include <iomanip.h>
#include <iostream.h>
void main()
{
      int    x = 98;
      double    y = 23.45;
      char ch = '/';
      cout<<setw(6)<<x<<setw(8)<<y<<endl;
      cout<<setfill('*')<<setw(6)<<x<<setw(8)<<y<<endl;
      cout<<setiosflags(ios::left)<<setw(6)<<ch<<setw(4)<<x<<endl;
      cout.setf(ios::adjustfield);
      cout<<setiosflags(ios::right)<<setw(6)<<ch<<setw(4)<<x<<endl;
      cout<<setw(5)<<setfill(ch)<<x<<endl;
}
```

1.3-9　写出程序段输出结果（假定 sizeof(int)=2）。

```
unsigned    a=0x4D38, b=3;
printf("%x，%x\n",a<<b,a>>b);
```

1.3-10　写出程序段输出结果（假定 sizeof(long)=4）。

```
long    a=-1024;     printf("%x,%x\n",-a,a);
```

1.3-11　写出程序段输出结果（'5'的 ASCII 码值为 53）。

```
char    b='5';
printf("%d,0x%x,0%o,%+06d\n",5,b,b,b);
```

1.3-12　写出程序段输出结果。

```
float x=1234.5678;double y=8765.4321;
printf("x=%8.3f,y=%9.2e\n",x,y);
```

1.3-13　写出程序输出结果。

运行时，输入如下两行数据（□代表空格，“↵”代表换行符）。

```
ab↵
67□-2□5□78.89□911.12↵

#include    <stdio.h>
void    main( )
{ int    i,j,k;    float    x,y; char    c,d;
   scanf("%c%c", &c, &d);
   scanf("%d%d%d", &i, &j, &k);
   scanf("%f%f", &x, &y);
```

```
    printf("%5d%10d    %6d\n", i, j,k);
    printf("%2.1f%10.2f\n", x, y);
    printf("%5c%10c\n", c, d);
}
```

1.3-14　写出程序输出结果。

```
#include    <stdio.h>
void    main( )
{ int    a=20;
   float    x=11.75,y=218.12,z;
   z=x+a%3*(int)(x+y)%2/7;
   printf("z=%f\n",z);
}
```

1.3-15　写出程序输出结果。

```
#include    <stdio.h>
void    main( )
{ int    a,b;
   float    f,x,y;
   a=11;    b=5;
   x=21.15 ;    y=4.8;
   f= (float)(a+b)/2+(int) x%(int)y;
   printf ("f=%f\n",f);
}
```

1.3-16　写出程序输出结果。

```
#include    <stdio.h>
void    main( )
{ int    a,b,i,j,k,t;
   int m,n,h;
   i=7;    j=13;
   k=i-j;    t=k*i;
   a= j%i;    b=i%j;
   m=a>b;    n=(i>b)||(a>k);
   h=m==n;
   printf("k=%4d\n",k);
   printf("t=%7d\n",t);
   printf("m=%8d n=%8d\n",m,n);
   printf("h=%7d\n",h);
}
```

1.3-17　写出程序输出结果。

```
#include    <stdio.h>
void    main( )
{ int    i=0,j,k;
```

```
    j=++i,k=i++;
    printf("i=%d,j=%d,k=%d\n", i, j,k);
    i=0;
    j=++i+(k=i++);
    printf("i=%d,j=%d,k=%d\n", i, j,k);
    i=0;
    j=++i+i+(k=++i);
    printf("i=%d,j=%d,k=%d\n", i, j,k);
}
```

[程序填空题]

△1.3-18 将下面的程序填写完整，并上机运行，使输出结果为：

```
i=21,j=28,k=22,m=30,n=28,t=21

#include  <stdio.h>
void  main( )
{ int （1）________ ,m,n,t;
    i=20;  j=30;
    k=（2）______ ;
    m=j--;
    t=k++;
    n=--j;
    printf ("i=%d,j=%d,k=%d,m=%d,n=%d,t=%d\n",i,j,k,m,n,t);
}
```

△1.3-19 将下面的程序填写完整后上机运行。

输入一元二次方程式 $ax^2+bx+c=0$ 的系数 a，b，c，计算并输出其根 x1 和 x2。请注意，运行时，要适当地选择输入系数值，以确保方程式有两个实根。

```
#include  <stdio.h>
#include  <math.h>          //包含数学函数库
void  main( )
{
    float a,b,c;
    double d,x1,x2,s,t;
    printf("请输入系数 a,b,c:\n");
    printf("系数 a=");
    scanf("%f",（1）______);
    printf("系数 b=");
    scanf("%f",（2）______);
    printf("系数 c=");
    scanf("%f",&c);
    d=b*b（3）______;
    s=sqrt(d);
    （4）______
    x1=(-b+s)/t;
```

```
    x2=(-b-s)/t;
    printf("方程式%8.2fx*x     %+8.2fx    +%8.2f\n",a,b,c);
    printf("第一个根      x1=%8.2f\n",x1);
    printf("第二个根      x2=%8.2f\n",x2);
}
```

1.4 编译预处理

在编译 C 源程序时，系统先要按照程序中使用的编译预处理命令，对源程序文件进行加工处理，产生一个临时文件，然后再对这个临时文件进行编译（原来的源程序文件不变）。由于这种处理是在“正式”编译之前进行的，所以称为编译预处理（也称预编译）。

有 3 种编译预处理命令：文件包含命令、宏命令和条件编译命令。每条命令各自占一行，且用“#”开头。

1．文件包含命令

前面已经多次使用文件包含命令，例如：包含 C++输入/输出流文件的命令、包含 C 标准输入/输出库函数的命令，分别为：

```
#include    <iostream.h>
#include    <stdio.h>
```

在编译预处理阶段，系统将把被包含文件内容夹在源程序文件中（放在命令出现的地方，代替该命令），一起参加编译。

被包含文件必须是系统库文件，或已经存在的 C/C++源程序文件（当一个完整程序由多个源程序文件组成时）。

习惯上，文件包含命令都写在源程序文件的开头，所以被包含的文件又称为“头文件”。

文件包含命令的一般格式有两种。

格式 1

```
#include    <文件名>        //后面不加分号
```

格式 2

```
#include    "文件名"        //后面不加分号
```

两种格式的差别在于寻找被包含文件的方法不同。

格式 1（用尖括号将被包含文件括起来）指示编译系统按设定的标准目录路径寻找要包含的文件。

格式 2（用双引号将被包含文件括起来）指示编译系统先在用户的当前目录中寻找要包含的文件，若找不到，再按设定的标准目录路径寻找该文件。

包含系统库文件时最好使用尖括号，因为库文件通常在系统设置的标准目录下，而不在用户目录下，这样可以节省查找时间。

包含用户自编文件（通常在当前目录下）时，则应使用双引号；否则可能找不到所要包含的文件。

除输入/输出函数库文件外，C 编译系统还提供其他一些标准函数库文件，使用时必须一一将其“包含进去”。

例如：

```
#include   <malloc.h>        //包含动态存储管理函数库
#include   <math.h>          //包含数学函数库
#include   <ctype.h>         //包含字符处理函数库
#include   <string.h>        //包含字符串处理函数库
```

关于这些库函数的用法请参见附录 C。

2．宏命令

使用宏命令分为 3 步。

1）在程序前部进行宏定义。

2）在程序中使用宏（称为宏调用）。

3）编译预处理时，进行宏代换（也称宏展开）。

前两步由编程人员完成，第 3 步由系统自动完成。

有不带参数的宏定义和带参数的宏定义两种（用法不同），由于带参数的宏用法稍复杂些，且目前已很少使用，故本书只介绍不带参数宏的用法。不带参数的宏常用于定义符号常量（前文已出现过）。

不带参数的宏定义命令一般格式为

```
#define   宏名   宏代换串          //宏名是标识符，宏代换串是普通字符串
```

程序中用“宏名”调用这个宏（可在多处多次调用）。

预处理时，程序中所有与宏名相同的标识符都将被一一置换成宏定义中所指定的宏代换串。

例如：

```
#define   PI   3.14159         //PI 是宏名，3.14159 是宏代替串
```

预处理时，将（处在该命令后的）所有标识符“PI”都置换成“3.14159”（用 3.14159 取代 PI）。

如果只希望将某一段程序中的宏名作宏代换，而不对其后的宏名进行代换，可以使用取消宏命令“#undef”：例如：

```
#define   PI   3.14159
程序段 A
#undef   PI
```

这样，预编译时只把程序段 A 中出现的标识 PI 代换成 3.14159，其他部分的 PI 不代换。这种做法相当于限定了标识符 PI 的作用域。

3．条件编译命令

在程序中穿插一些条件编译命令，相当于设置一些编译开关。改变编译条件，相当于“拨动”这些开关，从而对源程序进行“过滤”，编译出不同的可执行程序。

条件编译命令（有点像条件语句）成组出现，每组含有 2 条或 3 条命令。其基本组合有下列 6 种。

组合 1：#ifdef　D　#else　#endif
组合 2：#ifdef　D　#endif
组合 3：#ifndef　D　#else　#endif
组合 4：#ifndef　D　#endif
组合 5：#if　E　#else　#endif
组合 6：#if　E1　#elif　E2　#endif
其中，D 代表某个标识符；E 代表某个值为常量的表达式（常量表达式）。
例如，组合 1

```
#ifdef  BIG
  程序段 1
#else
  程序段 2
#endif
```

这组命令的含义是：如果前面定义了标识符“BIG”，那么就对程序段 1 进行编译，不对程序段 2 进行编译；否则（前面没定义标识符“BIG”），就对程序段 2 进行编译，不对程序段 1 进行编译。

只要在此命令前加一条宏定义（如下），即可确定编译条件。

```
#define  BIG  5000     //将此行改为注释即可改变编译条件
```

组合 2，等价于组合 1 中程序段 2 为空的情况。
组合 3，相当于组合 1 中程序段 1 与程序段 2 换位。
组合 4，等价于组合 3 中程序段 2 为空的情况。
又如，组合 5：

```
#if  FLAG
  程序段 1
#else
  程序段 2
#endif
```

这组命令的含义是：如果表达式“FLAG”的值为非 0，则编译程序段 1，不编译程序段 2；否则，编译程序段 2，不编译程序段 1。

只要在本命令前加一条宏定义（如下），即可改变编译条件。

```
#define  FLAG  1          //或  #define  FLAG  0
```

再如，组合 6：

```
#if  FLAG
  程序段 1
#elif  TAG                    //elif 意为 else if
  程序段 2
#endif
```

这组命令的含义是：如果表达式“FLAG”的值为非 0，则编译程序段 1，不编译程序段 2；否则（FLAG 为 0），如果表达式“TAG”的值为非 0，不编译程序段 1，而编译程序段 2；否则（FLAG 和 TAG 的值都为 0）程序段 1 和程序段 2 都不参加编译。这样，程序段 1 和程序段 2 至多编译其中的一段。

通过在前面加两条宏定义命令，即可改变编译条件。

```
#define   FLAG   1            //或  #define   FLAG   0
#define   TAG    1            //或  #define   TAG    0
```

习题 1.4

[选择题]

1.4-1　下列说法不正确的是（　　）。

A．定义宏时，宏代换串中可以出现已定义的宏名

B．对宏名 MAX 的作用域内所有的“MAX”都将被替换

C．在宏名 MAX 的作用域内，不允许局部量（包括形参）与其重名

D．编译阶段只能查出一部分宏代换错误

1.4-2　#include　"file.h" 的含义是指示编译系统（　　）。

A．在当前目录中寻找 file.h

B．按系统设定的标准目录路径寻找 file.h

C．先按系统设定的标准目录路径寻找 file.h；若找不到，再在当前目录中寻找 file.h

D．先在当前目录中寻找 file.h；若找不到，再按系统设定的标准目录路径寻找 file.h

1.4-3　#include　<file.h> 的含义是指示编译系统（　　）。

A．在当前目录中寻找 file.h

B．按系统设定的标准目录路径寻找 file.h

C．先按系统设定的标准目录路径寻找 file.h；若找不到，再在当前目录中寻找 file.h

D．先在当前目录中寻找 file.h；若找不到，再按系统设定的标准目录路径寻找 file.h

[程序阅读题]

1.4-4　写出程序段输出结果。

```
#include   <stdio.h>
#define   N   3
#define   M   2*N
#define   RE   M*M-N
 printf("%d\n",RE);
```

1.4-5　写出程序输出结果。

```
#include   <stdio.h>
#define   M
void   main( )
  {   int x=5,y=3;
```

```
   #ifndef M
    printf("%d\n",x+y);
   #else
     printf("%d\n",x-y);
   #endif
   }
```

1.4-6　分别写出下面 4 个程序段输出结果。

（1）
```
#define   FLAG  1
#define   TAG     0
   printf("1:");
#if   FLAG
   printf("2:");
#elif   TAG
   printf("3:");
#endif
 printf("4\n");
```

（2）
```
#define   FLAG  1
#define   TAG     1
   printf("1:");
#if   FLAG
   printf("2:");
#elif   TAG
   printf("3:");
#endif
 printf("4\n");
```

（3）
```
#define   FLAG  0
#define   TAG     1
   printf("1:");
#if   FLAG
   printf("2:");
#elif   TAG
   printf("3:");
#endif
 printf("4\n");
```

（4）
```
#define   FLAG  0
#define   TAG     0
   printf("1:");
#if   FLAG
   printf("2:");
#elif   TAG
   printf("3:");
#endif
 printf("4\n");
```

[程序设计题]

1.4-7　试定义下列常量（分别用宏定义和用 const 定义）。

MIN=−1　　　Name="WangQingrui"　　　MAX=1203　　　EPS=10^{-6}

1.4-8　设一个 C/C++源程序文件中，有相继的两段程序：程序段 1 和程序段 2。试在此源程序文件中插入一组条件编译命令和一个编译判断条件，完成如下功能。

（1）当判断条件成立时，对程序段 1 进行编译，而不对程序段 2 进行编译。

（2）改变判断条件（使之不成立），则对程序段 2 进行编译，而不对程序段 1 进行编译。

△1.4-9　在下面的程序中添加一组条件编译命令和若干个宏定义（作为编译判断条件），通过改变编译判断条件，分别使程序产生下面 4 种不同的输出结果。

```
#include   <stdio.h>
void   main( )
{ printf("语句 1:\n");
  printf("程序段 2:\n");
  printf("程序段 3:\n");
  printf("语句 4:\n");
}
```

第一种输出结果：

```
语句 1:
程序段 2:
语句 4:
```

第二种输出结果：

```
语句 1:
程序段 3:
语句 4:
```

第三种输出结果：

```
语句 1:
语句 4:
```

第四种输出结果：

```
语句 1:
程序段 2:
程序段 3:
语句 4:
```

第 2 章　分支和循环

C 语言中有多种语句（statement），语句分类如图 2-1 所示。其中，简单语句不带子句，而一条结构型语句可含多条子句；表达式语句（主要是赋值语句）是直接进行计算的语句；空语句和复合语句仅具语法含义，无实质性的计算功能；控制语句用于控制程序流程，完成判断、分支、重复、转移等功能。

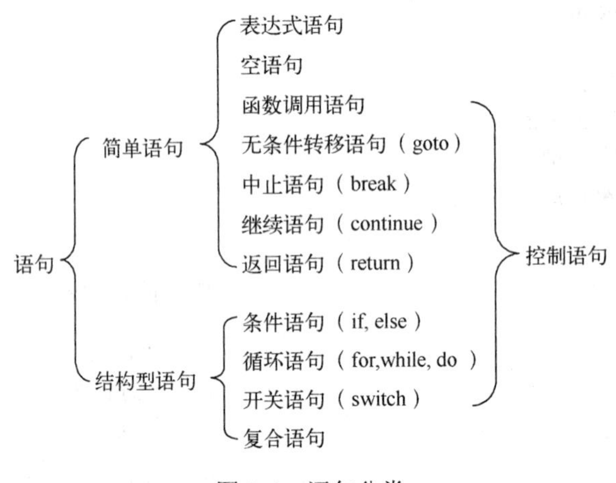

图 2-1　语句分类

本章介绍的 if 语句、while 语句、for 语句、do-while 语句等，是最基本和最常用的控制语句，也是除表达式语句之外使用最多的语句。

2.1　分支结构

2.1.1　if 语句

if 语句有两种格式

Ⅰ型

```
if (E) S;
```

Ⅱ型

```
if (E) S;
else S1;
```

视频

2.1.1　if 语句

其中，E 是判别表达式；“if 子句”S 和“else 子句”S1 均是任“一条”语句（不能是多条语句）。

图 2-2 是 if 语句的流程图。

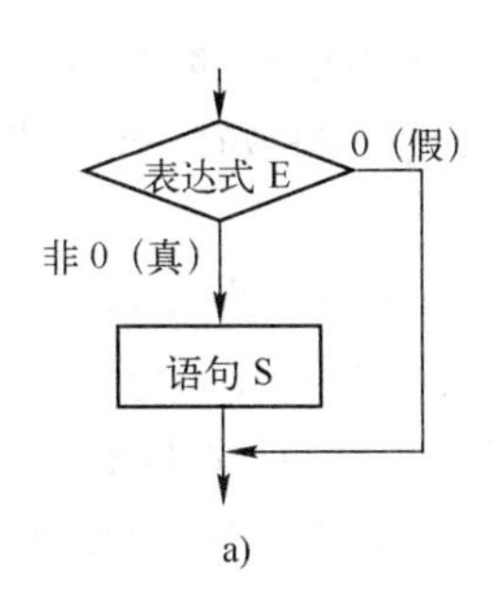

a)

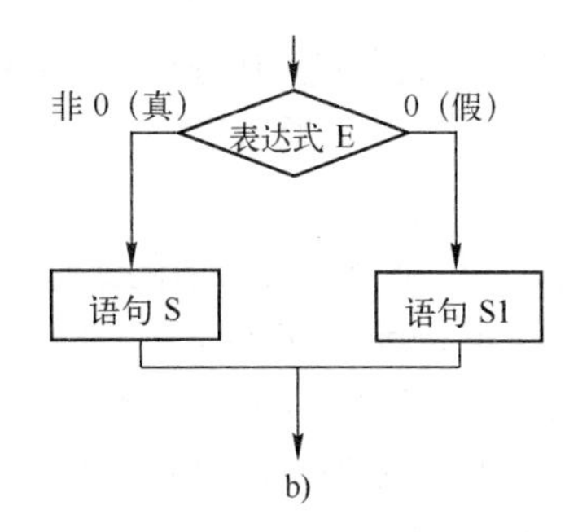

b)

图 2-2　if 语句的流程图

a) Ⅰ型 if　b) Ⅱ型 if

if 语句的执行步骤如下：

1）计算判别表达式 E 的值。

2）若 E 的值不等于 0（为真），则执行 if 子句 S，结束本语句的执行，转而执行该语句的后继语句。

3）若 E 的值等于 0（为假）：

对于Ⅰ型，则不执行 if 子句 S，结束本语句的执行，转而执行后继语句。

对于Ⅱ型，则执行 else 子句 S1，结束本语句的执行，转而执行后继语句。

当 if 子句 S 和 else 子句 S1 都是简单的赋值操作时，可以用条件表达式代替 if 语句。例如，已知变量 a 和 b 中存放两个数，但却不知其大小，通过比较 a 和 b 的大小，完成下列操作的 if 语句和对应的条件表达式分别为：

1）使 a 获得 a 和 b 两个数中的较大值：

```
if(a<b)a=b;                    //对应的条件表达式为 a=a<b ? b : a
```

2）使 max 获得 a 和 b 两个数的较大值：

```
if(a<b)max=b;else max=a;       //对应的条件表达式为 max=a<b ? b : a
```

3）使 max 获得 a 和 b 两个数的较大值，而 min 获得 a 和 b 两个数的较小值：

```
if(a<b)max=b,min=a; else max=a, min=b;   //这里用到了逗号表达式
```

对应的条件表达式为

```
a<b?(max=b,min=a) : (max=a, min=b)
```

4）使 a 获得 a 和 b 两个数的较大值，而 b 获得 a 和 b 两个数的较小值：

```
if(a<b)temp=a,a=b,b=temp;      //若 a 不大于 b 则交换 a 和 b 的值；若 a 大于 b 则保持原状
```

对应的条件表达式为

```
a<b ?(temp=a,a=b,b=temp) : 1
```

关于最后一种情况中的语句，作如下两点说明。

① 条件表达式的子表达式“1”没有具体含义，仅仅是为满足条件表达式的语法规则而设的（因而，可以换成 0、2 等其他数值）。

②“temp=a,a=b,b=temp”是用三次赋值操作实现交换两个变量值的典型用法。先执行

temp=a，将 a 的值临时保存在中间变量 temp 中，释放出 a 所占的存储单元；接着执行 a=b，将 b 的值赋给 a，释放出 b 所占存储单元；最后执行 b=temp，将放在 temp 中 a 的原来值赋给 b。

例如，原来 a=3，b=5。交换值的执行步骤是：执行 temp=a，使 temp=3；再执行 a=b，使 a=5；最后执行 b=temp，使 b=3。于是，a 和 b 的值就换过来了。

图 2-3 给出换值步骤的示意图。图中，方框代表变量对应的存储单元，变量名注在方框上方或左侧，箭头表示赋值操作。图 2-3a 表示原来状态，图 2-3b 表示执行 temp=a，图 2-3c 表示执行 a=b，图 2-3d 表示执行 b=temp。

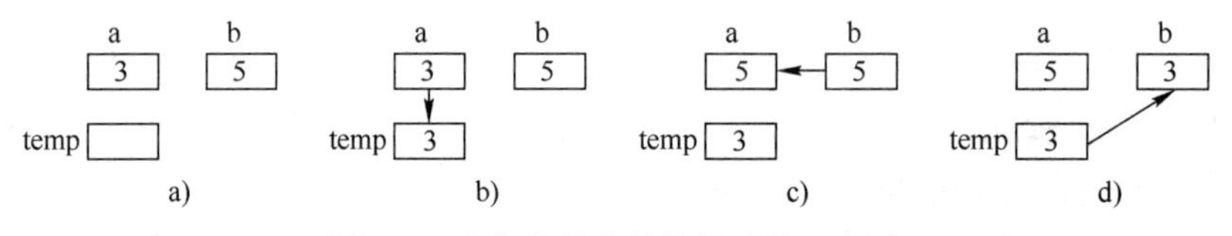

图 2-3　交换变量值的执行步骤示意图

如果写成“a=b,b=a”，则是错误的。因为，如果原来 a=3，b=5，执行 a=b 时，将 b 的值赋给 a，使 a 和 b 的值同为 5（a 的原来值 3 被冲掉了），再执行 b=a 就无意义了。执行结果使 a 和 b 的值相等，可见不能完成换值任务。

2.1.2　复合语句和 if 语句的嵌套

1．复合语句

复合语句（compound statement）也叫块（block）语句，是用“{　}”将若干条语句括起来而形成的一条“大”的语句，其一般格式为

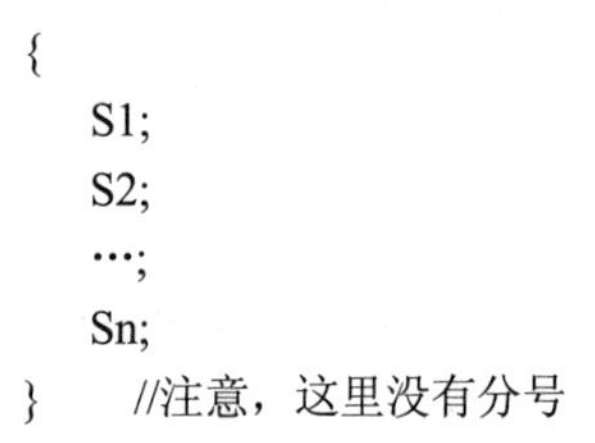

```
{
   S1;
   S2;
   …;
   Sn;
}    //注意，这里没有分号
```

视频
2.1.2　复合语句和 if 语句的嵌套

其中，“{ }”是语句括号；S1，S2，…，Sn 都是任意语句，它们都是本条复合语句的子句。

复合语句是为满足语法需要而设立的，主要用在语法规定只允许使用一条语句，而一条语句又不能满足操作要求的情况。比如，按照语法规定，if 子句和 else 子句，以及下文的循环体等都只能是一条语句，如果不得不含有多条语句，就必须用“{　}”将它们括起来构成复合语句。这是因为，不管含有多少条子语句，复合语句（从语法意义讲）只算一条语句。

例如：

```
if(a>b) { max=a; min=b;}      //这里用到了复合语句
  else {max=b;   min=a;}      //这里用到了复合语句
```

再如：

```
if(a<b)
  { temp=a; a=b; b=temp; }    //这里用到了复合语句
```

2．if 语句的嵌套

如果 if 语句的 if 子句或 else 子句中又包含 if 语句，就形成了 if 语句的嵌套。嵌套的形式多种多样，例如：

```
if(E1)
    if(E2)S1;      //if 内嵌 if
    else   S2;
else
    if(E3)S3;      //else 内嵌 if
    else   S4;
```

【例 2-1】 将 a、b、c 三个数（变量）按从小到大的次序输出（a、b、c 的值保持不变）。

算法的设计思路

为便于叙述，假定 a、b、c 三者的值全不等。

用嵌套的 if 结构很容易完成此问题。

先比较 a 和 b，比较结果分为情况 1（a<b）和情况 2（b<a）。

在情况 1（可知 a 排在 b 之前）的前提下，比较 a 和 c，比较结果分为情况 1-1（a<c）和情况 1-2（c<a）。

在情况 1-1（可知 a 排在 b、c 之前，a 最小）的前提下，再比较 b 和 c，可确定 b 排在 c 之前还是排在 c 之后，从而确定 a、b、c 三者的输出次序。

至于情况 1-2（可知 a 排在 b 之前，而 c 排在 a 之前），三者的输出次序已清楚了，即 c，a，b，不必再进行比较。

对情况 2（b<a）的处理步骤和情况 1 是对称的。

由情况 2 可知 b 排在 a 之前，通过比较 a 和 c，可以确定 a 排在 c 之前（情况 2-1，a<c），还是排在 c 之后（情况 2-2，c<a）。

对于情况 2-1（可知 b 排在 a 之前，而 a 排在 c 之前），三者的输出次序已清楚了，即 b，a，c，不必再进行比较。

在情况 2-2（可知 a 排在 b、c 之后，a 最大）的前提下，需要再比较 b 和 c，从而确定 b 排在 c 之前，还是排在 c 之后，从而确定 a、b、c 三者的输出次序。

算法的流程图

图 2-4 给出上述算法的流程图。其中，通过比较 a 和 b 产生两大分支，向左的第一大分支对应情况 1（a<b）；向右的第二大分支对应情况 2（b≤a）。左右两大分支各自通过比较 a 和 c 产生各自的左右分支，其后的细节不再详述。

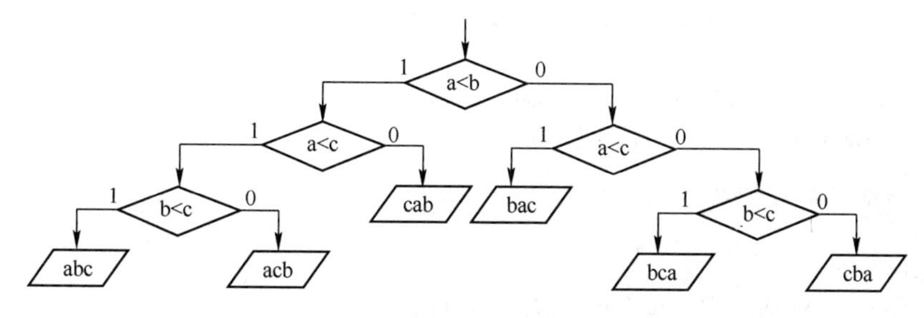

图 2-4　按从小到大的次序输出 3 个数

根据流程图容易写出实现算法的程序段。

算法的实现程序段

```
if(a<b)   //第一大分支 a<b，对应流程图左侧
   if(a<c)
      if(b<c)printf("%d,%d,%d\n",a,b,c);
      else printf("%d,%d,%d\n",a,c,b);
   else printf("%d,%d,%d\n",c,a,b);
else    //第二大分支 b≤a，对应流程图右侧
   if(a<c)printf("%d,%d,%d\n",b,a,c);
     else
      if(b<c)printf("%d,%d,%d\n",b,c,a);
      else printf("%d,%d,%d\n",c,b,a);
  }
```

【例 2-2】 按学生考试成绩 score（百分制）输出 3 类信息：90～100 分输出“优秀”，60～89 分输出“合格”，0～59 分输出“不合格”。

算法的设计思路和流程图

可以设计出多种不同的嵌套 if 结构完成上述功能。图 2-5 给出两种不同的流程图。

图 2-5a，先判断是否为优秀，在不是优秀的情况下再判断是否合格；图 2-5b，先判断是否合格，在合格的情况下再判断是否优秀。

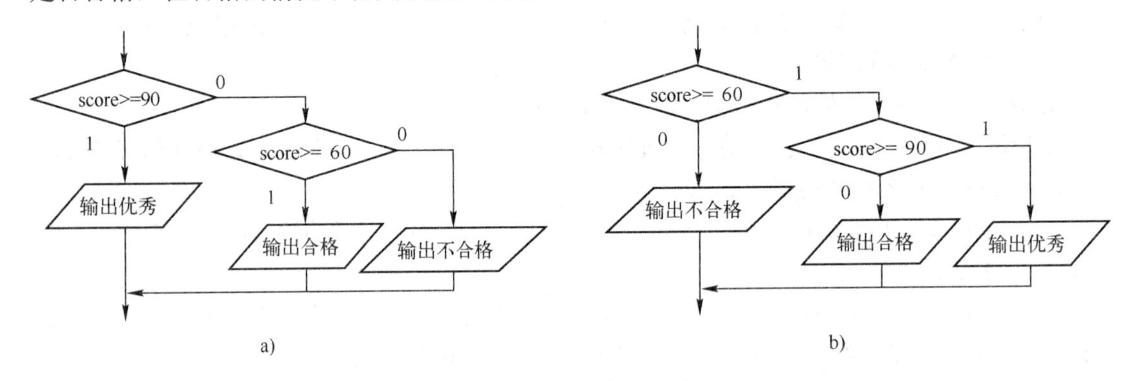

图 2-5　两种不同的嵌套 if 流程图

算法的实现程序段

图 2-5a 对应的程序段为

```
if(score>=90)printf("score=%d，优秀\n",score);
else
   if(score>=60)printf("score=%d，合格\n",score);
   else printf("score=%d，不合格\n",score);
```

图 2-5b 对应的程序段为

```
if(score>=60)
    if(score>=90)printf("score=%d，优秀\n",score);
    else printf("score=%d，合格\n",score);
```

```
else printf("score=%d，不合格\n",score);
```

C 语言规定：在嵌套的 if 结构中，else 总是与其前面最近的未配过对的 if 相配对。

关于 if 语句的用法，有下面 4 点说明。

1）“if(E)”等价于“if(E!=0)”；“if(!E)”等价于“if(E==0)”。

2）对于嵌套的 if 结构，最好通过缩排使程序的物理结构与逻辑结构一致，以增强程序的易读性，这在多层 if 嵌套时尤为重要。

3）Ⅱ型 if 语句的 if 子句中嵌套Ⅰ型 if 语句时会出现歧义。

例如，不能将图 2-6a 所示的流程图理解成：

```
if(x>0)                    //第一个 if
  if(y<5)a=a+1;            //第二个 if
  else a=a+2;
```

图 2-6a 的意图是让 else 与第一个 if 配对，但是对于上述程序段，系统却按照语法规则让 else 与第二个 if 配对（对应图 2-6b 所示的流程图）。这就造成了歧义错误。

消除歧义的根本措施是：不要让Ⅱ型 if 语句的 if 子句嵌套Ⅰ型 if 语句。

对于上例，解决办法有以下三种：

第一种，将第二个 if 语句用“{ }”括起来变成复合语句（改变语句性质），即：

```
if(x>0)                    //第一个 if
   {if(y<5)a=a+1;}         //第二个 if
else   a=a+2;
```

第二种，将第一个 if 语句的条件“反过来”，让第二个 if 语句作为第一个 if 语句的 else 子句（对应图 2-6c），即：

```
if(x<=0)a=a+2;             //将第一个 if 的条件反过来
else
   if(y<5)a=a+1;           //第二个 if
```

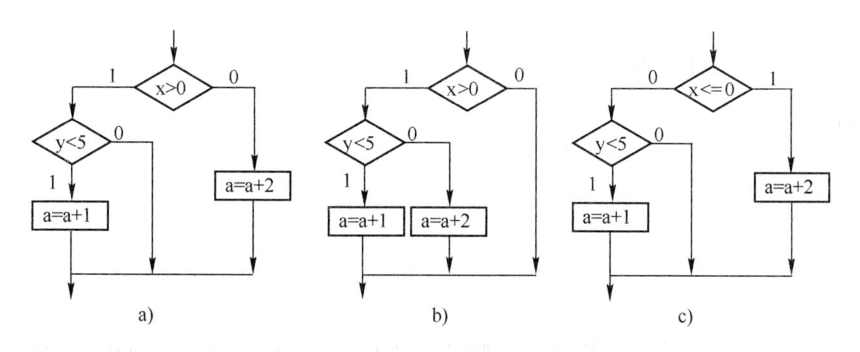

图 2-6　if 嵌套的歧义现象

第三种，通过加空语句的方法，将第二个 if 语句改为Ⅱ型 if 语句（有碍阅读，不提倡），即：

```
if(x>0)                    //第一个 if
```

```
    if(y<5)a=a+1;          //第二个 if
    else   ;               //else 后面是一条只有分号的空语句
  else a=a+2;
```

4）对于程序段：

```
if(x)
  S1;
else
  S2;
```

如果 S2 较短（只有几行）而 S1 较长（有十几行，或更长），不如改成

```
if(!x)
  S2;
else
 S1;
```

这样改后，程序含义相同，但增强了程序的易读性。

如果 S1 和 S2 都较长，可以将 S1 和 S2 都改成子函数调用方式。

2.1.3* switch 语句

switch 语句（也称开关语句）是多路选择结构，有两种格式：

格式 1（带 default 部分）

```
switch(E)
 {  case  C1：S1；
    case  C2：S2；
    …
    case  Cn：Sn；
    default  ：Sk；
 }
```

视频 2.1.3 switch 语句

格式 2（不带 default 部分）

```
switch(E)
 { case  C1：S1；
   case  C2：S2；
   …
   case  Cn：Sn；
 }
```

其中，E 是整型、字符型或枚举型的判别表达式；switch、case 和 default 都是保留字；C1，C2，…，Cn 等都是常量表达式；S1，S2，…，Sn，Sk 都是任意语句序列（程序段）。

switch 语句的执行流程是：计算表达式 E 的值，然后依次将此值与各 case 后面的常量表达式的值逐一比较，根据比较结果作如下处理。

1）如果 E 的值与某个常量表达式的值相等，则从该 case 后面的语句开始执行，直至本

switch 所辖的最后一条语句（或遇到 break 语句），结束本 switch 语句的执行，接着执行后继语句。

2）如果 E 的值与所有常量表达式的值都不相等，对于格式 1，则执行 default 后的语句 Sk；对于格式 2，则该 switch 语句什么也不执行。然后结束本 switch 语句的执行，执行后继语句。

例如：

```
switch(a)
{
    case  3:   b=30;
    case  1:   b=10;
    case  2:   b=20;
    default :  b=50;
}
```

若 a=3（等于第一个 case 后面的常量 3），则从第一个 case 后面的语句开始执行：

```
b=30;  //并不终止 switch，而是继续向下执行
b=10;
b=20;
b=50;
```

若 a=1（等于第二个 case 后面的常量 1），则从第二个 case 后面的语句开始执行：

```
b=10;  //并不终止 switch，而是继续向下执行
b=20;
b=50;
```

其他情况类似。

这样，不管 a 取何值，b 的值最终都等于 50。当然，这种程序只是白白绕圈子，完全失去了 switch 语句的控制作用。

在执行完一个 case 分支后，如果不希望继续执行下面 case 分支中的语句，可用 break 语句跳出 switch 语句，转到 switch 语句的后继语句执行。如果每一个 case 分支后面都加 break 语句（最后一个分支不需要加 break 语句），就实现了“多选一”的控制作用。例如：

```
switch(a)
{
  case  3:  b=30;  break;
  case  1:  b=10;  break;
  case  2:  b=20;  break;
  default:  b=50;
}
```

执行时，根据 a 的值等于 3、1、2，或其他值，使 b 等于 30、10、20、50 四者之一。

【例 2-3】 设今天是星期三（Wednesday），求 t（t>0）天以后是星期几（要求输出星期几的英文名称）。

算法的设计思路

用整数 0～6 对应一周的 7 天：0 对应星期天，1 对应星期一，…，6 对应星期六。今天是星期三就对应 3。

因为一周 7 天（从星期日到星期六）循环往复，所以只要计算出(3+t)%7 的值，便可得出是星期几。

例如，t=20，(3+20)%7=23%7=2，那么 20 天后是星期二。

推广到一般情况：设今天是星期 a（a 是值为 0～6 的变量），通过计算(a+t)%7 的值求出 t 天以后是星期几。

算法的实现程序段

```
switch((a+t)%7)
{
  case   0:   cout<<"Sunday"<<endl;    break;
  case   1:   cout<<"Monday"<<endl;    break;
  case   2:   cout<<"Tuesday"<<endl;   break;
  case   3:   cout<<"Wednsday"<<endl; break;
  case   4:   cout<<"Thursday"<<endl;  break;
  case   5:   cout<<"Friday"<<endl;      break;
  case   6:   cout<<"Saturday"<<endl;
}
```

当然，也可以用嵌套的 if 结构实现，但会增加程序长度，降低程序的易读性。

另外，如果不限制 t>0，t 为正时表示 t 天以后，t 为负时表示|t|天以前。例如 t=−20 表示求 20 天以前是星期几，那么只要将上述程序段中 switch 语句的表达式“(a+t)%7”改为“((a+t)%7+7)%7”。之所以要进行两次%7 运算，因为当 t<0 时，(a+t)%7 的值可能在−6～6 之间，将其+7 后再%7，就能保证结果值在 0～6 之间。

【例 2-4】 用 switch 结构将学生考试分数 x（百分制，x 是值为 0～100 的整数）转换为“优、良、中、下”4 个等级，其中，90～100 分为优，70～89 分为良，60～69 分为中，不足 60 分为下。

算法的设计思路

因为上述转换等级的原则与百分制分数的个位数无关，所以设法甩掉个位数再处理会容易些。

甩掉个位数可以通过整除 10 来实现，x/10 的结果有 0，1，2，3，4，5，6，7，8，9，10 共 11 个可能。若 x/10 的结果值是：

1）0，1，2，3，4，5 之一，说明分数不足 60，属于“下”。

2）6，其分数是 60～69 分，属于“中”。

3）7 和 8，其分数是 70～89 分，属于“良”。

4）9 和 10，其分数是 90～100 分，属于“优”。

算法的实现程序段

```
switch(x/10)
{  case  0:
   case  1:
```

```
    case  2:
    case  3:
    case  4:
    case  5:  cout<<"下";  break;
    case  6:  cout<<"中";  break;
    case  7:
    case  8:  cout<<"良";  break;
    case  9:
    case  10:  cout<<"优";
}
```

注意，不能将上述程序段写成如下形式：

```
switch(1)
{
    case  (x<60):            cout<<"下"; break;
    case  (x>59&&x<70):  cout<<"中"; break;
    case  (x>69&&x<90):  cout<<"良"; break;
    case  (x>89):            cout<<"优";
}
```

因为，按照 switch 的语法规则，case 后面必须是常量表达式（不能带有变量），而“(x<60)”等显然是不符合语法规则的（编译时将报错）。

2.1.4　程序设计示例

【例 2-5】 判断一个 3 位数 x 是否是一个“水仙花数”。所谓“水仙花数”是指 3 位数的各位数字的立方之和等于这个 3 位数本身。例如，$153=1^3+5^3+3^3$。

算法的设计思路

设 3 位数 x 的个位数为 a，十位数为 b，百位数为 c（即 $x=c\times100+b\times10+a$），只要将 a、b、c 从 x 中分离出来，然后通过判别 $a^3+b^3+c^3$ 是否等于 x，便可知 x 是否是一个水仙花数。

从 x 中分离出 a、b、c 方法如下（就 x 是 3 位数而言）。

x 的个位数为：a=x%10

x 的十位数为：b=x/10%10

x 的百位数为：c=x/100

判断 $a^3+b^3+c^3$ 是否等于 x，可以写成：

视频
2.1.4　程序设计示例

```
if(x==a*a*a+b*b*b+c*c*c)
```

算法的实现程序

```
#include  <iostream.h>
void  main( )
{  int a,b,c,x;
   cout<<"请输入 x 的值：";
   cin>>x;
```

```
        a=x%10;
        b=x/10%10;
        c=x/100;
        if(x= =a*a*a+b*b*b+c*c*c)
          cout<<x<<"是水仙花数"<<endl;
        else cout<<x<<"不是水仙花数"<<endl;
    }
```

【例 2-6】 将大小不等的 4 个数 a、b、c、d 排列成有序形式，即 a<b<c<d（小型排序问题）。

算法的设计思路

此题的解法很多，这里给出的算法分两个阶段，第一阶段排成 a<b<c 形式，如图 2-7a 所示；第二阶段排成 a<b<c<d 形式，如图 2-7b 所示。具体方法如下。

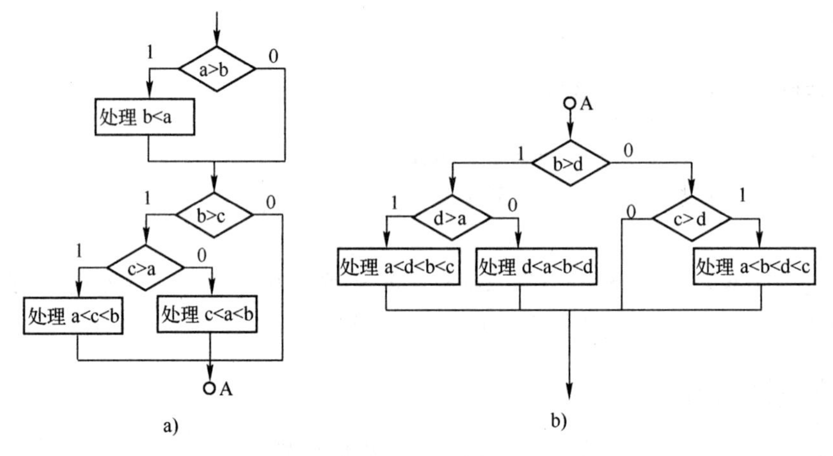

图 2-7　将 4 个数 a、b、c、d 排序的算法流程图

a) 第一阶段　b) 第二阶段

第一阶段，先比较 a 和 b 的大小，如果 a<b，则不需要处理；否则（b<a），通过交换 a 和 b 的值，构成 a<b。实现语句为

```
if(a>b)temp=a,a=b,b=temp;
```

在 a<b 的基础上，比较 b 和 c。若 b<c，则什么也不做，因为这时 a<b<c 已经成立；否则（c<b），再比较 c 和 a，根据比较结果，a、b、c 大小关系必为 a<c<b 或 c<a<b 之一。对于 a<c<b 的情况，只要交换 c 和 b 的值即可调整成 a<b<c 形式；而对于 c<a<b 的情况，要将 a、b、c 循环换位调整成 a<b<c 形式。

实现第一阶段的程序段为

```
if(a>b)temp=a,a=b,b=temp;
if(b>c)
  if(c>a)temp=b,b=c,c=temp;            //处理 a<c<b 时的换位操作
  else temp=a,a=c,c=b,b=temp;          //处理 c<a<b 时的换位操作
```

图 2-7b 所示的第二阶段采用“二分插入法”。

d 先和 b 比较，根据比较结果（b<d 还是 b>d），确定下一步是比较 d 和 a，还是比较 d

和 c。从而判断出 a、b、c、d 的大小关系，再通过换位，调整成 a<b<c<d 的形式。

如果 d 和 b 比较结果是 b>d（说明 d 要排在 b 前面），那么下一步比较 d 和 a，以确定 d 是排在 a 前，还是排在 a 后，即可能是 a<d<b<c 或 d<a<b<c。无论哪种情况，通过循环换位总能调整成 a<b<c<d 的形式。

如果 d 和 b 比较结果是 b<d（说明 d 要排在 b 后面），那么下一步比较 d 和 c，以确定 d 是排在 c 前，还是排在 c 后，即可能是 a<b<d<c 或 a<b<c<d。显然，后一种情况不需换位，而前一种情况只要交换 c 和 d 即可。

实现第二阶段的程序段为

```
if(b>d)
  if(d>a)temp=d,d=c,c=b,b=temp;         //处理 a<d<b<c 的换位操作
  else temp=a,a=d,d=c,c=b,b=temp;       //处理 d<a<b<c 的换位操作
else
  if(c>d)temp=c,c=d,d=temp;             //处理 a<b<d<c 的换位操作
```

算法的实现程序

```
#include <stdio.h>
void main( )
{ int a,b,c,d, temp;
    printf("请输入四个整数： ");
    scanf("%d%d%d%d",&a,&b,&c,&d);
    //第一阶段
  if(a>b)temp=a,a=b,b=temp;               //使 a<b
  if(b>c)
    if(c>a)temp=b,b=c,c=temp;             //处理 a<c<b 时的换位操作
    else temp=a,a=c,c=b,b=temp;           //处理 c<a<b 时的换位操作
    //第二阶段
  if(b>d)
    if(d>a)temp=d,d=c,c=b,b=temp;         //处理 a<d<b<c 的换位操作
    else temp=a,a=d,d=c,c=b,b=temp;       //处理 d<a<b<c 的换位操作
  else
    if(c>d)temp=c,c=d,d=temp;             //处理 a<b<d<c 的换位操作
  printf("排序结果:%4d%4d%4d%4d\n",a,b,c,d);
}
```

拓展
示例 T2-1

习题 2.1

[填空题]

2.1-1　除用嵌套的 if 语句可以实现多路选择外，还可以用________语句实现多路选择。

2.1-2　在嵌套的 if 语句中，else 总是和___________的 if 配对。

2.1-3　下面程序段对应的代数式为______________。

```
int x,y;
```

```
scanf("%d",&x);
if(x==0)
  y=0;
  else if(x>0)
  y=x*x+1;
  else
   y=2*x*x+3*x-1;
```

2.1-4　对语句“if(a=b)a++;”编译时________报错（回答：会或不会）。

[选择题]

2.1-5　if语句中的判别表达式不可以是（　　）。

A．关系表达式　B．逻辑表达式　C．任意类型的表达式　D．算术表达式

2.1-6　switch后面括号内的表达式类型是（　　）。

A．整型　　B．整型，字符型，枚举型

C．整型和字符型　　D．任何类型

2.1-7　switch语句的case后面（　　）。

A．只能是常量　　B．只能是常量表达式

C．可以是常量或变量　　D．可以是任意表达式

2.1-8　用于描述关系“若 m>n 且 a>b，则 y=2x；若 m<=n，则 y=0”正确的程序段是（　　）。

A．
```
if(m>n)
  {  if(a>b)
     y=2*x;}
  else
     y=0;
```

B．
```
if(m>n&&a>b)
  y=2*x;
else
  y=0;
```

C．
```
if(m>n)
if(a>b)
   y=2*x;
 else
if(m<=n) y=0;
```

D．
```
if(a>b)
if(m>n)
  y=2*x;
else
if(m<=n) y=0;
```

[程序阅读题]

2.1-9　对于下列各程序段，分别指出当字符型变量 ch 取何值（或何范围）时输出“YES”。

（1）
```
if(ch>='A'&&ch<='Z')
printf("YES"); else printf("NO");
```

（2）
```
if(ch<='A'&&ch>='Z')
printf("NO"); else printf("YES");
```

（3）
```
if(ch>='A'&&ch<='Z')
{ if(ch>'I'&&ch<'K')printf("NO");}
  else printf ("YES");
```

（4）if(ch>='A'&&ch<='Z')

```
if(ch!='I'&&ch!='K')printf("NO");
else printf("YES");
```

2.1-10　写出程序输出结果。

```
#include <stdio.h>
void main( )
{ int a,b,c=0,d=0;
   a=-8; b=11;
   if(a<=0 && a%3)c=!c;
   if(b<0 || b%2)d=!d++;
   printf("%4d,%4d\n",a+5,b-3);
   printf("%4d,%4d\n",c, d);
}
```

2.1-11　写出程序输出结果。

（1）运行时，输入字母 b。

（2）运行时，输入字母 F。

（3）运行时，输入数字 9。

```
#include <stdio.h>
void main( )
{ char a;    int b;
   scanf("%c",&a);
   if((a>='a')&&(a<='h'))b=a+5;
     else    b=a-2;
   printf("%4c    %4c\n",a,b);
}
```

2.1-12　写出程序输出结果。

（1）运行时，输入 3　1　5。

（2）运行时，输入 3　5　1。

（3）运行时，输入 5　1　3。

（4）运行时，输入 1　5　3。

```
#include <iostream.h>
void main( )
{ int a,b,c,d=0;
   cin>>a>>b>>c;
   if(a>b&&b>c||a<b&&b<c)d=b;
   else
     if(a<b&&a<c&&c<b)d=c;
     else d=a;
   cout<<"d="<<d<<endl;
}
```

2.1-13　设有程序段：

```
if(a<b)
if(c<d)x=1;
else if(a<c)
if(b>d)x=2;
else x=3;
else if(a<d)
if (b<c)x=4;
else x=5;
else x=6;
else x=7;
```

（1）按照其逻辑结构以及 if 和 else 配对的关系，用缩进格式重排程序段。

（2）画出流程图。

（3）指出其中是否存在多余的判断条件和相互矛盾的判断条件。

（4）化简条件，写出与之等效的更合理的程序段。

2.1-14　下面 3 段程序的设计目标都用来将学生的百分制成绩化成 A、B、C、D、E 五个等级的五级记分制，其中分数是 90～100 的为 A 级，80～89 的为 B 级，70～79 的为 C 级，60～69 的为 D 级，60 分以下的为 E 级。但这 3 段程序都有程度不同的错误，请分别指出其中的语法错误和逻辑错误，以及多余的判断。

3 段程序前面公共部分是：

```
int x; char ch;
scanf("%d", &x);
```

第一段程序：

```
if(x≥90)ch='A';
if(x≥80)ch='B';
if(x≥70)ch='C';
if(x≥60)ch='D';
if(x≤59)ch='E';
printf("%c\n", ch);
```

第二段程序：

```
if(x≥90)ch=A;
if(80≤x≤89)ch=B;
if(70≤x≤79)ch=C;
if(60≤x≤69)ch=D;
else ch=E;
printf("%c\n", ch);
```

第三段程序：

```
if(x>=90)ch='A';
```

```
else
if(80<=x<=89)ch='B';
else
if(70<=x<=79)ch='C';
else
if(60<=x<=69)ch='D';
else ch='E';
printf("%c\n", ch);
```

[程序填空题]

2.1-15　读入字符 ch，若 ch 是字母 Y（大写或小写），则输出“YES”；若 ch 是字母 N（大写或小写），则输出“NO”；若 ch 是其他字符，则输出“错误”。

```
#include <iostream.h>
void main( )
{ char ch;
   cin>>ch;
   if( （1） ___________)cout<<"YES\n";
    （2） __________
    if( （3） ____________)cout<<"NO\n";
   else  （4） ___________
}
```

2.1-16　输入课程代码（下面 5 个代码之一），输出对应的课程名称。

1、2、3、4、5 分别是语文（Chinese）、数学（Math）、英语（English）、物理（Physics）、化学（Chemistry）课程的代码。

填写后，再将程序中嵌套的 if 结构改用 switch 实现。

```
#include <iostream.h>
void main( )
{ int  （1） _________;
    （2） _____course;
   if(course==1)cout <<"Chinese\n";
   else
    if(  （3） ______ )cout<<"Math\n";
    else
     if(course==3) （4） _________;
     else
      if(course==4)cout<<"Physics\n";
      else
        （5） ________    cout<<"Chemistry\n";
        （6） ________    cout<<"ERROR!\n";
}
```

2.1-17　输入年份 year，判断该年是否是闰年。

闰年规律是：年份是 4 的倍数的非整百年和年份是 400 的倍数的整百年都是闰年，其余年份不是闰年。

程序 1：

```
#include <iostream.h>
void main( )
{ int   year,   （1）________;
    cin>>year;
    if(year%4)leapyear=0;
    else
     if((year%100==0)&&(（2）________ ))leapyear=0;
     else   leapyear=1;
    if(（3）_______)cout<<year<<"年是闰年"<<endl;
     else cout<<year<<"年不是闰年"<<endl;
}
```

程序 2：

```
#include <iostream.h>
void main( )
{ int   year;
    cin>>year;
     if((year%4==0)&&( （4）_______)||(（5）________))
      cout<<year<<"年是闰年"<<endl;
     else cout<<year<<"年不是闰年"<<endl;
}
```

[程序设计题]

2.1-18　用 if 语句描述变量 y 和 x 的函数关系。

$$y=\begin{cases} -x & x<0 \\ 3.15x-0.24 & 0\leqslant x<5 \\ 1.2x^2+3.14x-2.9 & x\geqslant 5 \end{cases}$$

2.1-19　输入变量 double　r 的值，输出以 r 为半径的圆周长和面积，但是，若 r 的值为负数，则输出错误信息（“ERROR”），并终止程序。

2.1-20　输入变量 int　x 的值，输出它的位数，如果它是一个正的 3 位数，将其各位数字反序输出（例如，若 x=123，则输出成 321）。

2.1-21　输入年号和月份号，输出这一年的该月天数。

2.1-22　输入两个字符，若这两个字符之差为偶数，则输出它们的后继字符；否则输出它们的前趋字符。这里的前驱后继是指输入的两个字符中，较小字符前面的和较大字符后面的那个字符。

输出时，若前驱字符或后继字符超过可“印刷字符”的范围，则以整数格式输出，并输出该字符没有可印刷形式的信息。

2.1-23　输入某个点 A 的平面坐标（x，y），判断（输出）A 点是在圆内、圆外还是在圆周上，其中圆心坐标为（2，2），半径为 1。

△2.1-24　输入 3 个整数，若其中两个是奇数，一个是偶数，则输出“YES”；否则，输

出“NO”。

△2.1-25　输入 5 个整数 a、b、c、d、e，输出其中最大值和次大值。

△2.1-26　输入 5 个整数 a、b、c、d、e，按照从大到小的次序输出它们的值。

△2.1-27　输入整数 a 和 b，如果 a 能被 b 整除，就输出算式和商，否则输出算式、整数商和余数。但是，如果 b 的值为 0，则给出错误信息。

△2.1-28　输入变量 int a 的值，输入一个算术运算符（+，-，*，/，%五者之一），再输入 int b 的值，输出 a 和 b 的运算结果。

要求输出如下算式形式。

例如，若输入 12+39

输出成：

```
12+39=51
```

如果输入的运算符不是上述 5 种之一，则输出相应的出错信息。

如果输入的运算符是“/”（或“%”），则要判断除数 b 是否为 0。若为 0，则输出相应的出错信息；若不为 0，则进行实数除运算（而不是整数除）。

△2.1-29　输入一元二次方程 $ax^2+bx+c=0$ 的系数 a、b、c，计算并输出该方程的两个根 x1 和 x2。

要求：

1）区分 a=0 和 a≠0，以及 a=0 而 b≠0，a=0 而 b=0 等多种情况。

2）区分方程有实根和虚根的情况。虚根要输出成复数形式，即形如：

实部+j 虚部　　或　实部-j 虚部

2.2　循环结构

循环结构用于进行某种具有规律性的重复计算。例如，反复读取数据、连加、连乘、按照公式迭代计算某个值或某序列（如 Fibonacci 数列）等。将计算步骤写成一个程序段（循环体），在循环结构的控制之下，反复执行这个程序段，从而完成重复计算。

有 3 种循环语句：while 语句、for 语句和 do-while 语句。

视频
2.2.1　while 语句

2.2.1　while 语句

while 语句的一般格式为

```
while(E)S;
```

其中，E 是判别表达式；S 是“一条”语句（称为循环体）。若循环体中含有多条语句，要用“{ }”括起来，构成复合语句。

while 语句的执行流程是：先计算判别表达式 E 的值，若 E 的值为 0，则退出 while 语句（结束循环）；若 E 的值不为 0，则执行循环体一次，然后再次计算判别表达式 E 的值，并重复上述过程。如图 2-8 所示。

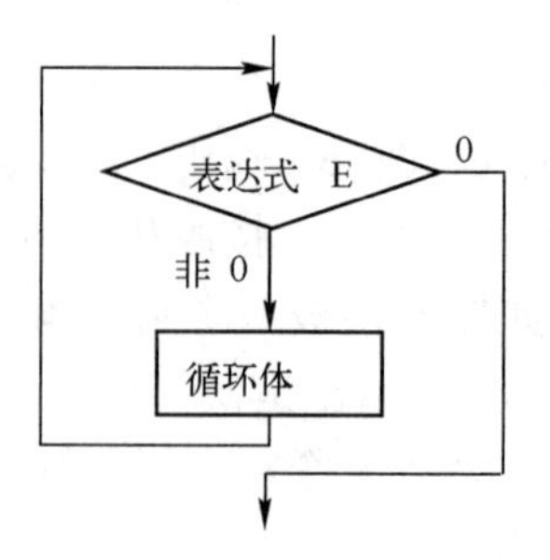

图 2-8　while 语句流程图

【例 2-7】 编程求 1～100 所有整数倒数的和。

算法的设计思路和描述

设想用一个连加算式求和是不合理的，即不能写如下形式：

sum=1/1+1/2+1/3+…（一直写到+1/100）

这是因为：

1）算式写得太长，不仅写得太“累”，而且不易阅读，还容易写错。如果用这种方法，求 1～10000 所有整数倒数的和简直是不可能的。

2）方法不通用。如果要求“1～m 所有整数倒数的和”，而 m 的值是可变的（由用户输入，或程序执行阶段产生的），则无法写成连加形式。

于是，只能采用累加法，描述如下：

算法中使用变量 n 做计数器，变量 sum 做“累加器”。

第 1 步，定初值 n=1，sum=0。

第 2 步，如果 n<=100，继续下一步；否则，转第 4 步。

第 2-1 步，作一次累加：sum=sum+1/n。

第 2-2 步，计数器增 1：n=n+1。

第 3 步，返回第 2 步（循环处理）。

第 4 步，输出 sum 的值，结束。

用 while 语句可以实现步骤 2～3 所构成的循环，例如：

```
while(n<=100)
 {
     sum=sum+1/n;     //累加
     n=n+1;           //计数器增 1
 }
```

while 语句中，关系表达式“n<=100”作为 while 的判别表达式，循环体是一条复合语句（含两条赋值语句）。

在 while 语句之前置 n=1。执行 while 语句时，要根据“n<=100”成立与否，确定是否要进入（或再次进入）循环体。

第一次执行 while(n<=100)时，“n<=100”相当于“1<=100”，是成立的，进入循环体，执行“sum=sum+1/n”，由于在此前 sum=0，所以本次执行使得 sum=1/1（实际上应当是 1.0/1.0，这里作了简化）。再执行“n=n+1”，n 变成 2，再回到 while(n<=100)处执行。

第二次执行 while(n<=100)时，“n<=100”相当于“2<=100”，仍成立，进入循环体，执

行“sum=sum+1/n”，本次执行使得 sum=1/1+1/2。再执行“n=n+1”，n 变成 3。再回到 while(n<=100)处执行…。

第 100 次执行 while(n<=100)时，“n<=100”相当于“100<=100”，还成立，再进入循环体，执行“sum=sum+1/n”，本次执行使得 sum=1/1+1/2+…+1/100。执行“n=n+1”后，n=101。再回到 while(n<=100)处执行。

第 101 次执行 while(n<=100)时，“n<=100”相当于“101<=100”，不再成立，关系表达式“n<=100”的值变为 0，循环终止，累加出所要的计算结果值。

算法的实现程序

```
#include <stdio.h>
void main( )
{   double   n=1, sum=0;     //为 n 和 sum 定初值，准备循环累加
    while(n<=100)
     {
        sum=sum+1/n;         //累加
        n=n+1;               //计数器增 1
     }
    printf("1/1+1/2+1/3+…+1/100=%-12.6f\n",sum);
}
```

程序输出结果为：

```
1/1+1/2+1/3+…+1/100=5.187378
```

对程序的解释说明

输出语句中的“1/1+1/2+1/3+…+1/100=”是原样输出内容（使显示结果易读），“%-12.6f”用于指定 sum 的数值输出格式，其含义是采用十进制小数格式（f 格式），总共占 12 位（12.6），小数点后 6 位；“-”表示左对齐，长度不足 12 位时，后面补空格，因为“5.187378”只占 8 位，后面还输出 4 个空格符（不可见），最后输出换行符“\n”。

上述程序中的 while 语句也可写成如下“紧缩格式”：

```
while(n<=100)sum+=1/n++;
```

这样，循环体只有一条语句，不需要加“{ }”。语句“sum+=1/n++”含有两个紧缩运算：复合运算“sum+=”和后缀自增运算“n++”，相当于“sum=sum+1/n，n++”。

如果将 n 的初值定为 0，那么这条循环语句可以写成（用前缀自增运算）：

```
while(n<100)sum+=1/++n;
```

注意程序前部的变量定义“double   n=1, sum=0;”指定 n 和 sum 同为实型（而且是双精度实型），表示“1/n”是实数相除。若将变量定义改为：

```
int n=1;   double sum=0;
```

则要将累加语句“sum=sum+1/n;”改为“sum=sum+1.0/n;”。否则，因“1/n”表示整除（只取商的整数部分），除 1/1=1 外，其余各项的整除结果均为 0。

还可以使 n 从 100 到 1“倒着加”，程序的主体部分如下：

```
double   n=100, sum=0;        //n 的初值定为 100
while(n)sum+=1/n--;          //循环体每执行一次 n 的值就减 1，减到 0 结束
```

【例 2-8】 输入一批学生某门功课的考试成绩（百分制，0～100 的整数），当输入的成绩不在 0～100 范围内，则表示输入结束。统计学生总人数、平均成绩以及不及格的人数。

算法的设计思路

由于事先不知道具体人数，只能采取反复（循环）读数的方法，每读入一个数，都要测试该数是否在 0～100 范围之内，如果“是”则总人数要累加，分数总和也要累加，并且如果小于 60，则不及格人数要累加。

读完数据后（读到的数<0 或>100），即可求出平均成绩。

算法的自然语言描述

算法中使用两个计数器和一个累加器：总人数计数器 n、不及格人数计数器 m，和分数总和累加器 sum。

算法描述如下：

第 1 步，定初值 n=0，m=0，sum=0。

第 2 步，读入第一个分数 x。

第 3 步，当读入的 x 满足 0≤x≤100 时，执行第 3-1～3-4 步（循环）；否则转第 4 步。

　第 3-1 步，总分累加，sum+=x。

　第 3-2 步，总人数累加，n++。

　第 3-3 步，若 x<60，则不及格人数累加，m++。

　第 3-4 步，读后续分数，转第 3 步。

第 4 步，输出计算结果，结束。

算法的实现程序

```
#include   <stdio.h>
void main( )
{ float   sum=0;              //总分累加器清零
  int   x, n=0, m=0;          //两个计数器清零
  printf("请输入学生成绩，以负数或大于 100 结束！\n");
  scanf("%d",&x);             //读第一个学生的分数
  while(x>=0&&x<=100)         //注 1，若读入分数不是 0～100 就终止循环
  { sum+=x;                   //总分累加
    n++;                      //总人数计数
    if(x<60)m++;              //累计不及格人数
    scanf("%d",&x);           //读第二、第三、…个学生的分数
  }
//以下是输出数据程序段
  if(!n)printf("输入数据有误！\n");   //注 2
   else
   { printf("总人数为：%d, 平均成绩为：%-6.2f\n",n,sum/n); //注 3，输出统计结果
      if(!m)printf("没有不及格的。\n");
      else printf("  共有%d 人不及格。\n",m);
   }
}
```

对程序的解释说明

注 1 语句中的“(x>=0&&x<=100)”不能写成“(0 ≤ x ≤ 100)”也不能写成“(0<=x<=100)”，否则编译时报错。

注 2 语句中的“!n”等价于“n==0”。如果输入第一个学生的成绩时出现错误（不在 0～100 范围之内），那么 while 循环体一次也不执行，这种情况下，n 的值为 0。若没有注 2 语句的“阻挡”，将会在执行注 3 语句时发生“除 0 错误”，造成程序异常终止。

使用 while 语句时，应该注意以下几点：

1）由于需要先计算判别表达式 E 的值，所以，一般情况下，E 中涉及的每个变量在进入循环之前必须具有确定的值，也就是说，进入循环之前能够确定 E 的值是 0 还是非 0（E 中含有函数调用的情况除外）。

2）循环体中必须有修改判别表达式 E（或 E 中某个变量）值的语句，且最终使判别表达式 E 的值为 0；否则（若 E 的值不能变为 0）循环永不结束，成为“死循环”。

3）若判别表达式 E 的值在刚进入循环时就为 0，则循环体一次也不执行，这在语法规则上是允许的。因而，while 的循环体可以一次也不执行，也就是说，while 的循环体可能执行 0 到多次。

视频
2.2.2 for 语句

2.2.2 for 语句

for 语句的一般格式为

```
for(E1; E2; E3)S;
```

这里，E1、E2 和 E3 是用分号隔开的 3 个表达式，其中，E1 是初始表达式，E2 是判别表达式，E3 是后置表达式。E1 和 E3 可以是任意表达式，特殊情况下，E1、E2、E3 还可以缺省，但两个分号不能缺省（见下面的示例）。与 while 语句一样，循环体 S 也必须是一条语句或复合语句。

for 语句的执行流程是：首先计算初始表达式 E1 的值，然后计算判别表达式 E2 的值，若 E2 的值为非 0，则执行一次循环体，接着计算后置表达式 E3 的值。然后，再次计算 E2 的值，如此循环，直到判别表达式 E2 的值为 0，终止循环，执行后继语句，如图 2-9 所示。

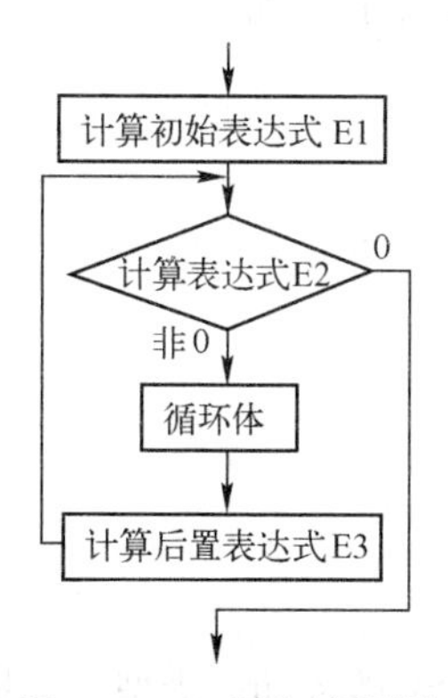

图 2-9　for 语句流程图

for 语句和 while 语句可以相互翻译，方法如下：

1）将“for(E1；E2；E3)S;”翻译成如下程序段：

```
E1;
while(E2)
 {  S;            //for 的循环体
    E3;
  }
```

2）将“while(E)S;”翻译成如下语句：

```
for(; E; )S;        //E1 和 E3 退化为空
```

将【例 2-7】（求 1～100 所有整数倒数的和）改用 for 语句实现，程序的主体部分如下：

```
double   n, sum=0;
for(n=1;n<=100;n++) sum+=1/n;
```

【例 2-9】 用 for 循环计算下面公式 s 的值。

$$s=\frac{1}{1}-\frac{1}{2}+\frac{1}{3}-\frac{1}{4}+\cdots\pm\frac{1}{m}$$

算法的设计思路

此题与【例 2-7】很相似，都涉及求自然数倒数之和，只不过，这里求的是正负相间的倒数之和。所以，只要对【例 2-7】程序的主体部分略加改动，在循环累加时，根据 n 的奇偶性，确定是加“1/n”还是减“1/n”。

算法的实现程序

```
#include <stdio.h>
void main( )
{ int n=1,m;
   double s=0;
   printf("请输入 m 的值   m=");
   scanf("%d",&m);  //输入 m 的值
     while(n<=m)
       {
          if(n%2)s=s+1.0/n; else s=s-1.0/n;   //注 1
          n=n+1;
       }
     printf("s=%-12.6f\n",s);
}
```

运行结果实例：

```
请输入 m 的值   m=100
s=0.688172
```

对程序的解释说明

本程序为了配合“%”运算，将 n 改为 int 类型，于是，将“1/n”改为“1.0/n”（原因前已述）。另外，需要累加的项数由常数 100 改为变量 m，而 m 的值可由用户运行时输入（更通用）。

注 1 语句也可用条件表达式实现，即改成：

```
s=s+(n%2)?1.0/n:-1.0/n;
```

for 语句有几种特殊用法，通过对下面程序段的改写加以说明。

```
double n, sum=0;
for(n=1;n<=100;n++)sum+=1/n;   //这里的“n++”也可以写成“++n”
```

这是 for 语句典型而又“规矩”的用法。不难看出，这段程序的功能是“求 1～100 所有整数倒数的和”。可以将这段程序改为下面几种形式：

形式 1

```
double n,sum;
for(n=1,sum=0;n<=100;)sum+=1/n++;//初始表达式为逗号表达式（设置多项初始值）
```

形式 2

```
double n=1, sum=0;
for(;n<=100;n++)sum+=1/n;         //初始表达式为空（前面已经设置了初始条件）
```

形式 3

```
double n=1, sum=0;
for(;n<=100;)sum+=1/n++;          //后置表达式为空（其功能放在循环体内）
```

形式 4

```
double n,sum;
for(n=1,sum=0; ;)                 //判别表达式为空（其功能放在循环体内）
  if(n>100)break; else sum+=1/n++;
```

形式 5

```
double n,sum;
for(n=1,sum=0;n<=100;sum+=1/n++);//循环体是空语句（其功能放在后置表达式中）
```

形式 6

```
double n=1, sum=0;
for( ; ; ) //3 个表达式都为空（控制功能分别放在 for 之前和循环体中）
  if(n>100)break; else sum+=1/n++;
```

另外，for 语句还有一种更特殊的用法，例如：

```
for( ; getchar( )!='\n';);        //E1，E3 和 S 都为空
```

该语句的功能是反复读字符，直到读入换行符为止（用于甩掉回车换行符）。

由上所述，可见 for 语句的用法十分灵活。

2.2.3 do-while 语句

do-while 语句的一般格式为

```
do
   S;
while(E);
```

其中，S 是循环体（一条简单语句或复合语句）；E 是判别表达式。

do-while 语句执行流程是：先执行一次循环体，再计算判别表达式 E 的值，若 E 的值为非 0，则再执行一次循环体。如此往复，直到表达式 E 的值为 0，结束循环，如图 2-10 所示。

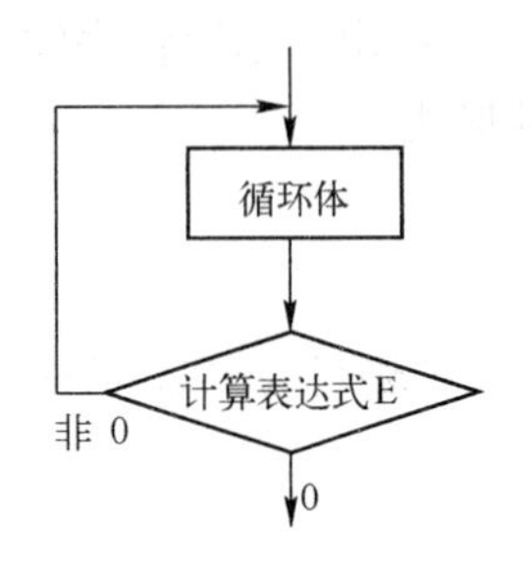

图 2-10　do-while 语句流程图

视频
2.2.3　do-while
语句

例如，用 do-while 语句求 1～100 所有整数倒数的和，程序的主体部分如下：

```
double n=1, sum=0;
do   //循环体是复合语句
  { sum+=1/n;
     n++;
}while(n<=100);
```

或

```
double n=1, sum=0;
do   //循环体是简单语句
   sum+=1.0/n++;
while(n<=100);
```

do-while 语句的“外形”与 while 语句十分相似，二者的差别有如下 3 点：

1）do-while 先执行循环体，后判断终止条件；而 while 是先判断终止条件，后执行循环体。

2）通常情况下，在进入 while 语句之前，判别表达式 E 的初值必须确定。但 do-while 语句则无此要求（进入前 E 的值可以不确定）。其共同点是循环体内必有修改 E 的值或 E 中变量值的语句，并最终使 E 的值变为 0，退出循环。

3）do-while 的循环体至少执行一次，而 while 的循环体却可能一次也不执行。

一般说来，凡是 do-while 能实现的功能，while 也一定能够实现，反之却未必。do-while 循环主要用在进入循环之前，用于控制循环的初始条件不好确定，并且无论什么情况下，都能保证循环体至少执行一次的情况。

【例 2-10】 输入一串字符（以“&”结束），分别统计其中字母的个数和数字的个数。

算法的设计思路和描述

按题意，要循环地读取字符，每读一个字符就要判断所读字符是不是结束符'&'，是不是字母，是不是数字，并根据判断结果，分别做出不同的处理。

第 1 步，定初值 letters=0，digits=0（分别用来记录字母个数和数字个数）。

第 2 步，循环执行第 2-1～2-4 步。

第 2-1 步，读入字符 ch。

第 2-2 步，如果 ch 是数字，则 digits++。

第 2-3 步，如果 ch 是字母，则 letters++。

第 2-4 步，直到 ch 是结束符'&'退出循环。

第 3 步，输出计算结果，结束。

可以调用字符处理库函数 isdigit 和 isalpha 分别测试 ch 是不是数字和字母。如果 ch 中存放的是数字，则 isdigit(ch)的值为 1；否则为 0。类似地，如果 ch 中存放的是字母，则 isalpha(ch)的值为 1；否则为 0。

算法的实现程序

```
#include <stdio.h>
#include <ctype.h>              //字符处理库函数 isdigit 和 isalpha 所在的头文件
void main( )
{ int    letters=0, digits=0;    //分别用于记录字母个数和数字个数
   char ch;
   do
     { ch=getchar( );                      //读字符
        if(isdigit(ch))digits++;           //是数字
        else if(isalpha(ch))letters ++;    //是字母
     }while(ch!='&');                      //判断是否是结束符
      printf("字母个数= %d    数字个数= %d\n", letters, digits );
}
```

如果将上例的主体部分 do-while 换成 while，则改为：

```
ch=getchar( );                          //读第一个字符
while(ch!='&')
{ if(isdigit(ch)) digits++;
     else if( isalpha(ch)) letters ++;
   ch=getchar( );                       //读下一个字符
}
```

前者用一条输入语句，后者用两条输入语句，相比起来，do-while 结构稍好些。

2.2.4 多重循环

视频
2.2.4 多重循环

一个循环体内套着另一个循环（循环嵌套）构成双重循环。若循环嵌套多层，便构成多重循环。在多重循环中，外层循环体每执行一次，内层循环就要从头到尾执行一遍。

【例 2-11】 编程产生“九九乘法表”。要求输出成图 2-11 所示的样子，且一条输出语句输出一个形如 i×j=k 的等式。

1×1=1	1×2=2	1×3=3	1×4=4	…	1×9=9
2×1=2	2×2=4	2×3=6	2×4=8	…	2×9=18
⋮	⋮	⋮	⋮	⋮	⋮
9×1=9	9×2=18	9×3=27	9×4=36	…	9×9=81

图 2-11　九九乘法表

算法的设计思路

只要使 i 和 j 各自从 1 变到 9。

i=1 时，j 从 1 变到 9，输出第一行的 9 个等式。

i=2 时，j 从 1 变到 9，输出第二行的 9 个等式。

…

最后，i=9 时，j 从 1 变到 9，输出第九行的 9 个等式。

算法的实现程序

使用双重循环，变量 i 控制外层循环，变量 j 控制内层循环。

```
#include <stdio.h>
void main( )
{ int i, j;
   for(i=1;i<=9;++i)
      {for(j=1;j<=9;++j)printf("%2d×%d=%2d" ,i,j,i*j);
       printf("\n");   //输出换行符
      }
}
```

对程序的解释说明

内循环（j 循环）的循环体只有一条语句“printf("%2d×%d=%2d" ,i,j,i*j);”，内循环体每执行一次输出一个形如 i×j=k 的等式。

外循环（i 循环）的循环体是含有两条语句的复合语句，其中一条是内循环语句，另一条是输出换行符的语句“printf("\n");”，其意是，每输出一行 9 个等式后，则输出一个换行符，产生换行。

不能写成：

```
for(i=1;i<=9;++i)
   for(j=1;j<=9;++j)printf("%2d×%d=%2d\n" ,i,j,i*j);
```

这样会每输出一个等式换一行，不能输出成图 2-11 所示的表格形式。

输出格式控制串"%2d×%d=%2d"用于控制输出的表格内容对齐，其中，“×”和“=”是原样输出内容；“%2d”、“%d”和“%2d”分别是表达式 i、j 和 i*j 对应的格式。

2.2.5　break 语句和 continue 语句

视频 2.2.5　break 语句和 continue 语句

1．break 语句

break 语句用于从 switch 的某个 case 中跳出，提前终止 switch；或从循环体中跳出，提前终止循环。break 语句只能用在此两处，不能用在其他地方。

例如，测试变量 n 是不是素数的程序段为

```
for(i=2,p=1;i*i<=n;i++)
   if(n%i==0){p=0; break;}
if(p)printf("%d  是素数。\n",n);
  else printf("%d  不是素数。\n",n);
```

再如，反复读字符，直到读入换行符的程序段为

```
for( ; ; )                    //无控制循环
{ ch=getchar( );              //循环读字符
    if(ch=='\n')break;                //若读到换行符，跳出循环
      else putchar(ch);       //不是换行符，则输出它
}
```

如果 break 语句出现在多重循环的内循环体中，执行该语句时，表示要从内循环退出，继续执行外循环。当外循环执行到内循环语句时，内循环仍然要执行。也就是说，不能指望用一条 break 一下子跳出多重循环，如图 2-12a 所示。

2．continue 语句

continue 语句只能用在循环体中，其作用是提前结束循环体的本次执行（整个循环并未终止），进入循环的下一轮执行。进一步地说，循环体执行到 continue 语句时，就跳过循环体中后面尚未执行的语句，直接跳到循环体的尾部，继续完成循环语句下一轮的执行，如 2-12b 所示。

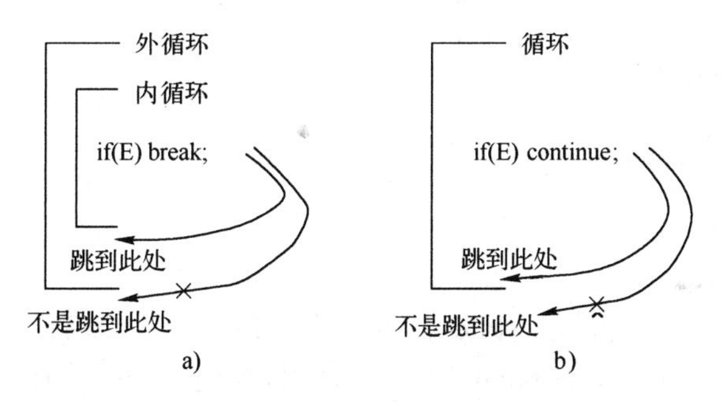

图 2-12　break 语句和 continue 语句的控制流程图

【例 2-12】 连续为整数 n 输入不同的数值，直到 n 是素数，但是若输入的 n≤1，则给出输入错误信息，并要求重新输入数据。

算法的设计思路和描述

设计一个双重循环结构，外循环负责控制输入 n 的不同数值，并根据 n 是否大于 1 做出相应的处理。内循环负责检测 n 是不是素数。

第 1 步，读入 n。

第 2 步，如果 n<=1，报错，并跳到第 6 步；否则执行下一步。

第 3 步，用循环结构检测 n 是不是素数。

第 4 步，若检测结果 n 是素数，则输出 n 是素数的信息，算法结束；否则执行下一步。

第 5 步，输出 n 不是素数的信息。

第 6 步，转第 1 步。

算法的实现程序

```
#include <stdio.h>
void main( )
{ int i,n,p;
  while(1)              //注 1，外循环，终止条件设在循环内
  {   printf("请输入整数 n 的值,n=");
      scanf("%d",&n);
      if(n<=1)          //注 2，判断 n 是否合乎要求
       { printf("n=%d  输入错误，请重新输入\n",n);
        continue;       //跳到 while(1)循环体尾部
       }
      for(i=2,p=1;i*i<=n;i++)       //注 3，内循环，检测 n 是不是素数
       if(n%i= =0)      //注 4，发现 n 不是素数
        { p=0;          //做 n 不是素数标记
          break;        //注 5，终止内循环
        }
      if(!p)            //标记 p 用于控制外循环是否终止
        printf("%d   不是素数。\n",n);        //继续执行外循环
      else
        {   printf("%d   是素数。\n",n);
            break;      //第二个 break，终止外循环
        }               //注 6
   //while(1)循环体尾部
  }
   printf("程序结束。\n");
}
```

对程序的解释说明

该程序的结构比较复杂，既有 while 循环，又有 for 循环；既有Ⅰ型 if 结构，也有Ⅱ型 if 结构；既有 continue 语句，也有 break 语句。同时也使用了一些特殊的设计技巧。

注 1 的“while(1)”是一种“无限循环结构”，靠循环体内的 break 语句终止。

执行外循环体时，先读入 n 的值，接着执行“if(n<=1)”判断 n 是否合乎要求，若不合乎要求，则输出相应的信息，并通过 continue 语句跳过外循环体内剩下的程序段，继续执行“while(1)”。

用于检测 n 是不是素数的内循环，采用“标记法”记录 n 是否有一个“真因子”，一旦发现 n 有一个真因子 i（注 4），就标记 p=0，并经过注 5 的 break 语句退出 for 循环；相反，for 循环自然终止（不是经注 5 的 break 语句终止的），那么，p=1 不变。

在退出 for 循环后，根据 p 的值（是 1，还是 0）可知 n 是不是素数。

注意，检测 n 是不是素数的程序段，不能写成：

```
for(i=2;i*i<=n;i++)
  if(n%i= =0)···  //n 不是素数的处理步骤
  else ···        //n 是素数的处理步骤
```

这样的话，将会对 n 的每个检测因子作不同的反映，一会说“n 不是素数”，一会又说“n 是素数”。

也不能写成：

```
for(i=2;i*i<=n;i++)
    if(n%i= =0)p=0;         //作 n 不是素数标记
    else p=1;               //作 n 是素数标记
if(p= =0)…                  //n 不是素数的处理步骤
  else  …                   //n 是素数的处理步骤
```

这样的话，for 循环体的每次执行，都要对 p 赋一次值（不是 0，就是 1），最终只保留了最后一个 i 对 n 检测结果值，可见这样的值是不能用来确定 n 是不是素数的（即使最终得到的是 p=1，也不能表示 n 一定是素数）。

此外，注 3 语句中，将 p 的初始标记设置为 1。也可以将“p=1”放在 for 语句的前面，但不能放在“while(1)”的前面。因为，对每一个不同的 n，p 的初值标记都要重新设置为 1。

一般情况下，总可以适当地选用 if 条件跳过循环的某次执行，而不必使用 continue 语句，所以 continue 语句的控制能力不如 break 语句。比如，【例 2-12】中的注 2～注 6 的程序段，可以改为

```
if(n>1)
{  …  //这里是注 3～注 6 的那段程序
 }
else   printf("n=%d 输入错误，请重新输入\n",n);
```

2.2.6* goto 语句

无条件转移语句 goto 是控制能力“最强的”流程控制语句，其一般格式为

```
goto 语句标号;
```

其中，语句标号是出现在程序中某语句前面的一个标识符，用冒号“:”将语句标号与语句隔开，构成一个带标号的语句，其格式为

```
语句标号：语句 S;
```

例如：

```
goto L;
…
L：语句 S;
```

执行语句“goto L;”时，将跳转到语句 S 处执行。

由于 goto 语句会破坏程序结构，使程序难以阅读和维护，所以，必须有限制地使用 goto，而不能滥用 goto。

然而，goto 语句也有独到之处。比如，当循环嵌套层数太多时，用 goto 可以很轻松地从内层跳转出多层（break 没有这样的能力）。而这种情况下，如果一味强调不用 goto，将不得不增加很多复杂的判断条件，反而使程序更加难读。本书除【例 2-13】外，所有的示例程序都不使用 goto（因为书中的示例程序尚未复杂到“非用 goto 不可”的程度）。

【例 2-13】 用 goto 语句构成循环重解【例 2-8】（统计学生总人数、平均成绩以及不及

格的人数）。

要求，每输入一个数据换一行，当输入分数超过 100 分时，提示输入错误信息，本次输入数据无效，并继续输入下面的数据。当输入成绩为负数时，表示输入结束。

算法的设计思路

算法设计思路与【例 2-8】基本相同，主要差别有以下 3 点。

1）输入数据格式不同，这里要求每行输入一个数据（因为要检查输入数据的合法性）。

2）输入结束的约定不同，这里以负数为结束标记。

3）这里要求检查输入数据是否合法，并具有出错提示功能。

算法的自然语言描述

第 1 步，定初值 n=0，m=0，sum=0。

第 2 步，请求输入数据。

第 3 步，读入分数 x，并要求输入一个换行符。

第 4 步，若 x>100，则报错并转到第 2 步。

第 5 步，若 x<0，则转到第 10 步；否则，继续下一步。

第 6 步，总分累加，sum+=x。

第 7 步，总人数累加，n++。

第 8 步，若 x<60，则不及格人数累加，m++。

第 9 步，转第 2 步。

第 10 步，输出计算结果，结束。

算法的实现程序

```
#include <stdio.h>
void main( )
{ float   sum=0;
  int x, n=0, m=0;
L1:   printf("请输入学生成绩，以负数结束！\n");
      scanf("%d",&x);
      for( ; getchar( )!='\n';);   //甩掉换行符前的输入内容
      printf("你本次输入的数据为：%d 请核对。\n",x);
      if(x>100)
          { printf("输入错误，请重新输入\n");   goto L1; }
      if(x<0)goto L2;
      sum+=x;
      n++;
      if(x<60)m++;
      goto L1;
L2: if(!n)printf("输入数据有误！\n");
    else
      { printf("总人数为：%d,   平均成绩为：%-6.2f\n",n,sum/n); //输出统计结果
        if(!m)printf("没有不及格的。\n");
        else printf("  共有%d 人不及格。\n",m);
      }
}
```

2.2.7 程序设计示例

循环结构的使用和设计是程序设计的基本功，是程序设计方法训练的重点，为此本节特地介绍几个带有经典算法的循环程序设计示例。

【例 2-14】 依次输出 26 个英文字母的大小写及其 ASCII 码值。每 4 个字母占一行。

算法的设计思路

该题比较简单，没有输入数据，只有输出数据。可以用 for 循环语句实现。主要解决如何控制循环，如何控制输出换行符。

视频
2.2.7 程序设计示例

算法的实现程序

```
#include <stdio.h>
void main( )
{   char letter;   int aline;          //letter 用于控制循环，aline 用于控制换行
    for(letter='A',aline=1; letter<='Z'; letter++,aline++)
    { printf("%6c:%3d%4c:%3d", letter,letter, letter+'a'-'A',letter+'a'-'A');
      if(!(aline%4))printf(" \n");     //够 4 个，则输出换行符
    }
    printf("\n");                      //最后输出一个换行符
}
```

对程序的解释说明

程序中用 char 类型变量 letter 控制 for 循环。letter 初值为'A'，执行循环体一次后，作“letter++”，letter 的值变为'B'，…。letter 的值就这样一直变到'Z'。

循环体内每个字母用两种格式输出，一种是“c”格式，输出字母本身，一次是“d”格式，输出其 ASCII 码值。先输出大写字母，再输出其对应的小写字母。letter+'a'−'A'是大写字母对应的小写字母。例如，对于字母 D，则有'D'+'a'−'A'的值为'd'。

aline 用于控制换行，每输出一个字母（包括大写和小写），aline 的值变增 1，当 aline 的值是 4 的倍数时“!(aline%4)”的值为 1，输出换行符。

最后一条语句（输出一个换行符）与算法无关，其作用是使后续输出的其他信息与本程序输出内容分开。

【例 2-15】 输入 N 个整数，输出其中最大数和最小数。

算法的设计思路

用变量 max 和 min 分别记录最大数和最小数。

先读入第一个数，并将其作为 max 和 min 的初值。

循环地读入其余整数，每读入一个数 x，即考查 x 是否更大、更小。若 x>max，则将 x 赋给 max；若 x<min，则将 x 赋给 min。这样 max 和 min 始终保持当前最大值和最小值。

循环结束后，max 和 min 便是所求得最大数和最小数。

算法的实现程序

```
#include <stdio.h>
#define N 10                  //这里，假定 N=10
void main( )
{   int i,x,max,min;
```

```
    printf("请输入%d 个整数:\n",N);
    scanf("%d",&max);         //输入第一个数
    min=max;                  //为 max 和 min 定初始值
    for(i=2;i<=N;++i)
    { scanf("%d",&x);         //输入后续各数
      if(x>max)max=x;         //第一个 if，用来找最大数
      else
        if(x<min)min=x;       //第二个 if，用来找最小数
    }
   printf("最大数=%d    最小数=%d\n",max,min);
}
```

【例 2-16】 斐波那契（Fibonacci）问题。

假设小兔子出生一个月后就变为成年兔，并具有繁殖能力；每对成年兔每个月生一对小兔子，新生的小兔子一个月后又可以每个月生一对小兔子；兔子都不死。现在有一对幼兔，问多少个月后兔子数目超过 100 对，这时共有多少对兔子。

算法的设计思路

把兔子分成有繁殖能力的成年兔和刚出生的幼兔。如果本月有 m 对成年兔和 n 对幼兔（共 m+n 对兔子），那么到下个月幼兔就长成了大兔子，所以下个月成年兔子就有 m+n 对，而原先 m 对成年兔子又生出 m 对小兔子，故下个月共有 m+n 对成年兔和 m 对幼兔。

用 f3、f2、f1 分别表示本月、前一个月、前两个月的兔子数目。因为前个月的兔子到本月都还存在（没死），前两个月的 f1 对兔子到本月各生一对幼兔，故本月共有 f2 对成年兔和 f1 对幼兔，即共有 f3=f2+f1 对兔子。

经推算，各月兔子数目（对）依次为：1，1，2，3，5，8，13，…。这个数列就是著名的 Fibonacci 数列，写成数学递推公式为

$$f_i = \begin{cases} 1 & i = 1,2 \\ f_{i-2} + f_{i-1} & i \geqslant 3 \end{cases}$$

只要按公式逐月推算（迭代），计算到兔子数量超过 100 对为止。

算法的实现程序

```
#include <stdio.h>
void main( )
{ int   f1=1,f2=1,f3=0, i=2;  //注 1，i 表示月数
  while(f3<=100)f3=f1+f2,f1=f2,f2=f3,i++;
  printf("第 %d 个月后,兔子数目超过 100 对，达 %d 对。\n",i,f3);
}
```

输出结果为：

第 12 个月后，兔子数目超过 100 对，达 144 对。

对程序的解释说明

注 1 中，将 f3 的初值赋为 0 是必要的（当然，也可赋为 1 或 2 等，只要不超过 100），如果不对 f3 赋初值，那么第一次执行“while(f3<=100)”，f3 的值可能是不确定的，从而使表达式“f3<=100”的值不确定，影响程序的正常执行。

另外，循环体中 3 个变量 f1、f2、f3 的轮换方法值得关注。在“f3=f1+f2，f1=f2，f2=f3”中，“f3=f1+f2”表示将 f1+f2 的值赋给 f3（这是计算 f3 的关键步骤），“f1=f2”表示将 f2 当前的值赋给 f1，“f2=f3”表示将刚刚计算出来的 f3 的值赋给 f2，为循环体的下一轮执行作准备。

【例 2-17】 求两个正整数 a 和 b 的最大公约数 gcd(a，b)。

算法的设计思路

求最大公约数可采用欧几里得算法。

用 gcd(a，b)表示 a 和 b 的最大公约数，欧几里得算法的基本原理如下：

1）若 a 是 b 的倍数（a%b=0），那么 gcd(a，b)=b（这是显然的）。

2）（否则）令 r=a%b（r 是 a 除以 b 得到的余数），那么，a 和 b 的最大公约数等于 b 和 r 的最大公约数，即 gcd(a，b)=gcd(b，r)。

反复利用原理的第 2 条，直到余数为 0，再根据原理的第 1 条，求出 gcd(a，b)的值。

例如，求 gcd(124,46)的步骤如下：

```
 gcd(124,46)     余数：32
=gcd(46, 32)     余数：14
=gcd(32,14)      余数：4
=gcd(14,4)       余数：2
=gcd(4,2)        余数：0
=2             计算出结果值
```

上述计算步骤，可用循环语句描述为：

```
while(b)r=a%b,a=b,b=r;   //a 的最终值为计算结果
```

算法的实现程序

```
#include <stdio.h>
void main( )
{   int a,b, r;
   while(1)   //反复输入数据，直到 a 和 b 均为正整数
   { printf("请输入 a 和 b 的值:");
     scanf("%d%d",&a,&b);
     if(a<1||b<1)printf("你输入的数据不正确，a=%d，b=%d\n",a,b);
     else break;
   }
     printf("gcd(%d,%d)=",a,b);
     while(b)r=a%b, a=b,b=r;   //计算最大公约数的主体部分
     printf("%d\n",a);
}
```

对程序的解释说明

本程序的主体部分只有一条语句“while(b)r=a%b, a=b,b=r;”，其余均都“附加部分”。最主要的附加部分是对输入数据进行合法性检查，如果输入数据不合法，将给出提示信息，并要求重新输入。

拓展
示列 T2-2

拓展
示列 T2-3

拓展
示列 T2-4

拓展
示列 T2-5

习题 2.2

[填空题]

2.2-1　循环语句有：__________语句 3 种。

2.2-2　break 语句只能用于（1）_______语句；continue 语句只能用于（2）______语句。

2.2-3　在循环体中，break 语句用于终止（1）______执行，continue 语句用于终止（2）______执行。

[选择题]

2.2-4　对于 3 种循环结构（while、for、do-while），说法不正确的是（　　）（其中，E 是判别表达式，S 是循环体）。

A．任何情况下 3 种循环结构都可以互相翻译

B．“while(E)s;”等价于“do　s; while(E);”

C．“while(1)s;”等价于“for(;;)s;”

D．“for(;;)s;”等价于“for(;1;)s;”

2.2-5　下面程序段中，while(a)等价于（　　）。

```
int a,sum=0;
scanf("%d,&a");
while(a)
  { sum+=a;
    scanf("%d",&a);
  }
```

A．while(a!=0)　　　　B．while(a= =0)

C．while(a>0)　　　　D．while(a>=0)

2.2-6　对于下面的程序 1、程序 2、程序 3，是否能完成指定功能，说法正确的是（　　）。

A．只有程序 1 正确　　　　B．只有程序 2 正确

C．只有程序 3 正确　　　　D．3 个程序都正确

程序的功能是：输入一串正整数（不少于 3 个，并以 0 作为输入结束标记，而且不计 0），判断这串正整数是否呈由小到大的次序排列。若是，则输出“YES”；若不是，则输出“NO”。

程序 1

```
#include <stdio.h>
```

```
void main( )
{ int a,b;
   scanf("%d%d",&a,&b);
   while(b)
     { if(a<=b)printf("YES\n");
       else printf("NO\n");
       a=b;
       scanf("%d",&b);
   }
}
```

程序 2

```
#include <stdio.h>
void main( )
{ int a,b,flag=0;
   scanf("%d%d",&a,&b);
   while(b)
     {   if(a>b)flag=1;
         a=b;
         scanf("%d",&b);
     }
   if(!flag)printf("YES\n");
   else printf("NO\n");
}
```

程序 3

```
#include <stdio.h>
void main( )
{ int a,b,flag;
   scanf("%d%d",&a,&b);
   while(b)
     { if(a<=b)flag=1;
       else flag=0;
       a=b;
       scanf("%d",&b);
     }
     if(flag)printf("YES\n");
     else printf("NO\n");
}
```

[程序阅读题]

2.2-7　写出循环体执行次数。

```
int i=1;
while(i%=4)i+=5;
```

2.2-8　写出循环体执行次数。

```
int   a=15;
while(a>=0)
   switch(a%4)
     { case 0:     a+=1;   break;
       case 1:    a-=3;   break;
       case 2:    a+=2;   break;
       case 3:    a-=4;
     }
```

2.2-9　写出循环体执行次数。

```
int a=15;
do a/=2; while(a);
```

2.2-10　写出程序段输出结果。

```
int a=1,b=5,c=16;
while(a<b)a+=2, b--; c/=2;
printf("%d,%d,%d\n",a,b,c);
```

2.2-11　写出程序段输出结果。

```
int   x=129,y=0;
for( ;y<20;x/=2,y+=3);
printf("x=%d,y=%d\n",x,y);
```

2.2-12　写出程序段输出结果。

```
for(int i=1;i<=10;++i)
  printf("%d,",i++), printf("%d;",++i);
```

2.2-13　写出程序段输出结果。

```
for(int n=0; ; )
{ if(n>5 && n%3==1)
    { printf("%d\n",n); break; }
  printf("%d,",n+=2);
}
```

2.2-14　写出程序段输出结果。

```
int n=0;
while(n<=4)
switch(n)
{   case 0: printf("#");
    case 1:printf("%d,",++n);
    case 2:printf("*");
    default :printf("%d,",n++);
}
```

2.2-15　写出程序段输出结果（运行时，输入 12345）。

```
int n;
scanf("%d",&n);
while(n)
  { printf("%d",n%10);
    n/=10;
  }
```

2.2-16　写出程序段输出结果。

```
int n=0,sum=0;
while(n++,n<10)
{ if(!(n%3))continue;
    sum+=n;
}
printf("%d\n",sum);
```

2.2-17　写出循环体执行次数和程序输出结果。

（1）

```
#include <iostream.h>
void main( )
{ int m, n;
  m=10; n=-1;
  while(n<m)
  { m=m+n%2;    n=n+3;
    cout<<"m="<<m<<",    n="<<n<<endl;
  }
}
```

（2）把上述程序中的数字 2 与数字 3 互换，重新回答原问题。

2.2-18　写出循环体执行次数和程序输出结果。

（1）

```
#include    <iostream.h>
void    main( )
{  int    m,n;
   m=10;    n=-1;
   do
   { m+=1;    n+=4;
     if (n%3= =0) cout<<"m="<<m<<",n="<<n<<endl;
   }while (m>n);
}
```

（2）把上述程序中的“n+=4;”改为“n+=2;”，重新回答原问题。

2.2-19　写出程序输出结果。

```
#include <stdio.h>
```

```
void main( )
{   int i,j,n=7;
   for(i=1;i<=n;i++)
    if(i%(n/2) ==1)
    { for(j=1;j<=(n+n/2);j++)printf("%c",'*');
      printf("\n");
    }
    else
    { for(j=1;j<=n-3;j++)printf("%c",'  ');
      printf("%c\n",'*');
    }
}
```

2.2-20　写出程序输出结果。

```
#include <stdio.h>
void main( )
{ int   m=12, n=-1,c=0;
   while (m>n)
   { m++; n+=4; c++;
     if(n%3==0)printf("%d,%d:",m,n);
   }
   printf("%d\n",c);
}
```

2.2-21　写出执行下面程序段后，x 和 y 的结果值。

```
int x=1,y=9,m=1,n=2;
while(x<=y)
  switch((m+n+x+y)%4)
   { case 0:   x*=2,m++;
     case 1:   switch(n%3)
               { case 0:x++;   break;
                 case 1:y*=2;   break;
                 case 2:x+=3;
               }
      case 2:   n++;y--; break;
      case 3:   x/=2;y+=2;
   }
```

2.2-22　写出执行下面程序段后，a 的结果值。

```
int   j=0 ,k, a=0;
while(j<3)
{ j++;   a++;
  for(k=0;k<=3;++k)
   { if(k%2)continue;
     a*=2;
```

```
  }
 a-=3;
}
```

2.2-23 写出程序输出结果（运行时输入：2 4 6 8 0）。

```
#include <stdio.h>
void main( )
{ int n;
  printf("请输入若干整数，以 0 结束。\n");
  scanf("%d",&n);
  while(n)
   { if(n%3==0){  printf("A"); scanf("%d",&n);}
    else
     if(n%3==1)
      { printf("B%d",n);
        scanf("%d",&n);
        continue;
      }
    else { printf("C");  scanf("%d",&n); }
    printf(",");
   }
}
```

2.2-24 写出程序段输出结果。

```
int m,n;
for(m=0;m<2;m++)
{ for (n=3;n>=0;--n)
   if((m+n)%3)printf("%+d",m+n);
   else
    { n--;
      printf("%+d",m-n);
    }
 printf("#");
}
```

2.2-25 写出程序输出结果。

```
#include <stdio.h>
void main( )
{  int i,j,n=9;
   for(i=1;i<=n;i++)
   {
    for(j=1;j<=n-i+1;j++)printf("%c",' ');
    printf("%c",'*');
    for(j=2;j<=2*i-1;j++)printf("%c",'*');
```

```
        printf("\n");
      }
}
```

2.2-26　写出程序输出结果。

```
#include <stdio.h>
void main( )
{ int   i,j;
  printf("   ×  |  ");
  for (i=1;i<=9;i++)printf("%4d",i);
  printf("\n");
  printf("   ----|-");
  for(i=3;i<=11;i++)printf("----");
  printf("\n");
  for(i=1;i<=9;i++)
    { printf("%4d   |   ",i);
       for(j=1;j<=9;j++)printf("%4d",i*j);
       printf("\n");
    }
}
```

2.2-27　找出下面程序中的错误，并改正。

```
#include <stdio.h>;
#define N=2.5
void main
{ flaot a,b;
    printf(请输入 a 的值（0～9 之间）：);
  ina: scanf("%f",a);
    if(0<a<9)printf ("你输入的数据不合乎要求，请重新输入："); goto   ina;
    b=Na+3;
    printf("%a=d   %b=d/n",a,b);
}
```

[程序填空题]

2.2-28　执行下面程序段时，输入正整数 a 和 b 的值，并将计算结果（a 和 b 的最大公约数）输出成“gcd(a,b)=c”（这里，a、b、c 是具体数值）的形式。

```
int a,b,c,m,n;
scanf("%d%d",&a,&b);
m=a, n=b;
while(b)c=a%b,a=b,b=c;
printf( ______________ );
```

2.2-29　现有面值为 1 角、2 角、5 角的硬币共 100 枚，总金额为 24.70 元。这 100 枚硬币中 1 角、2 角、5 角各有多少枚？找出所有可能的解，并输出共有多少组解。

```
#include <iostream.h>
void main( )
{ int x,y,z（1）________;
  for(z=1;z<=100;z++)
    for(y=1;（2）_______;y++)
    { x=（3）________;
     if(（4）______&& x+2*y+5*z= =247)
       {c++;
        cout<<x<<"个 1 角的,"<<y<<"个 2 角的,"<<z<<"个 5 角的"<<endl;
       }
  }
    cout<<"共有"<<c<<"组解"<<endl;
}
```

2.2-30　输出 1000 以内的所有能被 3 整除，而且至少有一位数字是 5 的正整数。每行输出 7 个整数，每个整数占 6 格。

```
#include <stdio.h>
void main( )
{   int   n,a,b,c, t=0;
    for(n=1; n<1000;（1）_______)
     { c=n%10;
       b=(n/10)%10;
       a=n/100;
       if(  （2）_______________ ( (a= =5)+(b= =5)+(c= =5)))
         if(++t%7)printf("（3）______",n);
         else printf("（4）________ ",n);
     }
    printf("\n");
}
```

2.2-31　用下面的近似公式计算π的值，精确到 $\frac{1}{n^2}<10^{-8}$ 。

$$\frac{\pi^2}{6}\approx\frac{1}{1^2}+\frac{1}{2^2}+\frac{1}{3^2}+\cdots+\frac{1}{n^2}+\cdots$$

```
#include <iostream.h>
#include <math.h>
#define   EPS   （1）_____
void main( )
{ int i,p;   double   s, e;
   （2）_______=1, e=0;
   do
   { e+=s; i++ ;
     p=i*i;   s=1.0/p;
    } while（3）____________;
   cout<<（4）___________<<endl;
 }
```

2.2-32　用下面的近似公式计算π的值，精度要求为 10^{-6}。

$$\pi \approx 4\left(1-\frac{1}{3}+\frac{1}{5}-\frac{1}{7}+\cdots\right)$$

注：程序中，用 sign 记录正负号（1 表示正号；－1 表示负号）。

```
#include <math.h>
#include <stdio.h>
void main( )
{ int sign=1;
  double   pi=0,item=1,k=1;
  while(fabs(item)（1）______;)
   {
     pi+=item;
     sign=-sign;
     item=（2）______;
     k （3）______;
   }
  printf("pi=%.6f\n",（4）______);
}
```

2.2-33　输入一批正整数（以 0 作为输入结束标记），对输入的每个数输出其是不是素数的信息，并统计（输出）共有多少个素数。

```
#include <iostream.h>
void main( )
{ int n,i, p,（1）_______;
 for(;;)
  { cin>>n;
    p=1;
    if(!n)（2）__________;
    for(i=（3）_____; i*i<=n;i++)
      if(n%i==0) { （4）______; break;}
     if (p){c++;cout<<n<<" 是素数\n";}
       else cout<<n<< " 不是素数\n";
  }
 cout<< "共输入"（5）______<<" 个素数\n";
 }
```

2.2-34　如果正整数 n 与它的反序数 m 同为素数，且 m≠n，则称 n 和 m 是一对“对称素数”。找出 3 位数中所有的对称素数，并统计（输出）共有多少对。

一个数的反序数是指数字排列次序与其相反的数，例如，321 是 123 的反序数。

```
#include <iostream.h>
void main( )
{ int   n,i,p,m,c=0;
   for(n=100;n<1000;++n)
    { p=1;
```

```
        for(i=2; i*i<=n;i++)
          if(n%i==0) { (1) _______; break;}
        if(!p) (2) __________;
        m= (3) ___________;
        if(m==n)continue;
        for(i=2; (4) ________m;i++)
          if(m%i==0) { p=0;   (5) ______;}
        if(!p) continue;
        if( (6) _____){ c++;cout<<n<<"和"<<m<<" 是对称素数\n";}
      }
    cout<<"共找出"<<c<<"对对称素数 \n";
}
```

2.2-35 判断输入的正整数 n 是否同时含有奇数字和偶数字。

```
#include <iostream.h>
void main( )
{ int  n,i,j, flag1=0, flag2=0;
   cin>>n;
   i=n;
   while( (1) _____)
    { j=i%10, (2) ________;
     if (j%2) flag1=1;
     else  (3) _______;
    }
   if( (4) ________)cout<<n<<" 是的\n";
   else cout<<n<<" 不是的\n";
}
```

2.2-36 判断输入的正整数序列（至少 3 个数，以 0 作为输入结束标记，且不计 0）是否呈大小大小（或小大小大）交替排列。若是，则输出“YES”，若不是，则输出“NO”。

```
#include <iostream.h>
void main( )
{ int  a,b,c,up,  (1) _______ ;
   cin>>a>>b;
   (2) _____=a<b?1:0;
   while(flag)
    {  (3) __________;
     if (!c) (4)  ________;
       if(up)
       if  (5) _______flag=0; else  (6) _____=!up;
       else
          if(b>c) flag=0; else   up=!up;
          (7) ________;
    }
```

```
    if(flag) cout<<"YES\n";
     else cout<<"NO\n";
}
```

2.2-37　下面的程序能输出所有 10000 以内、十位数为 7、能被 7 整除的正整数，并统计其个数。

```
#include <stdio.h>
#define  （1）______  10000
void main( )
{ int  n, count=0;
   for(n=7;（2）______MAX;n++)
    if((（3）______==7)（4）______n%7==0))
      {  printf("%8d",n);（5）______;}
   printf("\ncount=%d\n",count);
}
```

2.2-38　输入两个数 b 和 n（其值均应在 1～9 内）。

计算 sum=b+bb+bbb+bbbb+…+bb…bb（最后一项具有 n 个 b）。

程序具有如下功能：

1）若输入的 b 等于 0，则程序结束。

2）若输入的 b 或 n 的值不在 1～9 内，则重新输入。

3）其他情况，输出计算结果后，再输入下一组 b 和 n。

```
#include <stdio.h>
void main( )
{ int i, b,n;
   double sum;
   while(1)
   { printf("请输入 b 和 n :");
    scanf("%d%d",  （1）__________n);
    printf("你输入的 b=%d，n=%d\n",b,n);
    if(b==0)break;
    if(b<0||b>9||n<=0||n>9)
       { printf("你输入的 b 的值不对，请重新输入\n");
        continue;
       }
      （2）__________;
    for(i=n;（3）__________  ;（4）__________)
        {  sum+=i*b;   （5）__________;}
    printf("sum=%.0f\n",sum);
   }
   printf("你输入的 b 的值为 0，程序结束！\n");
}
```

2.2-39　下面的程序用来统计（即输出）用户输入的一串字符（以换行符结束）的字符总

数，以及其中的英文字母（大写或小写）、空格、数字字符各多少个，各占总数的百分比数。

```
#include <stdio.h>
void main( )
{ char c;
  int sum=0,blank=0,charac=0,（1） __________;
  printf("please input a  string :\n");
  while((  （2） ______getchar( ))!='\n')
   {  （3） __________;
     if(c=='  ')  blank++;
     else
      if(（4） _________)  charac++;
      else
        if(c>='0'&&c<='9')  number++;
   }
   if(（5） _________)  printf("No char!\n");
   else
   { printf("char  :  %d\n",sum);
    printf("blank:  %d ===>%-3.1f%%\n",blank,float(blank)/float(sum)*100);
    printf("character: %d ===>%-3.1f%%\n",charac,float(charac)/float(sum)*100);
    printf("number: %d ===>%-3.1f%%\n",number,float(number)/float(sum)*100);
   }
}
```

2.2-40 输出所有数值小于 n，且个位数字不是 9 的素数。
n 的值由用户输入（10<n<10000）。输出时，每 8 个数占一行。

```
#include <stdio.h>
#include <stdlib.h>
void  main( )
{ long int n;
  int count=0,（1） __________,i,j;
  printf("please input n(10<n<10000)  n=");
  scanf("%ld",&n);
  if(n<=10||n>10000)
   { printf("data error!\n");
    exit(0);
   }
  for(i=2;i<n;i++)
   { if( i%10!=9)（2） __________;
     prime=1;
     for(j=2;j*j<=i;j++)
       if(i%j==0){（3） __________;break;}
     if(prime)
       { printf("%7d ",i);
         （4） __________;
        if(count%8==0)（5） __________;
```

```
            }
        }
    printf("\nThe end ! \n");
}
```

2.2-41　下面的程序输入日期 a 年 b 月 c 日，计算（输出）该日期是星期几。

说明：

1）已知 1900 年 1 月 1 日是星期一。

2）输入的日期要在 1900 年 1 月 1 日到 2100 年 12 月 31 日范围内。

3）当用户输入的年份不在给定的范围内，或者输入的月份、日期不合常理时，则给出相应的提示信息，并重新输入。

4）当输入的年号等于 0 时，程序结束；否则继续输入下一组年月日。

```
#include <stdio.h>
#include <stdlib.h>
void main( )
{ int a,b,c,mday,i;
  long days;
  while(1)
  { printf("请输入年、月、日:");
    scanf("%d%d%d",&a,&b,&c);
    printf(" %4d 年%2d 月%2d 日：",a,b,c);
    if(a==0)（1）__________;
    if(a<1900||a>2100)
    {   printf("你输入的年号不对，请重新输入!\n");
        （2）__________;
    }
    if(b<1||b>12)
     {   printf("你输入的月号不对，请重新输入!\n");
         continue ;
     }
    switch(（3）__________)
     { case 1:case 3:case 5:case 7:case 8:case 10:case 12:    mday=31; break;
       case 4: case 6: case 9: case 11:    mday=30; break;
       case 2:    if (a%4!=0) mday=28;
                  else
                  if(a%100==0 && a%400!=0) mday=28;
                     else mday=29;
     }
    if(c<1 （4）__________)
     { printf("你输入的日号不对，请重新输入!\n");
       continue ;
     }
    for(（5）__________ i=1900;i<a;i++)
     if((i%4==0 &&i%100!=0)||(i%100==0 && i%400==0))
       days+=366;
```

```
            else （6）__________;
        for(i=1;i<b;i++)
        switch(i)
          { case 1:case 3:case 5:case 7:case 8:case 10:case 12: days+=31; break;
            case 4:case 6:case 9:case 11:（7）_________; break;
            case 2:
              if((a%4==0 &&a%100!=0)||(a%100==0 && a%400==0))
                  （8）__________;
               else   days+=28;
          }
       days+=c;
       switch( （9）__________)
       { case 1: printf("是星期一。\n");break;
          case 2: printf("是星期二。\n");break;
          case 3: printf("是星期三。\n");break;
          case 4: printf("是星期四。\n");break;
          case 5: printf("是星期五。\n");break;
          case 6: printf("是星期六。\n");break;
          default: printf("是星期天。\n");break;
       }
     }
      printf("程序结束！\n");
  }
```

[程序设计题]

2.2-42　分别用 3 种循环结构描述下列计算。

（1）$s=1+3+5+\cdots+99$

（2）$t=100+98+96+\cdots+2$

（3）$p=3+6+9+\cdots+27+30+31+41+51+\cdots+91$

（4）$r=1^2+2^2+3^2+\cdots+60^2$

2.2-43　分别用 3 种循环结构描述下列计算。

要求，截断误差不超过 EPS，其中，EPS 定义为：

#define　EPS　1E-6

（1）$s=\frac{1}{1!}-\frac{1}{2!}+\frac{1}{3!}-\frac{1}{4!}+\cdots$

（2）$p(x)=\frac{x}{1!}+\frac{x^2}{2!}+\frac{x^3}{3!}+\frac{x^4}{4!}+\cdots$

（3）$p(x)=\frac{x}{1!}-\frac{x^2}{2!}+\frac{x^3}{3!}-\frac{x^4}{4!}+\cdots$

（4）$p(x)=\frac{x}{1!}-\frac{x^3}{3!}+\frac{x^5}{5!}-\frac{x^7}{7!}+\cdots$

2.2-44　将下面程序段改用循环语句实现。

```
       int x, n=0;   double   y=0;
  readx:   scanf("%d",&x);
```

```
y+=x,n++;
if(x) goto   readx;
```

2.2-45　将下面程序段中的 do-while 循环结构分别改为 for 结构和 while 结构（假定输入一个正整数）。

```
int a,c=0;
scanf("%d",&a);
do{   printf("%2d",a%2);
     a/=2;   c++;
  }while(a);
printf("\nc=%d\n",c);
```

2.2-46　输入一串字符，直到输入一个星号为止，统计（输出）其中大写字母个数、小写字母个数、数字字符个数，以及换行符个数。

分别用 while 和 do-while 循环结构实现。

2.2-47　输入一串整数，直到输入的整数为 0，输出所有正数的平均值和所有负数的平均值。

2.2-48　根据古印度的一个传说，编制程序。

在 8×8 国际象棋棋盘的第一个格中放上 1 粒麦子，第二格中放 2 粒麦子，第三格中放 4 粒麦子，以后每一格所放麦子的粒数比前一格加倍，放满 64 格为止。

1）计算装满整个棋盘共需要多少粒麦子。

2）假定每粒麦子长 8mm，把这些麦粒一个个地接起来，有多少千米长。

3）若每粒麦子长 8mm、宽 3mm、厚 2mm，把它们按一米的厚度平铺在地面上，能铺成多大方圆（平方千米数）？

4）若每千克麦子约有 2.5 万粒，这些麦子共有多少吨重？

5）若每人每天吃 500g 麦子，这些麦子够 1 亿人吃多少年？

2.2-49　不通过直接计算各 n！的值，计算 1！+2！+3！+…+ m！之和（结果值为 double 类型）。m 是任意正整数。

2.2-50　若 n 和 n+2 同为素数，则称它们是一对孪生素数。

输出 100 以内的所有孪生素数。每对孪生素数占一行。

2.2-51　输入一批正整数（以 0 作为输入结束标记，且不计 0），统计其中共有多少个大数字（指 6～9 的数字）。注：一个正整数中可能含有多个大数字，或没有大数字。

2.2-52　输入一批正整数（不少于 3 个，以 0 作为输入结束标记，且不计 0），输出两两相邻正整数的最大公约数。这里，第一个数和最后一个数也认为是相邻的。

2.2-53　设矩阵 $A_{m\times n}$ 的元素都是正整数，按照元素的行列次序输入矩阵 A 的各元素，并求出 A 中最大元素所在的行列号（不得使用数组）。

2.2-54　输出正弦表和余弦表。

要求角度值从-180°～180°，每 10°输出一组正弦和余弦值。形如：

```
角度      正弦值        余弦值
-180     0.000000     -1.000000
```

-170　　-0.173648　　-0.984808

…　　…　　…

2.2-55　按下面的递推式计算 f(16)的值。

$$\begin{cases} f(0)=0 & n=0 \\ f(1)=1 & n=1 \\ f(2)=2 & n=2 \\ f(n+1)=2f(n)+f(n-1)f(n-2) & n\geqslant 3 \end{cases}$$

2.2-56　编程计算：1+22+333+444+…的前 n 项和。n 由用户输入（n<10）。

2.2-57　按下列公式计算 s 的值，其中 n 的值由用户输入（0<n<10000），输出结果保留 3 位小数。

要求：如果 n<0，指出错误，并重新输入；如果 n>10000，则程序结束；否则，再输入 n，并继续计算。

$$s=\frac{1^2}{1+1}+\frac{2^2}{2+1}+\frac{3^2}{3+1}+\cdots+\frac{n^2}{n+1}$$

2.2-58　编程求不定方程 15x+9y+z=300 的所有正整数解。

要求：输出时，每行含 3 组解。

2.2-59　编程求满足方程 a+b=1231 的所有不同的正整数解，其中 a 不超过 3 位数，而 b 是 a 的各位数字反向排列的数，即若 a=xyz，则 b=zyx（这里 x、y、z 代表 a 的各位数字）。

2.2-60　用天平一次称量出 100g 的某化学药品，现只有 1g、2g、5g 三种砝码（每种砝码的数量都很多）。如果使用其中的 50 个砝码，有几种不同的情况？若使用 30 个呢？

2.2-61　有一个球在楼梯上一梯一梯地向下弹跳，每梯的高度为 20cm，每次弹起为下落高度的 2/3，开始从离某一梯面 1 米高处落下。编程求此球第 n 次弹起的高度。

要求：1）n 由用户输入，当 n≤0 时，程序终止；否则，继续输入下一个 n 的值。

2）输出结果以 cm 为单位，保留两位小数。

2.2-62　输入一批学生的学号及其考试成绩（0～100），当输入的学号小于或等于 0，表示输入结束。若输入的某学生成绩不在 0～100 范围之内，表示成绩输入错误，需要重新输入他的成绩。

找出（输出）其中最高分和最低分得主（学号和其分数）。若同时有多人获最高（最低）分，只找出其中的一个即可。假定学生的学号都不超过 32767。

△2.2-63　若正整数 n 等于它所有因数（包括 1，但不包括 n 本身）的和，则称 n 是完数。

例如，6 和 28 都是完数，因为：

6=1+2+3

28=1+2+4+7+14

输出 1～10000 之间的所有完数，并验证每个完数 n 的所有因数（不包括 1，但包括 n）的倒数之和都等于 1，并输出验证结果正确或不正确的信息。

△2.2-64　输入正整数 n（n 的值为 8～12），输出 Pascal 三角形（也称杨辉三角形）的前 n 行（呈宝塔形状角形）。

提示，可以利用递推式：$\begin{cases} C_m^0 = 1 \\ C_m^n = C_m^{n-1} \cdot \dfrac{(m-n+1)}{n} \end{cases}$　　$n = 1,2,3,\cdots,m$

△2.2-65　输入一个正整数，判断其各位数字是否是奇偶数字交替出现，并输出“是”或“不是”的信息。

例：21234 和 1038 都是奇偶数字交替出现；而 22345 不是。

△2.2-66　计算斐波那契分数序列前 n 项之和（n 是某个常数）。

斐波那契分数序列的规律如下：

1）首项为$\dfrac{2}{1}$。

2）前一项的分子作为后一项的分母，前一项的分子分母之和作为后一项的分子，即：

$$\frac{2}{1},\frac{3}{2},\frac{5}{3},\frac{8}{5},\frac{13}{8},\frac{21}{13},\cdots$$

拓展
习题 T2-1

第3章 构造类型

构造类型（construction type）是指含有多个成员的数据类型，包括数组类型、结构类型、枚举类型、联合类型以及文件类型，这些都属于用户自定义类型。成员也称分量，成员的个数和类型由用户根据需要确定，成员既可以是简单类型，也可以是构造类型（形成嵌套）。除数组类型外，用户在定义构造类型（及其变量）时，都要使用专门的“类型定义符”。

3.1 数组类型

数组（array）是由多个类型相同、内容相关的一组成员组成的，每个成员都是一个变量，是数组的一个元素（element）。元素按照一定的顺序排列在数组中，它们具有相同的标识符（数组名）和不同的序号，即下标（subscript）。元素类型可以是基本类型（整型、实型、字符型），也可以是构造类型（结构、数组、联合等类型）。习惯上，将元素类型为整型的数组称为整型数组，类似的，有实型数组、字符数组、结构数组等。

与普通变量一样，数组也必须先定义后使用。定义时指定数组的名字（标识符）、维数、每维的长度以及元素的类型。

视频
3.1.1 一维数组

3.1.1 一维数组

一维数组（one-dimensional array）的一般定义格式为

```
类型说明  数组名[N];
```

其中，“类型说明”用于指明数组元素的类型（又称数组的基类型），类型说明通常用类型名，也可以是类型定义式（比如结构类型定义式）；“数组名”是一个标识符，是用户为数组变量所起的名字；一对方括号称为下标运算符；“N”是常量表达式（其值是正整数），通常是符号常量或整型常数，用于指定数组元素个数，称为数组长度或大小（size），是数组的下标界。

例如：

```
int a[10];              //定义 a 是长度为 10 的整型数组
float b[20],c[30];      //定义 b 和 c 是长度分别 20 和 30 的实型数组
```

为了便于编写通用程序，数组的下标界最好使用符号常量，而不要直接使用常数。

例如，将上述定义改为

```
#define  N  10          //定义常量
int  a[N];
```

```
char    b[2*N],c[3*N];
```

一维数组元素的引用格式为

```
数组名[E]
```

这里，E 是下标表达式（subscript expression），E 的值是该元素的下标。E 可以是整型常量、整型变量，或带有运算的整型表达式。若数组的长度为 N，其元素的下标表达式的值应在 0～N-1 之间。

上例中，数组 a 共有 N（N=10）个元素：a[0]，a[1]，a[2]，…，a[N-1]。

数组元素按照下标由小到大次序依次存储，如图 3-1 所示。数组名代表首元素的存储地址，例如，数组名 a 的值就是元素 a[0]的存储地址。

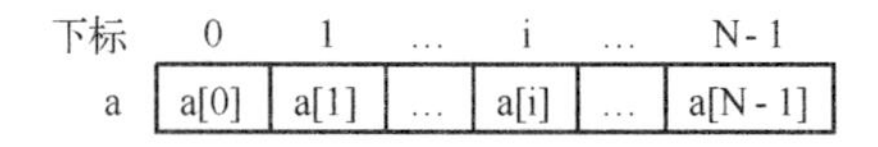

图 3-1　一维数组 a 的元素存储状态

数组通常以其元素为单位参加运算和输入输出（但一维字符数组可以整体输入输出）。

例如，使用循环语句输入上述数组 a 的各元素值：

```
for(i=0;i<N;i++)scanf("%d",&a[i]);        //在 C 语言环境下
```

或

```
for(i=0;i<N;i++)cin>>a[i];                //在 C++语言环境下
```

使用数组时，需要注意下列几点：

1）数组的长度必须在定义时就已经确定，即数组定义式的常量表达式中不能出现变量。

2）由于数组名等于首元素的存储地址，存储地址是在编译时由系统分配的，所以，数组名实际上是某个“符号常量”，其值是不能被修改的。

3）数组长度只能是整型，元素下标从 0 开始，对于长度为 N 的数组 a，不存在数组元素 a[N]。进一步地说，对于元素 a[i]来说，i 的值必须保证在 0～N-1 范围内；否则（i<0 或 i≥N）就会造成“下标越界”错误。

【例 3-1】 输入 N 个整数，输出其中最大数和最小数（它们共占一行），然后再输出其余各数。

算法的设计思路

此题与【例 2-15】大意相同（都是找最大、最小数），但是由于本题要求在找到并输出最大数和最小数之后还要输出其余各数，【例 2-15】中的程序无法做到这一点，因为除最大数和最小数外，读入的数都被（那个程序）“忘记”了。

求解本题的算法大致步骤如下。

第 1 步，将 N 个数输入到数组 a[N]中。

第 2 步，在数组 a 中找到最大、最小元素。

第 3 步，输出最大、最小元素。

第 4 步，输出除最大、最小元素以外的其余各元素。

算法的实现程序

```
#include <stdio.h>
#define N    10
void main( )
{ int    i,max,min,a[N];
   printf("请输入%d 个数据: \n",N);
   for(i=0;i<N;i++)scanf("%d",&a[i]);            //输入数据存放在数组 a 中
//以下是找最大最小元素的程序段
   max=min=a[0];                                  //将 a[0]定为最大、最小值的初值
   for(i=1;i<N; i++)
    if(a[i]>max)max=a[i];                         //记住最大值
     else if(a[i]<min)min=a[i];                   //记住最小值
//以下是输出数据程序段
   printf("最大数=%d    最小数=%d\n",max,min);
   for(i=0;i<N;i++)                               //输出其余各数
    if(a[i]!=max&&a[i]!=min)                      //跳过最大数和最小数
       printf("%6d",a[i]);
   printf("\n");                                  //最后输出一个换行符
}
```

对程序的解释说明

上述程序用记住元素值的方法找数组 a 中的最大、最小元素，也可以通过记住最大、最小元素所在下标的方法找出最大、最小元素，修改方法如下。

将找最大最小元素的程序段改为

```
max=min=0;                      //0 作为最大、最小元素所在下标的初始值
for(i=1;i<N;i++)
 if(a[i]>a[max])max=i;          //记住最大元素所在的下标
  else if(a[i]<a[min])min=i;    //记住最小元素所在的下标
```

将输出数据的程序段改为

```
printf("最大数为：a[%d]=%d，最小数为：a[%d]=%d\n",max,a[max],min,a[min]);
printf("最大数是=%d    最小数=%d\n",max,min);
for(i=0;i<N;i++)                //输出其余各数
 if(i!=max&&i!=min)             //跳过下标为 max 和 min 的元素
    printf("%6d",a[i]);
```

如果输入的数据全不相等，上述两种方法输出结果是一样的。但是，如果有多个元素同为最大值、最小值，在输出其余各元素时，前者滤掉了所有的最大元素和最小元素，后者只滤掉其中一个最大元素和一个最小元素。

在定义数组时，可以给数组元素赋初值（称为初始化），一般格式为

类型说明　数组名[E]={E1，E2，…}；

花括号“{ }”括起来的“E1，E2，…”是用逗号隔开的多个常量表达式，表示要将各

常量表达式的值作为初值依次赋给对应的数组元素，例如：

```
int  a[4]={1,2,3,4};
```

于是 a[0]=1，a[1]=2，a[2]=3，a[3]=4。

关于数组初始化有如下规定：

1）给定的初值个数可以小于或等于数组长度，但不能大于数组长度（若大于，则编译时报错）。

2）如果初值个数小于数组长度，则依次为数组前段元素赋初值，没有对应初值的后段元素自动地置为 0（对于整型或实型数组）或'\0'（对于字符型数组）。

例如：

```
int  a[6]={1,2,3};                //等价于 int  a[6]={1,2,3,0,0,0};
char b[6]={'C','W','W'};          //等价于 char b[6]={'C','W','W','\0','\0', '\0'};
```

3）如果每个元素都赋初值，那么，定义时可以不指定数组长度，其长度由给定的常量表达式序列中的数据个数确定，例如：

```
int  a[ ]={1,2,3,4};              //等价于 int  a[4]={1,2,3,4};
```

【例 3-2】 输入一串字符（以'\n'结束），统计其中大写字母 A，B，C，…，Z 各出现多少次。只输出那些至少出现一次的字母（每 4 个字母占一行），并输出 26 个大写字母中共出现过多少个（或都没出现过）的信息。

算法的设计思路

输入以'\n'结束的字符串可用循环语句“while((ch=getchar( ))!='\n')”完成。

判断 ch 是否是大写字母，可调用 ctype.h 中的标准库函数“isupper(ch)”完成。

统计 26 个大写字母各自出现次数要用到 26 个计数器，可由数组 count[26]担任，其中：

count[0]用于统计字母 A 出现的次数，count[1]用于统计字母 B 出现的次数，…，count[25]用于统计字母 Z 出现的次数。若 ch 是某个大写字母，则相应的计数器 count[ch−'A']加 1。

完成输入字符串和统计工作的程序段可以写成：

```
while((ch=getchar( ))!='\n')
  if(isupper(ch))count[ch-'A']++;
```

余下的工作主要是如何控制输出数据。

算法的实现程序

```
#include <stdio.h>
#include <ctype.h>
#define LINE  4
void main( )
{ int i,k,t,count[26]={0};          //数组 count 各元素清 0
  char ch;
  printf("请输入字符串\n");
  while((ch=getchar( ))!='\n')       //输入字符串，遇换行符结束
```

```
    if(isupper(ch))count[ch-'A']++;              //统计各大写字母出现次数
  //以下是输出数据部分，t 用于统计出现过的大写字母个数
  for(t=0,i=0;i<26;i++)                          //考查每个大写字母
   { k=count[i];
     if(!k)continue;                             //跳过出现次数为 0 的字母
     printf("字母%c:出现%-2d 次      ",i+'A',k);
     if(++t%LINE==0)printf("\n");                //够 4 个字母，则换行
   }
  printf("\n");
  if(!t)printf("26 个大写字母都没出现过！ \n");
    else printf("共出现过%d 个大写字母。\n",t);
}
```

3.1.2 二维数组

二维数组主要用于表示矩阵等具有行列结构的数据。二维数组的定义格式为

```
类型说明   数组名[N1][N2]
```

视频
3.1.2 二维数组

其中，“N1”和“N2”都是整型的常量表达式，分别用来指明数组的行数（行下标界）和列数（列下标界），即数组有 N1 行 N2 列，共 N1×N2 个元素，例如：

```
int   a[3][4];                    //a 有 3 行 4 列，共 3×4=12 个元素
```

理论上，可以定义任意多维的数组，定义时给定的下标界个数就是数组的维数，例如：

```
int   a[N1][N2][N3][N4];          //定义四维数组
```

实际上，二维以上的数组极少用到，而且用法与一维数组、二维数组大同小异，故本书只介绍一维数组和二维数组。

二维数组元素的引用格式为

```
数组名[E1][E2]
```

这里，E1 和 E2 分别是行下标表达式（行号）和列下标表达式（列号），都是整型表达式（常量、变量或一般的表达式），行列号都从 0 开始，所以 E1 和 E2 的值都应大于等于 0，小于相应的下标界。例如，数组“int a[3][4];”的 12 个元素为

第一行：a[0][0]，a[0][1]，a[0][2]，a[0][3]

第二行：a[1][0]，a[1][1]，a[1][2]，a[1][3]

第三行：a[2][0]，a[2][1]，a[2][2]，a[2][3]

注意，数组 a[3][4]不存在下列元素：

```
a[3][0]   //行下标超界
a[0][4]   //列下标超界
a[3][4]   //行列下标都超界
```

a	a00	a01	a02	a03	a10	a11	a12	a13	a20	a21	a22	a23

图 3-2　二维数组 a[3][4]的存储状态

二维数组中的元素是按行顺序存储的，先存储第一行元素，再存储第二行元素…。每行元素按列号依次存储，如图 3-2 所示（为便于阅读，图中元素的行列下标没加方括号）。

二维数组名代表该数组的存储地址，即首元素的存储地址。上例中，数组名 a 的值就是 a[0][0]的存储地址。

一个 M 行 N 列的二维数组可以看成是一个具有 M 个元素的一维数组，而每个元素又是一个长度为 N 的一维数组。

例如，数组“int a[3][4];”共有 3 个元素（行元素）：a[0]、a[1]和 a[2]。每个行元素（都是一维数组名）都是含有 4 个元素（列元素）的一维数组，如下所示。

第一个行元素 a[0]的 4 个列元素：a[0][0]，a[0][1]，a[0][2]，a[0][3]

第二个行元素 a[1]的 4 个列元素：a[1][0]，a[1][1]，a[1][2]，a[1][3]

第三个行元素 a[2]的 4 个列元素：a[2][0]，a[2][1]，a[2][2]，a[2][3]

通常用双重循环对二维数组的元素进行输入/输出。

例如，对于“int a[M][N];”，输入数据的程序段为：

```
for(i=0;i<M;i++)
  for(j=0;j<N;j++)scanf("%d",&a[i][j]);
```

输出数据的程序段，排列成矩阵形式（一种典型的输出形式）：

```
for(i=0;i<M;i++)
{ for(j=0;j<N;j++)printf("%6d",a[i][j]);          //输出一行元素
    printf("\n");                                 //输出一行元素后，换行
}
```

【例 3-3】 求出 M×N 矩阵的最大元素和最小元素所在的行列号，在原样输出这个矩阵后，输出最大元和最小元所在的行列号和元素值。

算法的设计思路

用二维数组 a[M][N]表示矩阵，输入输出数组元素的程序段如前所述。

求最大最小元素的方法与【例 3-1】类似，不同的是，这里要用双重循环在全矩阵中找最大最小元素，并用两对变量 maxi、maxj 和 mini、minj 分别记录最大元素和最小元素所在的行列号。

算法的实现程序

```
#include <stdio.h>
#define M 3
#define N 4
void main( )
{ int i,j, maxi,maxj,mini,minj,a[M][N];
     // maxi,maxj,mini,minj 分别用来记录最大、最小元素的行列号
   //输入矩阵元素的程序段
   printf("请输入%d 个矩阵元素\n",M*N);
   for(i=0;i<M;i++)
      for(j=0;j<N;j++)scanf("%d",&a[i][j]);
   //找最大、最小元素所在下标的程序段
```

```
    maxi=maxj=mini=minj=0;                          //最大、最小元素所在的行列号初值
    for(i=0;i<M;i++)
      for(j=0;j<N;j++)
        { if(a[i][j]>a[maxi][maxj])maxi=i,maxj=j;    //找最大元素所在的行列号
          if(a[i][j]<a[mini][minj])mini=i,minj=j;    //找最小元素所在的行列号
        }
    //输出矩阵元素的程序段
    printf("你输入的矩阵为:\n");
    for(i=0;i<M;i++)
      { for(j=0;j<N;j++)printf("%6d",a[i][j]);
        printf("\n");
      }
    //输出最大最小元素的程序段
      printf("最大元素:a[%d,%d]=%d\n",maxi,maxj,a[maxi][maxj]);     //输出最大元素
      printf("最小元素:a[%d,%d]=%d\n",mini,minj,a[mini][minj]);     //输出最小元素
}
```

定义二维数组时，可以用下面几种方式对其进行初始化。

1）初值以行为单位书写，每行的初值用一对花括号括起来，各行之间用逗号隔开，例如：

```
int   a[3][2]={{1,2},{3,4},{5,6}};
```

2）将所有的初值放在一对花括号中，例如：

```
int   a[3][2]={1,2,3,4,5,6};
```

系统按照存储顺序依次赋给对应元素，结果同上。

3）只为部分元素赋初值，例如：

```
int   a[3][2]={{1},{3,4},{5}};
```

4）若对所有元素都赋初值，可以不指定行数，但必须指定列数，系统会根据初值个数确定行数，例如：

```
int   a[ ][2]={1,2,3,4,5,6};            //等同于 int a[3][2]={1,2,3,4,5,6};
```

视频

3.1.3 字符数组

3.1.3 字符数组

在 1.2.2 节中已经介绍过字符串常量是用一对双引号“""”括起来的字符序列，也介绍了字符串的存储形式和字符串存储结束标记'\0'。由于 C 语言中没有专门的字符串类型，所以，通常用一维字符数组存储字符串变量。下面，将字符串变量和字符串常量统称为字符串。

除具有普通数组（如整型数组、实型数组）所有操作方式（包括定义方式和引用方式）外，字符数组还具有特殊的操作方式（主要是输入输出方式和初始化方式），系统也提供一些字符串处理函数。

下面以“char a[10];”为例，介绍字符数组的初始化方式和输入输出方式。

1．初始化方式

1）像普通数组那样对元素逐个初始化，不足部分填补空字符'\0'。但是，若给定的初值

个数大于数组长度，则出错。例如：

```
char  a[10]={'N', 'a', 'n', ' ', 'J', 'i', 'n', 'g'};
```

定义长度为 10，而初值只有 8 个，自动补两个'\0'。字符数组 a 的存储状态如图 3-3 所示。

下标	0	1	2	3	4	5	6	7	8	9
a	N	a	n		J	i	n	g	\0	\0

图 3-3　字符数组的存储状态

字符数组的定义长度通常比实际字符个数（有效长度）至少多 1（用于存储结束符）。串的有效长度称为串长。

2）可以整体初始化，而且可以不指定数组长度，例如：

```
char  a[ ]={"How do you do?"};
```

甚至连花括号都可以不要，直接写成：

```
char  a [ ]= "How do you do?";
```

系统取初值串长加 1 作为数组的定义长度，同时，自动在串尾加'\0'。

字符数组既可以像普通数值数组那样用循环语句逐个元素输入/输出，也可以使用%nc 和%s 格式整体进行输入/输出。

2．输入方式

1）逐个字符输入，例如：

```
for(i=0;i<n;i++)a[i]=getchar( );
```

或

```
for(i=0;i<n;i++)scanf("%c",&a[i]);
```

采用这种方式输入时，输入的字符可以是任意字符，包括空格符、〈Tab〉符和换行符，而且系统不会自动在串尾添加'\0'。

2）多个字符一起输入，例如：

```
scanf("%7c",a);
```

一次读入 7 个字符。输入的字符可以是任意字符，包括空格符、〈Tab〉符和换行符，而且系统不会自动在串尾添加'\0'。

3）整串输入，系统自动在串尾添加'\0'，例如：

方法一：

```
scanf("%s",a);
```

方法二：

```
gets(a);
```

若采用方法一，则输入内容中不能夹杂空白符（空格、〈Tab〉符和换行符），因为遇到空白字符时，系统认为输入的串已经结束，其后的字符将不读到本串中。

若采用方法二，则输入内容中可以夹杂空格符和〈Tab〉符，以换行符作为输入结束标志。

3．输出方式

1）逐个字符输出，例如：

```
for(i=0;i<n;i++)putchar(a[i]);
```

或

```
for(i=0;i<n;i++)printf("%c",a[i]);
```

2）整串输出，例如：

```
printf("%s",a);
```

或

```
puts(a);
```

整串输出时，串尾必须含有'\0'。输出时，遇第一个'\0'时就结束输出。如果串尾不含'\0'，则会继续输出存储在串后面的内容，直至遇到'\0'为止。

系统提供一系列标准字符处理函数和字符串处理函数，使用时要加预编译命令：

```
#include <ctype.h>          //加此命令可使用标准库文件 ctype.h 中的字符处理函数
#include <string.h>         //加此命令可使用标准库文件 string.h 中的字符串处理函数
```

4．字符处理函数

下面给出几个常用的字符处理函数，其中 ch 是字符表达式，满足测试条件将返回 1，否则返回 0。

isalnum(ch)：判断 ch（即 ch 的值，下同）是不是字母或数字。

isalpha(ch)：判断 ch 是不是字母。

islower(ch)：判断 ch 是不是小写字母。

isupper(ch)：判断 ch 是不是大写字母。

isdigit(ch)：判断 ch 是不是数字（0～9）。

isxdigit(ch)：判断 ch 是不是十六进制数字（0～9，A～F 或 a～f）。

ispunct(ch)：判断 ch 是不是标点符号（除空格、数字、字母外的可印刷字符）。

isspace(ch)：判断 ch 是不是空白符（空格、〈Tab〉符、换行符）。

iscntrl(ch)：判断 ch 是不是控制字符（ASCII 码值在 0～31）

isgraph(ch)：判断 ch 是不是可显示字符（ASCII 码值在 33～126，即不含空格）。

isprint(ch)：判断 ch 是不是可印刷字符（ASCII 码值在 32～126，含空格）。

tolower(ch)：将 ch（是大写字母）转换成对应的小写字母，返回值是转换后的字母。

toupper(ch)：将 ch（是小写字母）转换成对应的大写字母，返回值是转换后的字母。

5．字符串处理函数

下面给出几个常用的字符串处理函数。

（1）求串长函数 strlen( )

用法：

```
strlen(str);
```

其中，str 是字符数组名，或字符串常量；返回值为字符串的有效长度（不包括串结束符'\0'）。

（2）串连接函数 strcat( )

用法：

```
strcat(str1,str2);
```

其中，str1 是字符数组名；而 str2 可以是字符数组名，也可以是字符串常量。

函数功能：将 str2 中所存放的字符串内容连接到 str1 所存字符串的后面，构成一个大的字符串，并把新串存放在字符数组 str1 中，函数返回值为 str1 的起始地址。连接时，str1 尾部的'\0'将被去掉，但保留结果串的结束符'\0'。

（3）串复制函数 strcpy( )

用法：

```
strcpy(str1,str2);
```

其中，str1 是字符数组名；而 str2 可以是字符数组名，也可以是字符串常量。

函数功能：将 str2 中的有效字符（即到第一个'\0'为止）复制到 str1 中。

（4）串比较函数 strcmp( )

用法：

```
k=strcmp(str1,str2);
```

其中，k 是一个整型变量，str1 和 str2 可以是字符数组名，也可以是字符串常量。

函数功能：按“字典序”意义进行串比较，返回值的含义：

```
k<0     str1<str2
k=0     str1=str2
k>0     str1>str2
```

（5）子串匹配函数 strstr( )

用法：

```
strstr(str1,str2);
```

其中，str1 和 str2 可以是字符数组名，也可以是字符串常量。

函数功能：在串 str1 中寻找串 str2（不包括'\0'）第一次出现的地址（即 str2 是 str1 的一个子串），若 str1 中没有子串与串 str2 相同，则返回空指针。

例如下面的程序段：

```
char   c[ ]= "BeiJingNanJing",d[ ]="Jing";
printf("%s",strstr(c,d));
```

输出结果为

```
JingNanJing
```

其中“strstr(c,d)”（也可写成 strstr(c,"Jing")）的返回值为 c[3]的地址，因为 c[3]～c[6]的内容与 d 相同。

【例 3-4】 输入一个单词，判断该词是不是“Hello”（要区分大小写）。

```
#include <stdio.h>
#include < string.h>
void main( )
{ char str[10];
   printf("请输入单词:\n");
   gets(str);
   if(!strcmp(str,"Hello"))              //返回值等于 0 表示两串相等
      printf("This word is Hello!\n ");
    else printf("This word is not Hello! \n");
}
```

【例 3-5】 输入若干个字符串，直到某字符串是一个“回文串”（正读与反读相同的字符串）为止。

例如，“上海自来水来自海上”“黄山落叶松叶落山黄”“1234321”都是回文串，而“1321”不是回文串。

算法的自然语言描述

第 1 步，将一个字符串输入到字符数组 a 中（假定数组长度足够大）。

第 2 步，测试字符串 a 是不是回文串。

第 3 步，若 a 不是回文串，输出必要的信息，转第 1 步。

第 4 步，若 a 是回文串，输出必要的信息，结束。

完成第 2 步的方法是从两头向中间比较对应字符，若发现对应字符不同，则这不是一个回文串；若所有对应字符都相等，则是一个回文串。具体步骤如下。

第 2-1 步，求串长 k。可知 a[0]与 a[k-1]对应，a[1]与 a[k-2]对应，…。

第 2-2 步，置 i=0，k=k-1（使得 a[i]与 a[k]对应），置“是回文串否”标记 flag=1。

第 2-3 步，比较 a[i]与 a[k]，若不相等（不是回文串），则置 flag=0，转第 2-5 步；否则继续下一步。

第 2-4 步，执行“i++，k--”，若 i<k，则转第 2-3 步；否则，转第 2-5 步。

第 2-5 步，检查标记 flag 的值，若 flag=0（不是回文串），执行第 3 步；否则（flag=1，是回文串），执行第 4 步。

实现第 1 步，可用无限循环结构“while(1)”，当找到回文串时，用 break 退出。

实现第 2-2 步和第 2-4 步，可用“for(flag=1,i=0,k--;i<k;i++,k--)”，第 2-3 步的实现程序段则作为循环体。

算法的实现程序

```
#include <stdio.h>
#include <string.h>
#define N 80              //假定字符串的长度限制
void main( )
{ char a[N]; int i,k,flag;
   printf("请输入字符串：");
   while(1)               //循环到发现回文串为止
```

```
  { gets(a);                    //输入一个字符串
    puts(a);                    //原样输出这个字符串
    k=strlen(a);                //求串长
    for(flag=1,i=0,k--;i<k;i++,k--)          //测试回文串
      if(a[i]!=a[k])            //发现对应字符不等，则不是回文串
        { flag=0; break;}       //非正常退出 for 循环
     //至此，for 循环终止
    if(flag)
      { printf("得到一个回文串\n 程序结束！ \n");
        break;                  //退出外层 while 循环，终止程序的执行
      }
    else                        //这个 else 可以省略
      printf("这不是一个回文串，请重新输入：\n");     //继续 while 的下一轮循环
  }
}
```

对程序的解释说明

本题的程序结构与【例 2-12】基本相同，都采用了无限循环，用 break 退出。

测试回文串的程序段也和【例 2-12】中测试素数的程序段相似，都用 for 循环加“标记法”。在循环正式开始前，置标记为 1，若在循环体的某次执行过程中，发现“情况不对”，则改置标记为 0，并立即终止循环。退出循环之后，通过检查标记值是否在循环执行期间被修改过，可知循环是“正常终止”还是“非正常终止”，从而做出正确的判断。

3.1.4 程序设计示例

视频
3.1.4 程序设计示例

【例 3-6】 将正整数 n 输出成“千分位”形式，即从个位起，每 3 位之间加一个逗号，例如，将 9876543210 输出成 9,876,543,210。

算法的设计思路

按题意，要在数字中间加逗号必须先将 n 拆成一位一位的数字，然后再考虑输出时如何加逗号。注意，拆数时只能先拆出低位数再拆出高位数；而输出时，又必须从高位向低位输出。再则，只有完成拆数后才能确定 n 的具体位数，进而确定输出第几位数后加逗号。

解决办法：将拆出的各位数放在数组 digit 中，并记录 n 的位数 i，然后从高位向低位输出，并考虑输出逗号的时机。

算法的实现程序

```
#include <stdio.h>
#define BASE 10                 //基数定义为 10，表示按十进制拆数
void main( )
{ unsigned long   n;            //定义无符号长整型变量 n
  int i, digit[10];             //假定 n 的位数不超过 10
  printf("请输入正整数，不超过   4294967295\n");
  scanf("%ld",&n);              //输入 n 的值
  printf("%ld",n);              //原样输出 n 的值
    //拆数程序段
  i=0;                          //i 用于记录 n 的位数
```

```
    while(n)                    //当n不为0时循环拆数
     { digit[i++]=n%BASE;
       n/=BASE;
     }
      //输出程序段
    printf("===>");                       //为格式美观而输出的记号
    for(i--;i>0;i--)
      if(i%3==0)printf("%d,",digit[i]);   //分位时输出一位数字和一个逗号
      else printf("%d",digit[i]);         //不分位时只输出一位数字
    printf("%d\n",digit[0]);              //输出最末位，并换行
  }
```

对程序的解释说明

拆数程序段：将 n 的个位数放在 digit[0]中，十位数放在 digit[1]中，…，右起第 i 位数放在 digit[i]中。i 的最终值加 1 就是 n 的位数。

输出程序段：从高位向低位输出时，若 i 是 3 的倍数，则输出一个逗号。但是 i 是 0 时（最末位后面）不能输出逗号。所以语句"for(; i>0;i--)"只让 i 变到 1（而不是变到 0），for 循环结束后再输出最末位。

实际上，本程序的主要功能是完成"制数转换"。

如果把基数 BASE 定义为 2（或 8，或 16），就能将十进制数转换成二进制（或八进制，或十六进制）数的形式。

甚至，若将 BASE 定义为 1000，就转换成"千进制"形式。这样，一次能拆出 n 的 3 位数，作为千进制的一位，放在 digit 数组的一个元素中。

不过，将 BASE 定义为 2、8、16 或 1000 等不同值时，输出程序段要作相应的修改。比如，将 BASE 改成 16 时，值为 10～15 的数位要表示成 A～F。

如果将 BASE 定义为 1000，则输出程序段改为

```
  printf("===>");
  printf("%d",digit[i]);                      //输出首位采用"%d"格式
  for(i--; i>=0;i--)printf(",%03d",digit[i]); //输出其他位用",%03d"格式
  printf("\n");                               //最后换行
}
```

【例 3-7】 编制计算两个矩阵乘积的通用程序。

算法的设计思路

根据数学知识，只有第一个矩阵的"第二维的大小"等于第二个矩阵的"第一维的大小"，两个矩阵才能配对相乘，例如：

$$C_{MP} = A_{MN} \times B_{NP}$$

根据矩阵乘法规则，用下面公式计算积矩阵元素 c_{ij}（$0 \leqslant i < M$，$0 \leqslant j < P$）的值：

$$c_{ij} = a_{i1}b_{1j} + a_{i2}b_{2j} + a_{i3}b_{3j} + \cdots + a_{in}b_{nj}$$

计算一个元素 c_{ij} 需要用循环语句

```
for(c[i][j]=0,k=0;k<N;k++)c[i][j]+=a[i][k]*b[k][j];
```

计算 M 行 P 列的所有元素，需要再套两层外循环，形成三重循环。

完成矩阵相乘的程序段为

```
for(i=0;i<M;++i)
  for(j=0;j<P;++j)
    for(c[i][j]=0,k=0;k<N;k++)c[i][j]+=a[i][k]*b[k][j];
```

余下的是矩阵输入/输出程序段。

算法的实现程序

```
#include <stdio.h>
#define   M   5
#define   N   4
#define   P   3
void main( )
 { int a[M][N],b[N][P],c[M][P], i, j, k ;
  //两个矩阵输入程序段
   printf("请输入第一个矩阵 a 的%d 个元素\n",M*N);
   for(i=0;i<M;++i)
     for(j=0;j<N;++j)scanf("%d",&a[i][j]);
   printf("请输入第二个矩阵 b 的%d 个元素\n",N*P);
   for(i=0;i<N;++i)
     for(j=0;j<P;++j)scanf("%d",&b[i][j]);
  //矩阵相乘程序段
   for(i=0;i<M;++i)
     for(j=0;j<P;++j)
       for(c[i][j]=0,k=0;k<N;k++)c[i][j]+=a[i][k]*b[k][j]; //累加
  //积矩阵输出程序段
   printf("积矩阵 c:\n");
   for(i=0;i<M;++i)
    { for(j=0;j<P;++j)printf("%6d",c[i][j]);
      printf("\n");
    }
 }
```

【例 3-8】 将数组 a[N]的元素排列成由小到大形式。

算法的设计思路

这是经典的排序问题。

排序的方法很多，这里向大家介绍一种生动有趣的“冒泡法”。

冒泡排序的基本原理是：反复比较相邻元素 a[i]和 a[i+1]，如果 a[i]>a[i+1]，则交换之。这样可使小元素上升、大元素下降，就像水中“泛起气泡”一样，冒泡排序因此得名。

完成冒泡排序需要经过多遍扫描。按扫描方向，可分为从上（小下标）到下（大下标）的“下降法”，和从下到上的“上升法”。下面介绍上升法。

第一遍扫描，扫描终点 j 定为 0（j=0），如图 3-4 所示（图中，N=5）。

扫描语句：

```
for(i=N-2;i>=j;i--)if(a[i]>a[i+1])则交换 a[i]与 a[i+1]的值;
```

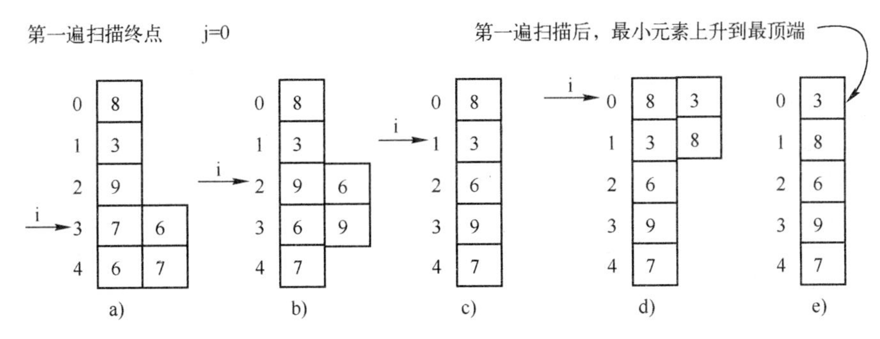

图 3-4　上升法第一遍扫描示例

a) 比较 7 和 6，交换　b) 比较 9 和 6，交换　c) 比较 3 和 6，不交换　d) 比较 8 和 3，交换　e) 第一遍扫描结果

第一遍扫描需要进行 4 次比较：

第 1 次比较 a[3]与 a[4]，因 7>6（大元素在上，小元素在下）交换 a[3]与 a[4]，如图 3-4a 所示。

第 2 次比较 a[2]与 a[3]，因 9>6，交换 a[2]与 a[3]，如图 3-4b 所示。

第 3 次比较 a[1]与 a[2]，因 3<6，不发生交换，如图 3-4c 所示。

第 4 次比较 a[0]与 a[1]，因 8>3，交换 a[0]与 a[1]，如图 3-4d 所示。

第一遍扫描完成后，最小元素 3 上升到最顶端，以后 a[0]不必参与比较。

第二遍扫描，扫描终点 j 定为 1（j=1）。

扫描语句仍然是

```
for(i=N-2;i>=j;i--)if(a[i]>a[i+1])就交换 a[i]与 a[i+1];
```

第二遍扫描需要进行 3 次比较，分别是：

a[3]与 a[4]（9>7），交换。

a[2]与 a[3]（7≮6），不交换。

a[1]与 a[2]（8>6），交换。

第二遍扫描完成后，元素排列次序：3，6，8，7，9。两个最小元素（3 和 6）已经排定，下一遍扫描终点 j 定于 2 就可以了。

于是，共需 N-1 次扫描，扫描终点 j 从 0 变到 N-2。

排序程序的主体部分（双重循环）如下：

```
for(j=0; j<N-1; j++)            //外循环 N-1 遍，控制扫描终点
 for(i=N-2;i>=j;i--)            //内循环，控制比较对象
  if(a[i]>a[i+1])x=a[i],a[i]=a[i+1],a[i+1]=x;            //若次序不对，就交换
```

算法的实现程序

```
#include <stdio.h>
#define N 8
void main( )
{ int a[N],i,j,x;
  printf("请输入数组 a 的%d 个元素:\n",N);
  for(i=0;i<N;++i)scanf("%d",&a[i]);
```

```
    printf("\n 排序前的数据排列:\n");
    for(i=0;i<N;++i)printf("%6d",a[i]);
    printf("\n");
      //以下是排序程序段
    for(j=0; j<N-1; j++)
      for(i=N-2;i>=j;i--)
        if(a[i]>a[i+1])x=a[i],a[i]=a[i+1],a[i+1]=x;
    //输出排序结果的程序段
    printf("\n 排好序后:\n");
    for(i=0;i<N;++i)printf("%6d",a[i]);
    printf("\n 程序结束。\n");
}
```

【例 3-9】 随意输入 N 个正整数，按从小到大次序输出它们。

算法的设计思路

一种可行的（也是很自然的）想法是，先将这 N 个数读在数组 a[N]中，然后用上述排序方法将其排序后再输出即可。

下面介绍一种“动态排序”方法：一边读数据一边进行排序，在这一过程中，数组中存放的数据始终保持由小到大的次序。

这种方法的依据是“有序插入”原理。具体如下：

将数组定义为 int a[N+1]，开始时，将一个“最小元素”存放在 a[0]中，读入的数据将从 a[1]起存放。为了便于编程，假定读入的数据均为正数，取 0 作为最小元素值，同时 0 也作为输入结束标记。

每读入一个数 x 后，就用有序插入法，将 x 插在有序位置上。

例如，当前已读入 4 个元素，连同预置的 0，共 5 个元素，已经排列成有序形式：

0，1，5，9，12

如果现在读入 x=4。

x 与 12 比，因 x<12，故 12 向右移一位（移到空位子上），x 再与 9 比，x<9，9 再向右移（移到原来 12 所占位置），x 又与 5 比，x<5，5 右移至 9 原来的位置。x 与 1 比，x 不小于 1，于是，x 放在（最后被移走的）5 原来的位置上，排成：

0，1，4，5，9，12

设当前已经读入 n 个元素，那么，读入第 n+1 个元素 x 时，有序插入程序段为

```
for(i=n;x<a[i];i--)a[i+1]=a[i];      //自右向左查找有序位置
a[i+1]=x;                            //插入 x
n++;
```

在这个程序段的外层再套上一个循环，控制不停地读数，并执行这个插入程序段，直到读入输入结束标记“0”，数据读完了，排序也完成了。这样，不管输入的数据次序多乱，最后得到的数组总是有序的。

算法的实现程序

```
#include <stdio.h>
```

```
#define N 100
void main( )
{ int i,x,a[N],n=0;
   a[0]=0;                          //注 1，预置 a[0]等于 0，为的是便于控制有序插入
   printf("请随意输入一批正数，0 表示输入结束:\n");
   while(1)                         //外循环控制读数据
   { scanf("%d",&x);
     if(!x)break;                   //读到结束标记 0，则终止读数据
     for(i=n;x<a[i];i--)a[i+1]=a[i];  //注 2，自右向左查找有序位置
     a[i+1]=x;                      //插入 x
     n++;                           //数组有效长度增 1
   }
   printf("共输入 %d 个数,从小到的次序是：\n",n);
   for(i=1;i<=n;i++)printf("%5d",a[i]);
   printf("\n 程序结束\n");
}
```

对程序的解释说明

注 1 语句预置 a[0]为 0，其作用是便于控制注 2 语句的 for 循环。因为按题意，读入的 x 都是正整数（x 不会小于 0），for 语句的循环体每执行一次，i 的值就减 1，但 i 绝对不会减到小于 0，从而使 for 循环能够正常终止。终止循环后，再执行语句“a[i+1]=x;”完成有序插入。也就是说，a[0]能够“拦住”所有要插入的正数，不会造成因 i 变到小于 0 而产生的下标越界错误。相反，如果输入数据中有负数，那么 a[0]就拦不住这个负数了，于是在执行注 2 语句时，就会发生“地址越界”错误，造成程序非正常终止。

如果不能限制输入的数据均为正数，则可以在 a[0]中预置一个绝对值最大的负数，比如 −32767。

拓展
示例 T3-1

拓展
示例 T3-2

拓展
示例 T3-3

习题 3.1

[填空题]

3.1-1　定义“int　a[4]={4*12};”使数组 a 的各个元素初值为（1）________。如果打算让数组 a[4]的每个元素都获得初值 12，那么应当定义为（2）________。

3.1-2　______代表数组元素存储区的首地址。

3.1-3　数组 a[10]的最后一个元素是______。

3.1-4　在定义数组的同时给数组元素赋值，叫作对数组的（1）________。如果对一维数组的全部元素赋初值，可以不指定数组的（2）________。

3.1-5　为整型数组元素赋初值时，给定的初值个数如果少于定义的数组元素个数，则

（1）________，如果多于定义的数组元素个数，则（2）_______。

3.1-6　________是字符串的存储结束标志。

[选择题]

3.1-7　下列数组定义正确的是（　　）。

A．int　n=10;　int a[n];　　B．int a(10);

C．int[ ][3]={{0},{1,2},{3,4,5}};　　D．char[5]= "I am a student.";

3.1-8 下列判断字符串 s1 和 s2 是否相等，正确的是（　　）。

A．if(s1==s2)　　B．if(s1=s2)

C．if(strcmp(s1,s2) ==0)　　D．if(strcmp(s1,s2)=0)

3.1-9 设有定义：char str[ ]="I am a student.";不正确的语句是（　　）。

A．printf("%0.7s\n",str);　　B．printf("%-7.3s\n",str[5]);

C．printf("%012.8s\n",str+5);　　D．printf("%s\n",&str[5]);

[程序阅读题]

3.1-10　下面程序段是否正确？如果错误，请说明理由。

```
int   n;
scanf("%d",&n);
int   a[n];
```

3.1-11　设有定义：

```
#define MAXN 100
#define ALINE   80
int i,j,a[30],b[MAXN];
char c[ALINE];
```

下列各语句是否正确？对于错误者，请说明理由。

（1）a(5)=28；

（2）a[1]=25；

（3）b[15]=(a[0]+a[29])/2；

（4）scanf("%d",a);

（5）for(i=0; i<MAXN; i++)printf("%4d",b[i]);

（6）c[80]='a';

（7）for(j=0; j<ALINE; c[j++]=getchar( ));

（8）a=0;

（9）if(c[i+1] =='&') goto S;

（10）printf("%d",b);

（11）a[a[i]]=9;

3.1-12　设有定义：int a[N],x,i,j;

下列各程序段能不能将 a 的元素反向排列（即排列次序与原来相反）。对于“不能”者，请指出错误。

（1）for(i=0;i<N;++i)x=a[i],a[N-i]=x;

（2）for(i=0;i<N;++i)x=a[i],a[N−i]=a[i],a[i]=x;

（3）for(i=0;i<N;++i)x=a[i],a[N−1−i]=x;

（4）for(i=0;i<N;++i)x=a[i],a[N−1−i]=a[i],a[i]=x;

（5）for(i=0;i<N/2;++i)x=a[i],a[N−1−i]=a[i],a[i]=x;

（6）for(i=0,j=N−1;i<j;++i,j−−)a[i]=a[j],a[j]=a[i];

（7）for(i=0,j=N;i<j;−−j,i++)x=a[i],a[i]=a[j],a[j]=x;

（8）for(i=0,j=N;i<−−j;++i)x=a[i],a[i]=a[j],a[j]=x;

（9）for(i=0,j=N−1;i<j;++i,j−−)x=a[i],a[i]=a[j],a[j]=x;

3.1−13　设有定义：int　a[N][N],x,i,j;

下列各程序段能不能将 a 的元素转置（即行变列，列变行）。对于“不能”者，请指出错误。

（1）for(i=0;i<N;++i)
　　for(j=0;j<N;j++) a[i][j]=a[j][i];

（2）for(i=0;i<N;++i)
　　for(j=0;j<N;j++)x=a[i][j],a[i][j]=a[j][i],a[j][i]=x;

（3）for(i=0;i<N;++i)
　　for(j=0;j<N/2;j++)x=a[i][j],a[i][j]=a[j][i],a[j][i]=x;

（4）for(i=0;i<N/2;++i)
　　for(j=0;j<N/2;j++)x=a[i][j],a[i][j]=a[j][i],a[j][i]=x;

（5）for(i=0;i<N/2;++i)
　　for(j=i;j<N;j++)x=a[i][j],a[i][j]=a[j][i],a[j][i]=x;

（6）for(i=0;i<N;++i)
　　for(j=i+1;j<N;j++)x=a[i][j],a[i][j]=a[j][i],a[j][i]=x;

（7）for(i=0;i<N−1;++i)
　　for(j=i+1;j<N;j++)x=a[i][j],a[i][j]=a[j][i],a[j][i]=x;

（8）for(i=0;i<N;++i)
　　for(j=0;j<i;j++)x=a[i][j],a[i][j]=a[j][i],a[j][i]=x;

3.1−14　写出程序段输出结果。

```
char str[ ]="1,2,3,4";
printf("%s",str+2);
```

3.1−15　写出程序段输出结果（注：'5'的 ASCII 码值为 53）。

```
char s[20]="\65+\x38\086\127";
printf("s=%s\n",s);
```

3.1−16　写出程序段输出结果。

```
int a[3][4],i,j;
for( i=0;i<3;i++)
  for(j=0;j<4;j++)
```

```
    a[i][j]=(i+1)*10+j+1;
  i=2,j=3;
  printf("a[%d][%d]=%d\n",i,j,a[i][j]);
```

3.1−17　写出程序段输出结果。

```
int   n;
char str[12]="1234567";
n=strlen(str);
printf("%s\n",str+n/2);
```

3.1−18　写出程序输出结果。如果将注 1 语句改为“int　a[N]={7,6,5,4,3,2,1};”，写出输出结果。

```
#include   <stdio.h>
#define   N   7
void   main( )
{   int   a[N]={1,2,3,4,5,6,7};              //注 1
   int   i,j,x,k=0;
   for(i=0;i<N/2;i++)
    for(j=N-1;j>=i;--j)
     if(a[j]%2) {x=a[i];a[i]=a[j];a[j]=x;k++;}
   for(i=0;i<N;++i) printf("%5d",a[i]);
   printf("     k=%d\n",k);
}
```

3.1−19　写出程序输出结果。

```
#include   <iostream.h>
#define   N   3
void   main( )
{ char ch='A',a[N]; int i,j,k;
    for(i=0;i<N;i++)a[i]=ch++;
    for(k=0;k<N;k++)
    { ch=a[0];a[0]=a[k];a[k]=ch;
      for(j=N-2;j>=0;j--)
      { ch=a[N-1];a[N-1]=a[j];a[j]=ch;
        for(i=0;i<N;i++) cout<<a[i];
        cout<<endl;
      }
    }
}
```

3.1−20　写出程序输出结果。

```
#include <stdio.h>
#define N 4
void main( )
```

```
{ int a[N][N],x,i,j,i0=0,j0=0,i1=0,j1=0;
  x=26;
  for(i=0;i<N;i++)
   { for (j=0;j<N;++j)
       { printf("%6d",x);
         a[i][j]=x;
         x=(17*x+119)%126;
       }
    printf("\n");
  }
  printf("\n");
  for(i=0;i<N;i++)
   for(j=0;j<N;j++)
   {   if(a[i][j]<a[i0][j0]){i0=i;j0=j;}
       if(a[i][j]>a[i1][j1]){i1=i;j1=j;}
   }
  x=a[0][0];   a[0][0]=a[i1][j1]; a[i1][j1]=x;
  x=a[N-1][N-1];   a[N-1][N-1]=a[i0][j0];   a[i0][j0]=x;
  for(i=0;i<N;i++)
   { for(j=0;j<N;++j) printf("%6d",a[i][j]);
     printf("\n");
   }
}
```

3.1-21　写出程序输出结果（写成矩阵格式）。

```
#include   <stdio.h>
#define   N   3
void   main( )
{ int i,j,a[N][N]={1,2,3,3,2,1,2,1,3};
  for(i=0;i<N;i++)
   for(j=0;j<N;j++)
     a[i][j]=a[(a[i][j]+1)%3][(a[j][i]+2)%3];
  for(i=0;i<N;i++)
   {for(j=0;j<N;j++) printf("%5d",a[i][j]);
     printf("\n");
   }
}
```

3.1-22　写出程序输出结果。

```
#include   <stdio.h>
void   main( )
{   union   au
    { int x;
      char a[2];
    }m;
    m.x=0x5434;
```

```
    printf("%d   %c\n",m.a[0],m.a[0]);
    printf("%d   %c\n",m.a[1],m.a[1]);
}
```

3.1-23　写出程序的输出结果，并指出程序的功能。

运行时，输入下列3行数据：

```
2  3  4  5  6  8  7  4  2
6  4  7  9  5  8  4  2  1
1  2  3  4  5  6  7  8  9
#include   <stdio.h>
#define   N   9
void   main( )
{   int i,k,c,a[N];
  for(k=0;k<3;k++)
  { printf("请输入%d 个整数   ",N);
    for(i=0;i<N;i++)scanf("%d",&a[i]);
    i=c=0;
    while(i<N-2)
     { if(a[i]>a[i+1])
        { while(a[i]>a[i+1]&&i<N-1)i++;
          if(i<N-1) { c++;   printf("-a[%d]=%d,",i,a[i]); }
        }
     else
      if(a[i]<a[i+1])
      { while(a[i]<a[i+1]&&i<N-1)i++;
          if(i<N-1) { c++; printf("+a[%d]=%d,",i,a[i]); }
        }
     }
     printf("     c=%d\n",c);
  }
}
```

3.1-24　写出程序的输出结果，并指出程序的功能。

运行时，输入下列3行数据：

```
1  3  5  7  8  6  2
4  5  6  7  8  9  12
9  7  4  6  3  5  8
#include   <stdio.h>
#define   N   7
void   main( )
{ int i,j,k,t,a[N];
  for (k=0;k<3;k++)
  { printf("请输入%d 个整数   ",N);
     for(i=0;i<N;i++) scanf("%d",&a[i]);
     i=0;     t=1;
```

```
    while(i<N-1&&t) if(a[i]<a[i+1])i++;else t=0;
    if(i==0||i==N-1)t=0;
    else
      { t=1;
        j=i;
        while(i<N-1&&t) if(a[i]>a[i+1])i++;else t=0;
        if(i==N-1)t=1;else t=0;
      }
    if(t) printf("YES!   at a[%d]=%d\n",j,a[j]);
    else   printf("NO!\n");
  }
}
```

3.1-25　写出程序输出结果，并指出程序的功能。

运行时，输入：-1234

```
#include  <stdio.h>
#define  BASE  16
#define  N  15
void  main( )
{  char s[N];
   int j=0,k;  long  n;
   scanf("%ld",&n);
   printf("%d===>",n);
   if(n<0) {printf("-"); n=-n;}
   if(n<10)printf("%d",n);
   else
   while(n)
   {  k=n%BASE;
      n/=BASE;
      if(k<10)s[j++]='0'+k;
        else  s[j++]='A'+k-10;
   }
   for(--j;j>=0;--j)putchar(s[j]);
   printf("\n");
   }
```

3.1-26　下面的程序用于计算矩阵 a 正对角线（左上至右下）元素之和，以及矩阵 b 逆对角线（右上至左下）元素之和。试改正程序中的错误（语法错误和逻辑错误）。

```
#include  <stdio.h>
void  main( )
{ int a[3][ ]={1,2,3,4,5,6,7,8,9};
  int b[3][3];
  int sum1=sum2=0,i,j;
  for( i=0;i<3;i++)
    for( j=0;j<3;j++)
```

```
    scanf("%d",b[i][j]);
  for(j=0;j<3;j++)
   { sum1+=a[j][j];
     sum2+=b[j][3-j];
   }
  printf("a:%d4,b:%d4\n",sum1,sum2);
}
```

3.1-27 下面的程序用于求矩阵 a[m][n]每行元素的最大值，以及这些最大值中的最小者所在的行列号。试找出程序中的错误（假定矩阵元素值均大于 0，而小于 32767）。

```
#include <stdio.h>
#define m 3
#define n 4
void main( )
{ int a[m][n],i,j,max,maxj,min_max,min_maxi,min_maxj;
  printf("请输入 m 行 n 列矩阵元素值:\n",m,n);
  for(i=0;i<m;i++)
   for(j=0;j<n;j++)
      scanf("%d",&a[i][j]);
  for(i=0;i<m;i++)
   {  for(j=0;j<n;j++)printf("%5d",a[i][j]);
      printf("\n");
   }
  min_max=0;
  maxj=0;
  for(i=0;i<m;i++)
   {  max=a[i][0];
      for(j=1;j<n;j++)
        if(a[i][j]>max)max=a[i][j];
      printf("a[%d,%d]=%d\n",i,maxj,max);
     if(max<min_max)min_max=max,min_maxi=i,min_maxj=maxj;
   }
   printf("\na[%d,%d]=%d\n",min_maxi,min_maxj,min_max);
}
```

3.1-28 写出程序输出结果，并指出程序功能。

（1）运行时，输入数据为：5 2 3 4 8 9 7 6 1 12 3 9

（2）运行时，将上述输入数据中的 5 与 4 换位（其余不变）。

```
#include <stdio.h>
#define m 3
#define n 4
void main( )
{ int a[m][n],maxj,tag,i,j;
printf("请输入矩阵的%d 行%d 列元素值:\n",m,n);
for(i=0;i<m;i++)
```

```
    for(j=0;j<n;j++) scanf("%d",&a[i][j]);
  for(i=0;i<m;i++)
  { maxj=0;
    for(j=1;j<n;j++)if(a[i][j]>=a[i][maxj])maxj=j;
    tag=1;
    for(j=0;j<m;j++)
      if(a[j][maxj]<a[i][maxj]){ tag=0; break;}
    if(tag)
      { printf("YES: a[%d,%d]=%d\n",i,maxj,a[i][maxj]);
          break;
      }
  }
  if(!tag)printf("NO!\n");
}
```

3.1-29 写出程序输出结果。

```
#include  <stdio.h>
#define  M  10
void  main( )
{ char s[ ]="class2,student35";
   int  k;
   for(k=0;s[k]!='\0';k++)
    {
      #if  M
       if(s[k]>='0' && s[k]<='9')printf("%c",s[k]);
      #else
       if(s[k]>='a' && s[k]<='z') printf("%c",s[k]);
      #endif
  }
  printf("\n");
}
```

[程序填空题]

3.1-30 重新排列数组 a[N]的元素，使相等元素放在一起，并且保持它们在数组中第一次出现的相对次序。例如：

原形式：4，3，4，2，4，5，2，4，3，1，5，4

重排后：4，4，4，4，4，3，3，2，2，5，5，1

所用方法是：先删去重复元素，并统计各不同元素出现的次数，再按照各元素重复次数写回到数组 a 中。

```
#include  <stdio.h>
#define  N  10
void  main( )
{ int  a[N],b[N],c[N], i,j,t,k（1） ________;
   printf("请输入%d 个整数  ",N);
```

```
    for (j=0;j<N;++j)
    { b[j]=c[j]=1;
      scanf("%d",&a[j]);
      printf("%5d",a[j]);
    }
    printf("\n");
    for(i=0;i<N;i++)
     if( （2）_______)
     { （3）_______=a[i];
        for(j=i+1;j<N;j++) if(a[j] = =a[k]) b[j]=0（4）__________;
     }
    t=N-1;
    for(i=k;i>=0;i--)
      for(j=1;（5）______ ;j++)（6）______=a[i];
    for (j=0;j<N;j++) printf("%5d",a[j]);
    printf("\n");
}
```

3.1-31　输入正整数 m，按从小到大的次序输出 m 的所有因子。

例如，输入 625，输出结果为：

```
1    5    25    125    625
```

所用方法大致为：一次相除，得一大一小两个因子，分别放在数组 a 的两端。

```
#include  <stdio.h>
#define  N  120
void  main( )
{ int i=2,j=0,k=N-1,m,t,a[N];
  printf("请输入正整数  m=");
  scanf("%d",&m);
  （1）____=a[N-1]=m, a[0]=1;
  while(i<t)
  { if(（2）_______ )
     { （3）__________;
        a[++j]=i;
        if(i<t)（4）__________;
     }
    （5）__________;
  }
  for(i=0;i<=j;i++)printf("%8d",a[i]);
  for(（6）____;i<N;i++)printf("%8d",a[i]);
  printf("\n");
}
```

3.1-32　判断数组 a[n]中是否存在某元素 a[j]（0<j<n-1），排在 a[j]之前的元素呈升序排列，而排在 a[j]以后的元素呈降序排列。若存在，则输出“YSE”和 j 的值，若不存在，则输出“NO”。

```
#include   <stdio.h>
#define   n   7
void   main( )
{ int a[n],t,i,j;
 printf("请输入数组 a 的%d 个元素值:\n",n);
 for(i=0;i<n;i++)
      scanf("%d",&a[i]);
 for(i=0,t=1; （1） ________ &&t;)
  if(a[i]<a[i+1]) i++;
      else   （2） ___________;
 if( （3） ______ ) t=0;
 else
  { （4） __________;
      for(t=1;i<n-1&&t;)
       if(a[i]>a[i+1]) i++;
        else   t=0;
    if( （5） ________)t=0; else   t=1;
  }
 if(t)   printf("YES:%d\n",j);
  else     printf("NO!\n");
}
```

3.1-33　反复读入若干个十进制正整数，逐一将其转换成九进制和十五进制数，并输出结果。当读入的数值等于 0 时，程序结束。

注：编号相同的空内应填写相同的内容。

```
#include <stdio.h>
#define   B1   9
（1） ______________
void   main( )
{      long   m, n;
       int i, a[12];
       while(1)
       { printf("请输入正整数  n=");
         scanf("%ld",&n);
         if(n<0)
          {   printf("输入错误，请重新输入!\n");
               （2） _____________;
          }
         if(!n)
         { printf("输入的 n 等于 0，程序结束!\n");
               （3） ___________;
         }
         （4） ____________;
       for(i=0;m!=0;i++)
       {      a[i]=m%B1;
              m/=B1;
```

```
        }
        printf("%ld 转换成  %d 进制，转换结果===>",n,B1);
        for(  （5）______________)printf("%d",a[i]);
        printf("\n");
        printf("%ld 转换成  %d 进制，转换结果===>",n,B2);
        for(i=0;n!=0;i++)
        {     a[i]=n%B2;
              n/=B2;
        }
        for(  （5）______________)
          if(a[i]<10)      printf("%d",a[i]);
              else    （6）______________;
        printf("\n");
        }
}
```

3.1-34　用 3 种方法（不使用数组、使用一维数组、使用二维数组）显示杨辉三角形的前 N 行（呈宝塔形状）。

方法 1：不用数组。

```
#include   <stdio.h>
const   int   N=10;    //N 可以改为其他值
void main( )
{ int i,j,c,m;
   for(m=0;m<=N;m++)
     {（1）_______;
        for(i=1;i<40-3*m;++i)printf(" ");
         （2）_____________;
        for(j=1;（3）________;j++)
        {  （4）_____(m-j+1)/j;
            printf("%6d",c);
        }
       （5）___________;
       }
}
```

方法 2：使用两个一维数组，其中一个用于记录上一行数据，另一个用于产生本行数据。

```
#include   <stdio.h>
#define   N   10
void main( )
{    int a[N],b[N],i,j;
   a[0]（1）______;
   for(i=1;i<27;i++) printf(" ");
   printf("%d\n",a[0]);
   for (i=2;i<=N;i++)
```

```
{   if( (2) ________)      //even
      { b[0]=1;
         for(j=1;j<i-1;j++) (3) __________;
         b[i-1]=1;
         for(j=1;j<25-2*i;j++)printf(" ");
         for(j=0;j<i;j++)printf("%5d",b[j]);
         (5) _______________;
      }
      else              //odd
      {   a[0]=1;
         for(j=1;j<i-1;j++) (4) __________ ;
         a[i-1]=1;
         for(j=1;j<25-2*i;j++)printf(" ");
         for(j=0;j<i;j++)printf("%5d",a[j]);
         (5) _______________;
      }
   }
}
```

方法3：采用二维数组。

```
#include   <stdio.h>
#define N   10
void main( )
{   int a[2][N],i,j,k=0, (1) ______;
    (2) __________;
   for (i=1;i<27;i++)printf(" ");
   printf("%d\n",a[k][0]);
   for (i=2;i<=N;i++)
   {   a[p][0]=1;
       for (j=1;j<i-1;j++) a[p][j]= (3) ___________;
       (4) _________=1;
       for (j=1;j<25-2*i;j++)printf(" ");
       for (j=0;j<i;j++)printf("%5d",a[p][j]);
       printf("\n");
       k=!k; (5) _________;
   }
}
```

3.1-35　输入字符串 str1 和 str2，假定其中的字母均为小写，分别判定（输出）每个串中是否有重复的字母。然后输出在两个字符串中都出现过的字母。

注：编号相同的空内应填写相同的内容。

```
#include   <stdio.h>
#define   N   26
#define   LEN   100
void main( )
```

```
{ char str1[LEN],str2[LEN];
  int   c1[N],c2[N],c3[N];
  int i,flag;
      for (i=0;i<26;i++)（1）__________;
      printf("请输入串 str1   \n");
      scanf("%s",str1);
      printf("请输入串 str2   \n");
      scanf("%s",str2);
      i=0;
      while(str1[i]!='\0')
      { if(str1[i]>='a'&&str1[i]<='z')
            c1[str1[i]-'a']++;
       （2）__________;
      }
       （3）__________;
      for (i=0;i<26;i++)
             if(c1[i]>1){flag=1; break;}
      if (flag)
             printf("串 str1 中出现过重复字母!\n");
      else printf("串 str1 中没出现过重复字母!\n");
      i=0;
      while(str2[i]!='\0')
      {   if(str2[i]>='a'&&str2[i]<='z')
            c2[str2[i]-'a']++;
       （2）__________;
      }
       （3）__________;
      for (i=0;i<26;i++)
             if (c2[i]>1) {flag=1; break;}
      if (flag)
             printf("串 str2 中出现过重复字母!\n");
      else printf("串 str2 中没出现过重复字母!\n");
      for (i=0;i<26;i++)
          if (c1[i]>0 && c2[i]>0)（4）__________;
      printf("在两个串中都出现的字符有:\n");
      for (i=0;i<26;i++)
          if (c3[i]) printf("   %c",（5）__________);
      printf("\n");
}
```

3.1-36　找出 3 个三位数的完全平方数，且 1～9 这 9 个数字在这 3 个三位数中全都出现。

解法思路：只要从 11^2=121 到 32^2=961 所有的三位数的完全平方数中，找出 3 个，使 1～9 这 9 个数字全都出现。

输出结果：

```
found:    361=19*19,529=23*23,784=28*28
```

下面两个程序略有不同。

程序 1：

```
#include   <stdio.h>
void   main( )
{ int a[10],t1,t2,t3,i,j,k,x,s;
   for( i=11;i<30;i++)
     { t1=i*i;
      for(j=i+1;j<31;j++)
        { t2=j*j;
         for( k=j+1;k<32;k++)
         { （1） __________;
            for (x=1;x<10;x++) （2） __________;
            a[t1%10]=a[t1/10%10]=a[t1/100]=1;
            a[t2%10]=a[t2/10%10]=a[t2/100]=1;
             （3） ____________________;
            for( （4） __________;x<10;x++) if(a[x] = =0)s++;
            if( （5） ________)
            printf("found: %d=%d*%d,%d=%d*%d,%d=%d*%d\n",t1,i,i,t2,j,j,t3,k,k);
           }
        }
     }
}
```

程序 2：

```
#include   <stdio.h>
void   main( )
{ int i,j,k,m,n, sign, a[9];
   for(i=11;i<30;i++)
     { （1） ______________________________;
      for(j=i+1;j<31;j++)
      { a[3]=j*j%10, a[4]=j*j/10%10, a[5]=j*j/100;
        for (k=j+1;k<32;k++)
        { a[6]=k*k%10, a[7]=k*k/10%10, a[8]=k*k/100;
           （2） _________;
         for(m=0;m<9;m++)
           for( （3） ____________)
           if( （4） _____) if(a[m] = =a[n]  （5） __________)   sign=0;
           if(sign)
         printf("found:   %d=%d*%d,%d=%d*%d,%d=%d*%d\n",i*i,i,i,j*j,j,j,k*k,k,k);
         }
     }
   }
}
```

[程序设计题]

3.1-37　定义多维数组描述信息如下。

（1）每名学生参加 8 门功课考试的成绩单（一维数组）。

（2）每个班有 50 名学生参加上述考试的成绩表（二维数组）。

（3）每个年级共 9 个班参加上述考试的成绩册（三维数组）。

（4）每个学校共 6 个年级参加上述考试的成绩册（四维数组）。

（5）区教育局所辖 20 个学校参加上述考试的总成绩册（五维数组）。

3.1-38　求数组 int a[N]中奇数的个数和平均值，以及偶数个数和平均值。

3.1-39　求数组 a[N]中的最大元素和最小元素，并将最大元和最小元交换位置，最后输出数组。

输出时，每 5 个元素占一行（若最后一组元素不足 5 个，也占一行）。

3.1-40　将十进制正整数 n 分别转换成二进制、八进制、十六进制和任意 k（$1<k<10$）进制。

3.1-41　输入数组 a[N]中的前 m 个元素（$m<N$），再输入一个数 x，将 x 插在数组 a 中与这 m 个元素连在一起。

分别按照下述规定进行插入：

（1）将 x 插在末端。

（2）将 x 插在前端。

（3）在当前 m 个元素中找一个最大的元素 y，将 x 插在 y 的左侧（后边的元素相对右移）。

3.1-42　用数组 int a[N]存储全班 N 名学生的考试成绩，元素 a[i]存储学号为 i+c（c 是一个常数，比如，c=12001）的成绩。试找出考试成绩为第一名、第二名和第三名的学生的学号及其成绩（假定前三名成绩各不相同）。

3.1-43　通过数组 int a[N]构造数组 int b[N]，使 b[N−1]=0，b[i]=a[i+1]−a[i]（对于所有可能的 i）。

3.1-44　重排数组 int a[N]的元素，将其中的奇数排在数组 a 的前半段，偶数排在后半段。

按照下述不同要求分别设计程序。

（1）可以使用数组 b[N]作为过渡数组。

（2）不使用过渡数组，直接在数组 a 中进行元素交换，而且只对数组 a 进行一遍扫描。

3.1-45　设 A、B、C、D、E、F、G 7 人轮流值班，一周内每人各值班一天。

按从周一到周日作为一个值班周期计算，已知排班结果：D 比 E 晚两天值班，G 比 B 晚三天值班，F 排在 B 和 C 之间且在周四，C 比 A 早一天值班。

试编程计算每人各在星期几值班。

3.1-46　判断一个 n 阶方阵是否是下三角形矩阵。

3.1-47　求数组 int a[M][N]每行元素的平均值和平均值最大的行号。

3.1-48　用数组 a[3][N]的前两行元素（且元素值都大于 2）构造第三行元素，使：

　　a[2][j]等于 a[0][j]和 a[1][j]的最大公约数（若 j 是偶数）；

　　a[2][j]等于 a[0][j]和 a[1][j]的最小公倍数（若 j 是奇数）。

3.1-49　求矩阵 $A_{m\times n}$ 与 $B_{m\times n}$ 的和矩阵 $C_{m\times n}$，以及差矩阵 $D_{m\times n}$。

3.1-50　不使用系统库函数 strcat，将两个字符串连接在一起。

3.1-51　输入一串字符（假定不超过 99 个，以'\n'结束），输出其中的字母。

要求：(1) 按原输入次序的逆序输出。(2) 将其中的小写字母转换成对应的大写字母。

3.1-52　输入一串字符（以'\n'结束），统计其中每个英文字母（分大小写）和每个数字各出现多少次。

3.1-53　输入两串字符（假定不输入大写字母），每串以'\n'结束，输出在任一串中至少出现一次的字母（每个字母只能输出一次）。

3.1-54　输入两串字符（假定不输入大写字母），每串以'\n'结束，输出在两个串的任一串中重复出现过的字母（每个字母只能输出一次）。

3.1-55　输入两串字符（假定不输入大写字母），每串以'\n'结束，输出在两个串中都出现过的字母（每个字母只能输出一次）。

△3.1-56　输入两串字符（假定不输入大写字母），每串以"\n"结束，输出在第一串中出现，而在第二串中不出现；以及在第二串中出现，而在第一串中不出现的字母（每个字母只能输出一次）。

3.1-57　输入一串字符，直到出现 12 个不同的字母（字母不分大小写）为止（输入时，要让某些字母无规律地重复输入）。按这 12 个字母出现的先后次序输出它们。

分别按下述要求编程实现：

(1) 重复输入的字母要重复输出。

(2) 重复输入的字母不重复输出（每个字母只输出一次）。

△3.1-58　输入一串字符（以'\n'结束），统计其中每个相邻英文字母对（不分大小写）各出现多少次。

例如，"abcdbc"中字母对"ab"出现 1 次，字母对"bc"出现 2 次，字母对"cd"出现 1 次 1，字母对"db"出现 1 次，其他字母对，如"ba""cc"等都没出现过。

△3.1-59　输入一串字符（以'\n'结束），统计每个在串中重复出现的字母第一次出现和最后一次出现之间有多少个字符。字母不分大小写。

3.1-60　求数组 a[N]中最长的有序段。

要求：

(1) 有序段的长度大于 1（至少有 2 个元素才算"有序"）。

(2) 如果最长有序段不止一个，只要求出其中的一个。

(3) 输出最长有序段的起点、终点和长度。

(4) 如果不存在有序段，应给出相应的信息。

分别按下述情况编程实现：

(1)"有序"指的是"升序"（即满足"≤"关系）。

(2)"有序"指"升序"或"降序"，但数组中相邻元素不相等。输出时，要指出"升序"还是"降序"。

△3.1-61　输入数组 a[N]中的 m 个元素（m<N），再输入一个数 x，查看 a 中是否有值为 x 的元素，若有，则把 a 中值为 x 的元素去掉（删除元素），后面的元素向前移（假定数组所有元素值都不相同）；若没有，则将 x 加在 a 中，接在原来元素的后面（插入元素）。并输出本次所做的操作是"插入"还是"删除"的相应信息。

△3.1-62　已知数组 int a[2*N]中恰好一半元素是奇数，另一半元素是偶数，且奇偶元素

的分布是随机的。重排 a 的元素，使其呈奇偶相间排列。

按下述不同要求分别设计程序。

（1）可以使用数组 b[N]作为过渡数组。

（2）不使用过渡数组，直接在数组 a 中进行元素交换。

△3.1-63　分别将矩阵 $A_{m\times n}$ 顺时针（或逆时针）旋转 90°、180°、270°、水平翻转、垂直翻转，得到另一个矩阵。

△3.1-64　按照 Loubere 法则，编制（构造）任意奇数阶魔方阵，即由 1，2，3，…，n^2 排成的 n×n 方阵（n 是奇数），使任一行、任一列和两条对角线上的元素之和（称为魔和）相等。图 3-5 是两个 3 阶魔方阵（魔和等于 15）。

$$\begin{pmatrix} 4 & 9 & 2 \\ 3 & 5 & 7 \\ 8 & 1 & 6 \end{pmatrix} \qquad \begin{pmatrix} 8 & 1 & 6 \\ 3 & 5 & 7 \\ 4 & 9 & 2 \end{pmatrix}$$

图 3-5　三阶魔方阵的两个示例

Loubere 法则如下（依次将数 1，2，3，…填写在矩阵中）：

先在第 1 行中间列填“1”。以后每填一个数 i 后，就把下一个数 i+1 填在 i 的右上角处。但是，当右上角已填过数，或没有右上角时，就按下述方法填写 i+1：

1）当达到第一行时，就把最后一行当作是接在第一行之上。

2）当达到最右列时，就把第一列当作是接在最右列之右。

3）如果要填的位置已填过数，或者达到右上角处时，就把下一个数填在本数的下方。

3.1-65　（1）分别设计程序，将 1～n^2 依次填写到数组 a[N][N]的前 n 行 n 列中（n≤N），形成如图 3-6 所示的回形矩阵和蛇形矩阵（图中 n=4）。

$$\begin{pmatrix} 1 & 2 & 3 & 4 \\ 12 & 13 & 14 & 5 \\ 11 & 16 & 15 & 6 \\ 10 & 9 & 8 & 7 \end{pmatrix} \quad \begin{pmatrix} 1 & 2 & 9 & 10 \\ 4 & 3 & 8 & 11 \\ 5 & 6 & 7 & 12 \\ 16 & 15 & 14 & 13 \end{pmatrix} \quad \begin{pmatrix} 1 & 2 & 6 & 7 \\ 3 & 5 & 8 & 13 \\ 4 & 9 & 12 & 14 \\ 10 & 11 & 15 & 16 \end{pmatrix}$$

a)　　　　b)　　　　c)

图 3-6　四阶回形数组和蛇形数组

a) 回形矩阵　b) 蛇形矩阵一　c) 蛇形矩阵二

（2）设计一个程序，按用户要求构造任意阶、任意旋转方向（顺时针或逆时针）的回形矩阵。用户输入的数据要求如下：

1）正整数 n，表示阶数。

2）元素排列方向：R 或 L。其中，“L”表示顺时针，如图 3-6a 所示；“R”表示逆时针。

3）数字“1，2，3，4”之一，表示第一个数“1”的起点位置。其中：“1”表示在左上角，“2”表示在右上角，“3”表示在右下角，“4”表示在左下角。

3.2　结构类型

视频

3.2.1　定义方式和引用方式

3.2.1　定义方式和引用方式

结构（structure）类型用于描述同一事物中含有多个相同或不同类型数据项的情况，比如，描述一个复数应当含有实部和虚部；描述一名学生的有关信息可能含有：学号、姓名、语文成绩、数学成绩、英语成绩、平均成绩、升/留级情况等数据项。

结构类型（也称结构体类型）的一般定义格式为

```
struct  结构类型名
 {  域表  } 变量名表；
```

其中，保留字“struct”是结构类型的类型定义符；“域表”列出所有的域（field），域又叫成员（member）。定义时，域的排列不分先后。

结构类型中的域可以是普通域，也可以是位域。这里先介绍普通域的用法，稍后再介绍位域的用法。

普通域的定义格式为

```
类型说明  域名；
```

如果几个域具有相同的类型，可以合并定义为

```
类型说明  域名 1, 域名 2, …;
```

变量名表中列出具有该结构类型的若干个变量（各变量用逗号隔开）。

其中，“结构类型名”和“变量名表”二者可以缺少其一（但不能同时缺少）。

如果缺少“结构类型名”，表示只定义结构变量，不定义类型名。

如果缺少“变量名表”，表示当前只定义结构类型名，其后再用此类型名定义变量。定义方式如下：

```
struct  结构类型名  变量名表；
```

C++中，用已定义结构类型名定义变量时，保留字“struct”可以省略。

例如，定义存储学生信息的结构类型和结构变量：

```
struct  student                          //定义结构类型 student
{  char   number[12];                    //学号域
   char   name[20];                      //姓名域
   int    Chinese, math, eng;            //3 门功课成绩域
   float  ave;                           //平均成绩域
   char   updown;                        //升留域 Y/N
} huang,zhao,grp[50];                    //定义 student 类型的变量和数组
```

或者

```
struct  student                          //定义结构类型 student
{  char   number[12];
   char   name[20];
   int    Chinese, math, eng;
   float  ave;
   char   updown;
};                                       //此处分号不能少
struct  student  huang,zhao,grp[50];     //定义 student 类型的变量和数组
```

C++中，上面最后一行可以写成（省略 struct）：

```
student  huang,zhao,grp[50];
```

一种更通用的定义方式，是使用 typedef 定义类型名，然后用新定义的类型名定义变量或数组。

例如：

```
typedef  struct
{ char   number[12];
  char   name[20];
  int    Chinese, math, eng;
  float  ave;
  char   updown;
} student;                        //定义结构类型 student
student  huang,zhao,grp[50];      //定义 student 类型变量和数组
```

关于 typedef 用法见 3.2.2 节。

结构类型变量的域也可称为域变量。结构类型的变量通常按域引用，一般引用格式为

```
结构变量名.域名
```

即结构变量名和域名之间加一个“点”（分量运算符）表示域的所属关系。例如：

```
huang.math      //学生 huang 的数学成绩
grp[i].name     //第 i 个学生的姓名
```

定义结构类型变量时，可以对其域进行初始化（赋初值）。初始化时，要按定义时域的排列次序依次给出初值，各域的初值用逗号隔开，并且用一对花括号将全部初值括起来形成一个整体。后段缺少初值的域，其初值被自动定为 0 或'\0'。

例如，定义变量 huang，并对其域进行初始化：

```
student  huang={2018080219,"Huang san",88,97,90};
```

初始化结果为

```
huang.number=2018080219
huang.name="Huang san"
huang.Chinese=88
huang.math=97
huang.eng=90
huang.ave=0.0              //缺少初值
huang.updown='\0'          //缺少初值
```

定义结构类型数组时，也可对其进行初始化。初始化方式是普通数组的初始化方式与结构类型简单变量初始化方式的结合。给定的初值格式为

```
{{第一个元素的初值}, {第二个元素的初值}, …, {最后一个元素的初值}}
```

视频
3.2.2 typedef 的用法

3.2.2 typedef 的用法

用 typedef 定义新类型名的一般格式为

```
typedef  类型说明  类型名;
```

其中，“typedef”是用于定义新类型的保留字；“类型名”（标识符）是用户为新类型所起的名字，“类型说明”是已有类型（包括标准类型），或类型定义式（即当前所要定义的类型）。

例如，用新名代替原有名的用法：

```
typedef  int   INT;
typedef  float  REAL;
```

这样，INT 就等同于 int，REAL 就等同于 float，可以用 INT 和 REAL 定义整型、实型变量。

定义类型名和定义变量名的格式大体相同，其区别是：前面不加 typedef 就是定义变量名，前面加 typedef 就是定义类型名。

例如：

```
int  arr10[10];
```

这样，arr10 被定义为整型数组名（变量名）。

但是，如果前面加 typedef，即：

```
typedef  int  arr10[10];
```

那么，arr10 就被定义为具有 10 元素的整型数组类型名，而不是变量名。用新定义的类型名 arr10 定义一个数组 a 的方式如下：

```
arr10  a;              //等价于 int  a[10];
```

typedef 常常用于定义复杂的类型名（比如结构类型）。

用 typedef 定义结构类型名的一般格式为

```
typedef  struct
{  域表  }结构类型名;
```

如果在定义结构类型名的同时，再定义一个指向结构类型的指针类型名（是链表结构中的常用方式），可以写成：

```
typedef  struct
{  域表  }结构类型名，*结构指针类型名;
```

一般说来，在定义新类型名后，通常接着就要定义具有新类型的变量。只定义类型名，不定义具有该类型的变量是“没有用处的”，除非用指针类型产生“动态变量”。

3.2.3 结构的嵌套和位域

视频
3.2.3 结构的嵌套

一个结构类型的域是另一个结构类型时，就形成了结构的嵌套，对域的引用也出现嵌套。

例如，定义文件信息类型：

```
struct  filetype
{  char  name[8],exname[3],ftype[10];       //文件名，扩展名，文件类型域
```

```
    struct          //修改日期（年月日）域是另一结构类型
      { int   year,month,day;
      } date;
    int   length;  //文件长度域（所占字节数）
  }afile,directory[1000],*fptr;
```

其中，域 date（用于记录文件修改日期）是具有 3 个域（年、月、日）的结构类型；变量 afile 的修改日期中的月份表示成：afile.date.month

又如，描述“通讯录”的数据结构中，一名联系人在通讯录中占一个记录（结构），涉及该人的信息可能有姓名、职务、电话、工作单位、通信地址、E-mail 地址、住所等。其中，职务一栏可能又是一个结构类型，因为一个人可能有几个职务和头衔；电话一栏也可能是一个结构类型（住宅电话、单位电话、手机号码、微信号等）；通信地址一栏也是一个结构类型，包括省（市）名称、城市、街道、门牌号码、邮政编码等。

用于描述复杂事物的结构类型可能出现多层嵌套。嵌套可使数据归属渠道清楚，但过多层嵌套会增加域名长度，使程序变得“臃肿”。

定义结构类型时，可以指定若干个（甚至全部）域是位域。位域的定义格式为

```
域类型 位域名: 域长;
```

其中，“位域名”（可以省略）是标识符；“域类型”可以是 int、unsigned 或 char。域长用于指定该位域所占的二进制位数，是 0～8*sizeof（域类型）的整常数。

含有位域的结构称为位结构。

同一结构中连续定义的同类型位域将占据同一分配单位，除非前一个分配单位剩余的位数不足，或遇到域长为 0 的无名位域。

使用位结构可以节省存储单元，还可以“形象地”模拟汇编语言中的控制字。例如，描述某单位工作人员信息的结构中，含有姓名（name）、年龄（age）、住址（addr）和应支付的工资（pay）等普通域，以及表示该员工是否已退休和工资是否已发放的两个位域 state 和 payoff。定义如下：

```
struct   employee_info
{ char   name[20];              //姓名
  int   age;                    //年龄
  struct   addr   address;      //住址，假定前面已经定义了结构类型 addr
  float   pay;                  //工资数额
  unsigned   state: 1;          //退休否。域值为 1 表示已退休；为 0 表示未退休
  unsigned   payoff: 1;         //工资发放否。域值为 1 表示已发放；为 0 表示未发放
} employee[100];                //假定人数为 100
```

位域的引用方式与普通域一样。例如：

```
employee[i].state=1;
```

定义位域时，有两种特殊用法。

1）缺少位域名（即无名位域），且域长为 0。表示让下一个位域存放在另一个分配单位。

2）缺少位域名，且域长不为 0。表示预留相应的位数不用。

例如，定义一个含有 4 个位域（f1、f2、f3 和 f4）的位结构，由于某种需要，希望前两个域 f1 和 f2 存储在一个分配单位；后两个域 f3 和 f4 存储另一个分配单位，而且还希望在 f3 和 f4 之间空出 2 位暂时不用。定义如下：

```
struct   sample
 { int   f1:4;
   int   f2:2;      //前两个域 f1 和 f2 存储在一个分配单位
   int   :0;        //缺少域名，表示给下面的域重新分配存储单元
   int   f3:1;      //f3 存储在新的分配单位
   int   :2;        //缺少域名，表示留出 2 位不用
   int   f4:1;
}
```

3.2.4 程序设计示例

【例 3-10】 用结构类型编写复数四则运算的程序。

将复数定义为结构类型，其中含有实部域和虚部域，而实部和虚部均为实型（float）。

视频
3.2.4 程序设计示例

算法的实现程序

```
#include <stdio.h>
void main( )
{ struct complex
    { float   re,im;       //re 和 im 分别表示复数实部域和虚部域
    } x,y,a,b,c,d;         //定义 5 个复数类型变量
  float r;
  printf("请输入两个复数的实部和虚部：\n");
  scanf("%f%f%f%f",&x.re,&x.im,&y.re,&y.im);
  a.re=x.re+y.re;   a.im=x.im+y.im;       //求 a=x+y
  b.re=x.re-y.re;   b.im=x.im-y.im;       //求 b=x-y
  c.re=x.re*y.re-x.im*y.im;               //求 c=x×y
  c.im=x.re*y.im+x.im*y.re;
  r=y.re*y.re+y.im*y.im;                  //求 d=x÷y
  d.re=(x.re*y.re+x.im*y.im)/r;
  d.im=(x.im*y.re-x.re*y.im)/r;
   //以下输出 x、y 及和差积商：a、b、c、d
  printf("x= %4.1f%+4.1fi\n",x.re,x.im);
  printf("y= %4.1f%+4.1fi\n",y.re,y.im);
  printf("a=x+y= %4.1f%+4.1fi\n",a.re,a.im);
  printf("b=x-y= %4.1f%+4.1fi\n",b.re,b.im);
  printf("c=x×y= %4.1f%+4.1fi\n",c.re,c.im);
  printf("d=x÷y= %4.1f%+4.1fi\n",d.re,d.im);
}
```

运行实例（“↵”表示用户输入数据后按的〈Enter〉键）：

请输入两个复数的实部和虚部：

```
1  -2  3  4↵
x= 1.0-2.0i
y= 3.0+4.0i
a=x+y= 4.0+2.0i
b=x-y=-2.0-6.0i
c=x×y= 11.0-2.0i
d=x÷y= -0.2-0.4i
```

对程序的解释说明

注意程序中复数的输出格式，实部采用“%4.1f”格式（省略正号），虚部采用“%+4.1f”格式（不省略正号）。另外，虚数单位“i”输出在数值右侧。

读者可以考虑，如何修改输出语句，将复数输出成如下形式：

```
x= 1.0- i2.0
y= 3.0+ i4.0
```

【例 3-11】 编程处理学生的学习成绩，并确定每个学生是否升到高年级。要求先输出留级人员名单，再输出升级人员名单。

涉及一个学生的数据项有：学号、姓名、3 门主课（语文、数学、英语）成绩、平均成绩、升/留级。

输入各学生的学号、姓名、3 门主课成绩，计算出各人的平均成绩。

为简化程序设计，假定 3 门主课的平均成绩不及格（低于 60 分），则该生留级，否则升级。

算法的设计思路

在程序前部用 typedef 定义含有学生信息的结构类型名 student，然后在主函数中用 student 定义一个结构类型数组 grp 用于存储一个班所有学生的信息。

算法的实现程序

程序分为 4 个功能段：输入原始数据程序段、计算平均成绩确定升/留级程序段、输出留级人员信息程序段和输出升级人员信息程序段。

```
#include  <stdio.h>
#define  N_MAX    50          //假定一个班不超过 50 人
#define  L_NUMB   12          //假定学号不超过 12 个字符
#define  L_NAME   20          //假定姓名不超过 20 个字符
typedef  struct
  {  char number[L_NUMB];
     char name[L_NAME];
     int  chinese, math, eng;
     float ave;
     char updown;
  } student;                  //定义结构类型 student
void main( )
{ int n,i,k=0;
  student grp[N_MAX];
```

```
    printf("请输入总人数：");                    //要求人数不超过 N_MAX
    scanf("%d",&n);
  //输入原始数据程序段
  for(i=0;i<n;i++)
    { printf("请输入学号和姓名：\n");
      scanf("%s%s",grp[i].number,grp[i].name);         //注意字符串输入格式
      printf("请输入该学生的语文、数学、外语成绩：\n");
      scanf("%d %d %d",&grp[i].chinese,&grp[i].math,&grp[i].eng);
    }
  //计算平均成绩确定其升留级程序段
   for(i=0;i<n;i++)
     { grp[i].ave=(grp[i].chinese+grp[i].math+grp[i].eng)/3.0;
        if(grp[i].ave<60){ grp[i].updown='N';k++;}     //'N'表示留级
          else grp[i].updown= 'Y';                     //'Y'表示升级
     }
  //输出留级人员信息程序段
     printf("共%d 名学生留级，他（她）们是：\n",k);
     for(i=0;i<n;i++)
       if(grp[i].updown= ='N')         //若是留级，输出之
         printf("%s,%s,%d,%d,%d,%6.1f,staydown !\n",grp[i].number,
           grp[i].name,grp[i].chinese,grp[i].math,grp[i].eng,grp[i].ave);
  //输出升级人员信息程序段
     printf("共%d 名学生升级，他（她）们是：\n",n-k);
     for(i=0;i<n;i++)
       if(grp[i].updown= ='Y')         //若是升级，输出之
         printf("%s,%s,%d,%d,%d,%6.1f,goup one grad!\n",grp[i].number,
           grp[i].name,grp[i].chinese,grp[i].math,grp[i].eng,grp[i].ave);
  }
```

【例 3-12】 重解【例 3-11】，要求按学生的平均分从高到低排出名次，并输出各学生的学习成绩和升留级情况。

排名次时，要求考虑并列名次，即若有两个第一名，就没有第二名，下一名就是第三名，其余类推。

算法的设计思路

一个自然的想法是，先求出平均成绩，再按平均成绩从大到小排序，然后输出。

这里的排序是针对结构类型数组按一个域的值排成降序形式。

除了可以采用【例 3-8】中介绍的冒泡排序方法外，还可以采用下面介绍的选择排序方法（selection sorting）。

选择排序的基本原理是：先选出最高分（指平均成绩）放在 a[0]处，再从剩下的人员中选出最高分放在 a[1]处，其余类推。经过 n-1 遍选择即可排好次序。

算法的实现程序

```
#include   <stdio.h>
#define   N_MAX     50
#define   L_NUMB   12
```

```
#define    L_NAME    20
typedef    struct
  {    char    number[L_NUMB];
       char    name[L_NAME];
       int     chinese, math, eng;
       int     order;                //名次域
       float ave;
       char    updown;
  }    student;
void    main( )
{ int    n,i,j,maxi;
   student anyone, grp[N_MAX];
   printf("请输入总人数：");
   scanf("%d",&n);
 //第一段：输入原始数据，并计算平均分、升留级情况
   for(i=0;i<n;i++)
   { printf("请输入学号和姓名：\n");
     scanf("%s%s",grp[i].number,grp[i].name);
     printf("请输入该学生的语文、数学、外语成绩：\n");
     scanf("%d %d %d",&grp[i].chinese,&grp[i].math,&grp[i].eng);
     grp[i].ave=(grp[i].chinese+grp[i].math+grp[i].eng)/3.0;
     grp[i].updown=(grp[i].ave<60)? 'N':'Y';
   }
   //第二段：按平均成绩排序
   for(i=0;i<n-1;i++)              //外循环控制选择最大元素的遍数
   { maxi=i;                       //maxi 用于记住最大元素的下标
     for(j=i+1;j<n;j++)            //内循环选出最大元素
        if(grp[j].ave>grp[maxi].ave)maxi=j;
     anyone=grp[i];                //把最大元素换到 grp[i]处
     grp[i]=grp[maxi];
     grp[maxi]=anyone;
   }
 //第三段：填写名次
   grp[0].order=1;                 //定第一名
   for(i=1;i<n;i++)                //定以后的名次，平均分相同，则名次相同
      grp[i].order=(grp[i].ave==grp[i-1].ave)? grp[i-1].order: grp[i].order=i+1;
 //第四段：按排好的次序输出最后结果
     for(i=0;i<n;i++)
     { printf("%2d: %12s %20s %4d%4d%4d%8.1f",grp[i].order,grp[i].number,
           grp[i].name,grp[i].chinese,grp[i].math,grp[i].eng,grp[i].ave);
       if(grp[i].updown=='Y')
          printf("  升级!\n");
       else
          printf("  留级!\n ");
     }
}
```

对程序的解释说明

如注释那样，本程序含有 4 个主要功能段。

第一段：输入原始数据，并计算平均成绩和升留级情况。采用一边读入原始数据一边计算的方法。

第二段：用选择法按平均成绩从高到低排序，采用双重循环结构，外循环控制变量 i 有以下 3 个作用：

1）控制循环遍数，i 从 0 变化到 n−2，表明共循环 n−1 遍。

2）指明当前要选择的是第 i 个最大元素。

3）控制内循环的起点，即选择当前最大元素的范围。

内循环实现从 grp[i]～grp[n−1]中找出最大元素 grp[maxi]。退出内循环后，通过 3 条赋值语句，将最大元素换到 grp[i]处，结束外循环的一次执行。这段程序中，出现对结构变量整体赋值的语句，这表明，同类型的结构变量之间是可以赋值的。

第三段，填写名次。grp[0]是最大元素，所以其名次是第一。后续每个元素都与前面元素（已定了名次）比较，如果两者平均分数相等，就与前面的名次相同；否则，其名次为数组元素下标值加 1。

第四段，按排好的次序输出最后结果。

习题 3.2

[简答题]

3.2−1　保留字 typedef 的作用是什么？“typedef　int　a[10];”的含义是什么？

3.2−2　结构类型中长度为 0 的位域的含义是什么？

3.2−3　下面的定义 1 与定义 2 是否相同？

定义 1

```
struct   fabc
 {   int a,b,c;   };
fabc   x,y;
```

定义 2

```
typedef   struct
{   int a,b,c; } fabc;
fabc   x,y;
```

[选择题]

3.2−4　对于定义：struct student{ int age; float stature;}a;正确的语句是（　　）。

A．scanf("%d%f",&a.age,&a.stature);　　B．scanf("%d%f",a.age,a.stature);

C．scanf("%d%f",a);　　D．scanf("%d%f",&a);

3.2−5 对于下面的定义，正确的表达式是（　　）。

```
struct   s1 {int a,b;};
```

```
struct  s2
 { char c;
   s1  d;
 }x;
```

A．x.a　　　　B．d.a　　　　C．x.s1.a　　　　D．x.d.a

3.2-6　下列说法正确的是（　　）。

A．一个结构类型至少含有两个域

B．定义结构类型变量时，必须同时指定结构类型名

C．一个结构类型的域不能是结构类型

D．一个结构类型的域名可以与这个结构类型以外定义的标识符重名

[程序阅读题]

3.2-7　写出程序输出结果。

```
#include  <stdio.h>
#define  T1  struct  s1
typedef  T1{char a,b,c;}T2;
void  main( )
{  T2 x={'F','G','K'};
   x.a+=sizeof(T1);
   x.b+=sizeof(T2);
   printf("%c%c%c\n",x.a,x.b,x.c);
}
```

3.2-8　写出程序输出结果。

```
#include  <stdio.h>
typedef  struct{int a,b,c;}s1;
typedef  struct{s1 a;int b,c;}s2;
void  main( )
 {  s1 x={1,2,3};
    s2 y={{7,8,9},50,60};
    x.a+=y.a.a+y.b;
    x.b+=y.a.b+y.c;
    x.c+=y.a.c+y.c;
    printf("%d  %d  %d\n",x.a,x.b,x.c);
}
```

3.2-9　设 sizeof(char)=1，位域的分配单位为 sizeof(char)，根据下面的定义，写出语句 printf("%d，%d",sizeof(smp1),sizeof(smp2));的输出结果。

```
struct  smp1
{  char  field1:1;
   char  field2:2;
   char  field3:1;
   char  field4:1;
```

```
    char   field5:2;
};
struct   smp2
{   char   field6:3;
    char   field7:2;
    char   :4;
    char   field8:1;
    char   :0;
    char   field9:2;
};
```

[程序设计题]

3.2-10　利用已有定义：

```
struct   air
{   char   person[20];
    char   seat;
    int   age;
};
```

定义 air 类型变量 x，并使其 seat 域具有初值'g'，person 域具有初值"student"，age 域具有初值 18。

△3.2-11　用结构类型描述学生信息，含有：姓名、学号、语文成绩、数学成绩、英语成绩、平均成绩和排名次序。

输入全班学生（假定人数不超过 50）的数据（不包括平均成绩和排名次序），分别计算并填写各人的平均成绩，以及各单科成绩和平均成绩在全班中的排名次（要考虑并列名次），最后输出这些学生的所有数据。

3.2-12　用嵌套的结构类型方式，定义一个“通讯录”类型。

通讯录类型（对一位联系人）涉及的数据项有：姓名、性别、出生日期、电话、工作单位、E-mail 地址、住所。其中：

出生日期（结构类型）包括年、月、日。

电话（结构类型）包括住宅电话、工作电话、传真电话和手机。

工作单位（结构类型）包括单位名称、通信地址（另一个结构类型）、工作部门和职务。

通信地址（结构类型）包括省（市）名称、市（县）、街道、门牌号码、邮编。

住所（结构类型），内容同通信地址。

△3.2-13 通过结构类型“书籍”，完成下面操作：

输入（并原样输出）某出版社近年来所出版的每册书籍信息，按照印数由大到小次序，输出每册书籍的书名、书号、印数和单价（每册书籍占一行）。

其中，书籍类型（对一种书籍）所含有数据项：书名、作者信息、出版社信息、书号、单价、出版日期、字数、印数。

各数据项类型为：

书名，书号：字符串；

单价，字数，印数：整型；

作者信息：通讯录类型（参照习题 3.2-12 中定义）。

出版社信息：包括通信地址、编排人员信息、网站和 E-mail 地址（结构类型）。

出版日期：年、月、日（结构类型）。

编排人员信息：包括编辑姓名、编排人员姓名和封面设计人员姓名（结构类型）。

3.3 联合类型和枚举类型

3.3.1 联合类型

联合（union）又称联合体，或共用体。其定义方式和引用方式与结构类型极为相似。

联合类型的一般定义格式为

```
union   联合类型名
{   成员表   }   变量名表;
```

其中，保留字“union”是联合类型的类型定义符；“成员表”中列出若干个成员。每个成员含类型说明和成员名两部分，格式为

```
类型说明   成员名;
```

其中，“联合类型名”和“变量名表”二者可缺少其一（但不能同时缺少）。

如果带变量名表，表示即时定义联合类型的变量。

如果不带变量名表，表示当前只定义联合类型名，其后再用此类型名定义联合变量。定义格式为

```
union   联合类型名     变量名表;
```

C++中，此处的“union”可以缺省。

联合类型变量的成员引用格式为

```
联合类型变量名.成员名
```

更通用的方法是，先用 typedef 定义联合类型名，再定义联合类型变量。

例如：

```
typedef   union
{ char   ch;
  int   ix;
  double   dy;
} cid;                          //定义联合类型名 cid
cid a,b,c;                      //定义联合类型变量 a、b、c
```

a.ch，a.ix 和 a.dy 分别表示引用联合变量 a 的 3 个成员。

联合类型与结构类型根本区别在于，系统并不为联合变量的每个成员单独分配存储单元，而是采用“覆盖”技术，让所有的成员“共享”一块存储空间，无论具有多少个成员，

也无论每个成员是什么类型。系统按照联合成员中数据长度最大的成员分配内存空间，但是同一时刻，只能有一个成员存储它的数据，因而程序中，同一时刻只能对联合的一个成员进行存取操作。

假设 sizeof(char)=1，sizeof(int)=4，sizeof(double)=8，那么上例中的联合类型变量 a 就占 8 字节。

对于变量 a 来说，成员 a.dy 起作用时，这 8 字节全部用于存储 a.dy 的数值；a.ix 起作用时，前 4 字节用于存储 a.ix 的数值，后 4 字节不用；成员 a.ch 起作用时，第 1 字节用于存储 a.ch 的数值，其余字节都不用。

至于什么时刻哪个成员起作用，完全由用户程序控制。一种常用方法是，将联合类型作为结构类型的一个域，通过结构类型另外一个域的值控制联合类型当前哪个成员起作用。

例如：

```
typedef   union          //定义联合类型
{ double   val;
  char   sym;
} douborchar;
typedef   struct         //定义结构类型
{ douborchar   data;     //结构类型的这个域是联合类型
  int   priority;        //用于控制联合的哪个成员在起作用
} elem;
elem   x;
```

可以这样约定：当 x.priority 的值等于 0 时，表示 x.data.val 在起作用；当 x.priority 的值不等于 0 时，x.data.sym 在起作用。

引入联合类型的最大好处是节省内存单元，尤其是含有多个大成员，而它们绝对不会同时使用（任何时刻最多使用其中的一个成员），但是，这种节省是以牺牲易读性为代价的。所以，除非特殊情况，一般不主张使用联合类型。

【例 3-13】 设计一个用联合类型模拟“汇编语言按字节处理功能”的示意性程序：对一个双字节机器字（即字长为 16bit）分别存取其高字节和低字节。

算法的设计思路

定义结构类型“wtag”，它含有两个域 low 和 high，这两个域都是 unsigned char 类型，各占 1 字节，分别代表一个机器字的低字节和高字节，所以 wtag 类型共占 2 字节。

定义联合类型“val”，其一个成员为“wtag bytea”（结构类型），另一个成员为“short worda”。由于 wtag 类型和 short 类型都占 2 字节，所以联合类型 val 占 2 字节。

定义 val 类型变量 x，程序中分别通过对 x 整体赋值、整体输出、按字节分段赋值、分段输出，体现按字节处理功能。

算法的实现程序

```
#include <stdio.h>
typedef   struct                     //定义结构类型
{ unsigned char   low;               //低字节
  unsigned char   high;              //高字节
```

```
}wtag;
typedef  union                    //定义联合类型
{ wtag  bytea;                    //成员 1 为结构类型
  short  worda;                   //成员 2 为短整型（占 2 字节）
}val;
void main( )
{ val  x;                         //定义联合类型变量 x
   x.worda=0x2a3b;                //对 x 整体赋值（为便于观察，数值用十六进制表示）
   printf("整字数据值：%x\n",x.worda);                //查看整体 x
   printf("高字节数据值：%x\n",x.bytea.high);          //查看 x 的高字节
   printf("低字字数据值：%x\n",x.bytea.low);           //查看 x 的低字节
   x.bytea.low=0xff;                                  //修改 x 的低字节（高字节不变）
   printf("修改后的整字数据值：%x\n",x.worda);         //再次查看整体 x
}
```

运行结果为

```
整字数据值：2a3b
高字节数据值：2a
低字字数据值：3b
修改后的整字数据值：2aff
```

对程序的解释说明

该示例程序不仅体现了如何模拟汇编语言按字节处理功能，而且体现出联合变量的成员是如何共享存储空间，如何进行覆盖的。

x 共有 3 个“子成员”：x.worda、x.bytea.high 和 x.bytea.low。其中，x.bytea.high 和 x.bytea.low 各自占有存储空间，而 x.worda 却共享着 x.bytea.high 和 x.bytea.low 的存储空间。对 x.worda 的赋值，就相当于对 x.bytea.high 和 x.bytea.low 分别赋值，而对 x.bytea.high 和 x.bytea.low 其中之一赋值，则相当于对 x.worda 的“一半”赋值。

3.3.2 枚举类型

视频
3.3.2 枚举类型

引入枚举类型主要有两个目的，其一是定义标识符常量，以增强程序的通用性。例如用 MAX 表示值为 1000 的常量；其二是用标识符表示具有特定含义的数据，以增强程序的易读性，例如用 male 表示男性，用 female 表示女性等。

枚举类型的一般定义格式为

```
enum  枚举类型名
 {  枚举成员序列 }变量名序列;
```

其中，保留字“enum”是枚举类型的类型定义符；“枚举类型名”和“变量名序列”可以单独省略，也可以同时省略。

与结构类型和联合类型不同的是，即使不定义枚举变量，也可直接使用枚举成员（枚举常量）。

枚举成员的定义格式为

枚举常量名=枚举值

其中，枚举常量名是普通标识符，枚举值是整常数，而“=枚举值”表示此部分可以省略（只给出枚举常量名，而不给出枚举值）。

每个枚举常量都拥有一个整常数作为它的枚举值，当枚举值省略时，表示用隐式枚举值；否则，表示用显式指定枚举值。

关于枚举值有如下的规定：

1）若第一个枚举常量采用隐式值，其枚举值等于 0。

2）若其他枚举常量采用隐式值，其枚举值等于前一个枚举常量的枚举值加 1。

3）采用显式指定枚举值时，枚举值的大小次序无关，而且不同的枚举常量，可以指定相同的枚举值。

例如，全都采用隐式枚举值：

```
enum week{sun,mon,tue,wed,thu,fri,sat};     //定义枚举类型名 week
enum week day1, day2;                       //定义 week 类型变量 day1 和 day2
```

C++中，定义枚举变量 day1 和 day2 时，也可不带 enum。

枚举类型 week 中的 7 个枚举常量 sun，mon，tue，wed，thu，fri，sat（一周中 7 天的英文名缩写）的枚举值依次为 0～6。

程序中，变量 day1 和 day2 的取值只能是上述 7 个枚举常量之一。

上述定义也可写成：

```
enum   {sun,mon,tue,wed,thu,fri,sat} day1, day2;        //定义枚举类型变量
```

或者，先用 typedef 定义类型名，再定义变量：

```
typedef   enum   {sun,mon,tue,wed,thu,fri,sat} week;
week   day1, day2;
```

再如，采用显式与隐式结合的方法指定枚举值：

```
enum   symbol        //此处的 symbol 也可不写
   { large,          //large 的值为 0
    dshort,          //dshort 的值为 1
    dlong=8,         //dlong 的值为 8
    MAX1=100,        //MAX1 的值为 100
    MAX2,            //MAX2 的值为 101
    MIN,             //MIN 的值为 102
   } x1,x2;
```

此后，程序中可以用 MAX1 代替常量 100，其作用相当于：

```
#define   MAX1   100
```

下面以定义的枚举类型和变量为例，说明枚举类型用法。

```
enum   {sun,mon,tue,wed,thu,fri,sat} day1, day2;
enum   sex{male，female} m;
```

1）只能用同类型的枚举常量或变量对枚举变量进行赋值。

例如：

```
day1=fri;                //正确
day2=day1;               //正确
day1=male;               //错误
```

2）有些系统允许用枚举值（整数）对枚举变量赋值。

例如：

```
day1=5;                  //在 TC 环境下正确
```

3）可以通过强制类型转换，对枚举变量赋值。

例如：

```
day1=(enum sex)female;   //正确
day1=(enum week)5;       //正确
```

4）可以用枚举变量或枚举常量给整型变量赋值。

例如，int i,j;

```
i=fri;                   //正确
j=day1;                  //正确
```

5）可以直接引用枚举类型常量或枚举类型变量。

例如：

```
int j=0;
day1=wed;                //wed 的枚举值为 3
day2=fri;                //fri 的枚举值为 5
if(day1<day2)j=day1+day2; //由于 day1<day2 的结果值为 1，所以 j 的值为 8
```

6）枚举数据不能直接进行输入输出，但可以通过枚举值间接输入输出，或者用%d 格式将枚举数据（变量，或常量）输出成枚举值（整数）。

例如，通过读入整数为枚举变量的赋值，方法如下：

```
int x;
scanf("%d",&x);
switch(x)
{case   0：m = male; break;
 case   1：m = female;
}
```

再如，将枚举变量的值输出成枚举常量（字符串），方法如下：

```
switch(m)
{case   0：printf("%s", "male"); break;
 case   1：printf("%s", "female");
}
```

【例 3-14】 用枚举类型表示商品名和月份名，完成如表 3-1 所示统计报表。

表 3-1　商品年销售额报表

商品销售金额报表（单位：万元）						
商 品 名 称	Jan	Feb	Mar	…	Dec	addup（合计）
sneaker（运动鞋）	15.87	12.69	18.4	…	17.63	
jean（牛仔服）	20.35	21.42	23.7	…	25.18	
bicycle（山地车）	18.62	19.03	34.5	…	17.23	
chute_board（滑板）	7.13	10.3	12.3	…	11.37	
total（总计）						

算法的设计思路

表 3-1 中的数据可用 M 行 N 列数组存储（这里 M=5，N=13）。各商品名称与总计（total）对应行，月份与合计（addup）对应列。

传统的做法是，将 M 和 N 定义为整常数，用 int 类型变量表示数组元素行列下标，例如，可作定义：

```
const int M=5;
const int N=13;
int i,j;
float sales[M][N];                    //定义用于存储销售额的数组 sales
```

于是，输入原始数据的程序段（不包括表格最后一行和最右一列）可以写成：

```
for(i=0;i<M-1;i++)
   for(j=0;i<N-1;j++)scanf("%f",&sales[i][j]);
```

这种定义方式，相当于用 0, 1, 2, …代表商品名，同时又用 0, 1, 2, …代表月份名。如果同一程序中有多个类似表格，都用这种方式定义，处理语句“千篇一律”，不能很好地体现出当前处理的是哪个表格，造成程序可读性差。

下面的程序中，用一个枚举类型表示商品名，用另一个枚举类型表示月份名，用相应枚举类型的变量表示数组元素行列下标，充分彰显出表格的“个性”。

算法的实现程序

```
#include <stdio.h>
enum   goods                          //定义商品名称枚举类型
   { sneaker,jean,bicycle,chute_board,total};
enum   month                          //定义月份名称枚举类型
   {Jan,Feb,Mar,Apr,May,Jun,Jul,Aug,Aep,Oct,Nov,Dec,addup};
void main( )
 {
   float sales[total+1][addup+1],x;  //定义用于存储销售额的数组 sales
   goods g;   month m;                //定义枚举类型变量（用作循环控制变量）
   //输入原始数据程序段
   printf("请输入各商品每个月的销售金额\n");
```

```
for(g=sneaker;g<=chute_board; g=goods(g+1))                    //输入各商品各月销售金额
    for(m=Jan;m<=Dec;m=month(m+1))scanf("%f",&sales[g][m]);
//计算每种商品年销售金额程序段
for(g=sneaker;g<=chute_board;g=goods(g+1))
  { x=0;
    for(m=Jan; m<=Dec;m=month(m+1))x+=sales[g][m];        //各月销售金额累加
    sales[g][addup]=x;              //填写本商品年销售金额（表格最右栏）
  }
//计算各月全部商品的总销售金额
for(m=Jan; m<=addup;m=month(m+1))
  { x=0;
   for(g=sneaker;g<=chute_board;g=goods(g+1))x+=sales[g][m]; //本月销售金额累加
   sales[total][m]=x;                 //填写本月各商品总销售金额（表格最底行各栏）
  }
 //输出表头的程序段
printf("%16s", "商品名称      ");
for (m=Jan;m<=addup;m=month(m+1))
 switch(m)              //用 switch 输出月份名称
  {  case Jan: printf("%10s","January");break;
     case Feb: printf("%10s","February");break;
    case Mar: printf("%10s","March");break;
    case Apr: printf("%10s","April");break;
    case May: printf("%10s","May");break;
    case Jun: printf("%10s","June");break;
    case Jul: printf("%10s","July");break;
    case Aug: printf("%10s","Augus ");break;
    case Aep: printf("%10s","September");break;
    case Oct: printf("%10s","October");break;
    case Nov: printf("%10s","November");break;
    case Dec: printf("%10s","December");break;
    case addup:printf("%10s","  合    计");
  }
printf("\n");
 //输出表格内容的程序段
for(g=sneaker;g<=total;g=goods(g+1))
  { switch(g)           //用 switch 输出商品名称
     { case   sneaker: printf("%14s","sneaker");break;
      case   jean:     printf("%14s","jean"); break;
      case   bicycle: printf("%14s","bicycle");break;
      case   chute_board: printf("%14s","chute_board"); break;
      case   total:    printf("%14s","total");
     }
   for(m=Jan;m<=addup; m=month(m+1))printf("%10.2f",sales[g][m]);//输出销售金额
   printf("\n");          //输出换行符
  }
}
```

对程序的解释说明

通过注释不难理解程序的各功能段。初学者感到“不习惯”的地方主要有下面几点。

1）数组定义“float sales[total+1][addup+1]”中，用枚举常量表示数组下标界（传统做法用数值常量表示数组下标界）。

2）用枚举类型变量“goods g; month m;”表示数组元素的行列下标（传统做法用 int 类型变量表示数组元素的行列下标）。

3）枚举常量只能作为字符串输出。输出的字符串可以与对应的枚举常量相同（如商品名），也可以不同（如月份名）。

4）循环语句与传统格式差距较大，如

```
for(g=sneaker;g<=chute_board; g=goods(g+1))
```

这里，“g=goods(g+1)”不能写成“g=g+1”，也不能写成“g+=1”和“g++”。

5）虽然数组的 sales 行列下标界用枚举常量定义，仍然可用 int 类型的下标变量表示数组元素。例如，上面的循环语句可改为：

```
for(int i=sneaker;g<=chute_board; i++)
```

习题 3.3

[简答题]

3.3-1　使用结构类型和联合类型的好处各是什么？

3.3-2　结构类型和联合类型的相同或相近之处是什么？不同之处是什么？

3.3-3　举例说明定义整型符号常量和定义实型符号常量各有几种不同的方法？

3.3-4　简述并举例说明，为什么说“程序中只定义结构类型名而不定义结构类型变量是无意义的；只定义枚举类型名而不定义枚举类型变量却不一定是无意义的”。

[程序阅读题]

3.3-5　设有定义：

```
enum data
{ MIN,
   first=15,
   last=20,
   total,
   num=50,
   MAX=1000
};
union   au
  { int x;
    char a[2];
  }m;
int   i=200,j;
enum   data   ey;
```

```
m.x=0x5434;
```

（1）试指出各个枚举常量的值。

（2）下列各表达式是否正确？如果正确，请写出表达式的值。

```
i= = MAX?1:2
j=total%num
j=ey.total/ey.num
first=100
total-ey
```

3.3-6　设 sizeof(char)=1，sizeof(int)=2，sizeof(float)=4。对于定义：

```
union   { char   field4;   int   field5;   float field6; }x;
```

写出语句 printf("%d",sizeof(x));的输出结果。

3.3-7　对于定义：

```
enum   sp
 { val,
    aline=80,
    MMX=2,
    desp=2*MMX,
    MIN
 };
```

写出语句 printf("%d,%d,%d",val,desp,MIN); 的输出结果。

3.3-8　写出程序段输出结果。

```
union {char f1,f2; unsigned   short f3;}a;
a.f1='A';   a.f2='B';   a.f3=0xC34D;
printf("%x,%x,%x\n",a.f1,a.f2,a.f3);
```

[程序设计题]

3.3-9　定义一个含 6 个枚举成员的枚举类型，使各枚举成员的枚举值分别为：

```
-100   0   1   100   101   -99
```

尽量用隐式枚举值。

△3.3-10　果篮中有 4 种水果：橘子、胡柚、脐橙和芦柑，每种至少各 2 个。赵、钱、孙 3 位从中各取一个水果。若赵拿的不是橘子，钱拿的不是胡柚而且与赵拿的不同，孙拿的不是脐橙而且与钱拿的不同，那么这 3 个人所拿的水果有多少种不同的情况，输出这些可能的情况。

要求定义枚举类型“水果”，将橘子、胡柚、脐橙、芦柑分别指定为枚举常量。

△3.3-11　定义一个结构类型和具有该类型的变量 xv，该结构类型中含有一个 int 类型的标记域，和具有 3 个不同类型成员（va，vb，vc）的联合类型域。当标记域的值为 1，2，3 时，分别表示联合类型域当前使用的是成员 va，vb，vc。

按照上述设想，编写一个练习程序，通过改变标记域的值，使用联合类型的不同成员。

3.4 文件类型

3.4.1 文件的概念和基本操作

视频
3.4.1 文件的概念和基本操作

这里说的文件是指用于输入/输出的数据文件。

数据在文件中有两种存储格式：字符格式和内码格式。以字符格式存储的文件是 ASCII 文件，也称文本文件或正文文件；以内码格式存储的文件是二进制文件。

文本文件中每一个字节存放一个字符的 ASCII 码。一个数据（整数或实数）所占字节数依赖于产生文件时所指定的“域宽”。通常在存放一段数据后存放一个回车换行符，以便显示时引起换行。文本文件属于“可视性”文件，数据存放格式与屏幕显示的样子一致，可以直接显示或打印。

二进制文件中的数据所占字节数等于“sizeof(数据类型)”，不能直接显示和打印（经程序转换成字符形式后，方可显示或打印）。

比如，一个 short 类型的整数 1234，在内存中占 2 字节（数值为 0X04D2），将其存放到二进制文件中，也占 2 字节，存入的内容为 00000100,11010010（这里，为便于阅读，用逗号将字节分开）。但是，如果以%8d 格式输出到文本文件中（以 ASCII 码形式存储），将占 8 字节，分别存储 4 个空格符和 1、2、3、4 这 4 个数字字符的 ASCII 码，即

00100000,00100000,00100000,00100000,00110001,00110010,00110011,00110100

对文件进行操作时，必须按照以下 4 个步骤进行：

第 1 步，定义指向文件的指针（变量名）。

第 2 步，打开文件，并指明打开方式。

第 3 步，对文件进行读写、定位等处理操作。

第 4 步，关闭文件。

对文件的所有操作都是通过调用系统提供的标准库函数（在 stdio.h 中）完成的。

定义文件指针的一般格式为

```
FILE   *指针名;
```

其中，“FILE”是系统预定义的文件类型名。“FILE”不是保留字，但起到“类型定义符”的作用。

例如：

```
FILE   *fp;        //定义文件指针 fp
```

FILE 是一个结构类型，含有与文件操作的相关信息，包括文件名、文件状态及缓冲区的大小等。

比如，TC2.0 系统的 stdio.h 文件中，将 FILE 类型定义为

```
typedef   struct
{   short      level ;                     /*缓冲区空/满程度*/
    unsigned   flags;                      /*文件状态标志*/
    char       fd;                         /*文件描述符*/
```

```
    unsigned  char  hold;              /*如无缓冲区不读取字符*/
    short     bsize;                   /*缓冲区的大小*/
    unsigned  char  *buffer;           /*数据缓冲区的位置*/
    unsigned  char  *curp;             /*读写头位置*/
    unsigned  istemp;                  /*临时文件指示器*/
    short  token;                      /*用于有效性检查*/
} FILE ;
```

打开文件的一般格式为

```
文件指针=fopen(外部文件名，打开方式);
```

其中，“fopen”是系统提供的文件打开函数；“外部文件名”是用字符串形式给出的磁盘文件真名（包括路径名和扩展名）；“打开方式”是用字符串形式指出打开文件后的操作方式（是读，还是写等）。

例如，若 fp 是已定义的文件指针，则

```
fp=fopen("c:\\temp\\test2.txt","r");        //连续两个“\\”表示一个“\”
```

该语句的含义是，以只读方式打开 c 盘 temp 子目录下名为 test2.txt 的文件（即文件 c:\temp\test2.txt），并建立文件指针 fp 与外部文件 c:\temp\test2.txt 的对应关系。其后，程序中对 fp 的所有操作，实际上都是对文件 c:\temp\test2.txt 进行的。

对系统而言，打开文件具有很多含义，例如：

1）建立内、外文件名的对应关系，以便程序通过内名对真实文件进行操作。

2）分配输入输出缓冲区（或称 I/O 缓冲区）。

3）按照指明的打开方式，确定初始读写位置，作好操作准备。

基本打开方式有 3 种：

- "r"：以只读方式打开一个已经存在文本文件。
- "w"：以只写方式创建一个新的文本文件。如果该文件已经存在，则将它的内容删去，准备重写新内容。
- "a"：以添加方式打开一个文本文件。如果该文件已经存在，则表示将在文件末尾添加新内容。如果该文件不存在，则创建一个新文件。

以只读方式打开的文件，只允许读，不允许写。以只写方式打开的文件，只能写，不能读。

如果强调以二进制方式打开文件，只要加字母 b，即"rb"、"wb"、"ab"。

如果希望文件打开后既可写又可读（可读可写打开方式），要带加号“+”，比如：

- "r+"：以可读可写方式打开一个已有的文本文件。
- "w+"：以可读可写方式建立一个新的文本文件。
- "a+"：以可读可写方式打开一个文本文件，表示将在文件末尾添加和修改；如果该文件不存在，则建立一个新文件。

不过，有些系统将可读可写打开方式表示成："rw"、"wr"和"ar"。

而"rb+"、"wb+"和"ab+"则强调以二进制方式打开（可读可写）文件。

每个文件都有一个“读写指针”指向文件的当前读写位置（就像磁带录音机的磁头），

不同的打开方式，决定不同的最初读写位置。带 r 和 w 的打开方式，文件的初始读写位置定位于文件的起始位置。而带 a 的打开方式，文件初始读写位置定位于文件的末尾。

fopen 函数的返回值有两种可能，返回值不等于 NULL，表示打开文件成功；返回值等于 NULL，表示打开文件失败（出错）。比如，以"r"方式打开一个并不存在的文件、磁盘出故障、磁盘已满无法建立新文件等都将导致打开失败。

为了保证程序不出错，有经验的程序设计人员通常写成如下形式：

```
if((fp=fopen("c:\\temp\\test2.txt", "r"))= =NULL)        //检查打开是否成功
 { printf(" file can not open ! ");              //如果打开不成功
     exit(0);                                    //终止程序运行
 }                                               //如果打开成功，则继续执行下面的语句
```

其中，exit 是 stdlib.h 库文件中的标准函数，其功能是关闭所有文件后，终止程序运行，并返回到操作系统状态。0 是函数 exit 的返回值（可由用户任意指定）。

C 语言将输入/输出设备都作为文件处理，并且把最常用的输入/输出设备作为标准设备文件。在程序开始运行时，系统自动打开 3 个标准文件：标准输入文件、标准输出文件和标准出错信息输出文件，同时自动定义 3 个文件指针 stdin、stdout 和 stderr，分别指向这 3 个标准文件。通常，标准输入设备指的是键盘，标准输出（包括数据输出和错误信息输出）设备指的是显示器，而键盘和显示器又统称为终端。凡是不指定文件名的数据读写操作总是对标准输入输出文件而言的。又由于这 3 个标准文件（设备）是系统自动打开的，所以用户程序用不着将其打开。前面的程序，都是通过标准输入输出文件完成数据读写操作的。

对一个文件读写操作完毕（不再使用）后，一定要调用 fclose 函数将其关闭，关闭成功，返回值为 0；关闭失败，返回值为 EOF。EOF 是值为-1 的常量。

关闭文件的调用格式为

```
fclose(文件指针);
```

例如：

```
fclose(fp);        //关闭已打开的与文件指针 fp 对应的外部文件
```

关闭文件有两个目的：

1）切断内、外文件之间的联系，回收系统为该文件分配的 I/O 缓冲区等资源。

2）保证外部文件数据的完整性（对含有“写”操作的文件而言）。

向文件写数据时，如果最后一批输出数据未装满缓冲区，而在程序运行结束前又没有关闭文件，就会造成缓冲区中滞留的数据没写入文件而丢失。用 fclose 函数关闭文件时，系统先把缓冲区中的数据（不管是否装满）输出到文件中，然后再释放文件指针变量，回收缓冲区。

调用 ferror 函数可以判断关闭是否成功，例如：

```
fclose(fp);
if(ferror(fp) )
{   perror( "Close error" );    //关闭失败，perror 也是标准函数
    break;
}
```

另外，调用 feof 函数可以判断是否到达文件尾（遇到文件结束符）。通常用于测试含"r"方式打开的文件内容是否“读完”。当遇到文件结束符时，feof(f)的返回值为非 0；否则返回值为 0。

例如：

```
while(!feof(f))
{  从文件 f 中读取数据；
   处理所读的数据；
}
```

3.4.2 文本文件的读和写

视频
3.4.2 文本文件的读和写

stdio.h 中提供很多关于文件读写操作的标准函数，主要有下面两组。

读函数：fscanf，fgetc，fgets，fread

写函数：fprintf，fputs，fputc，fwrite

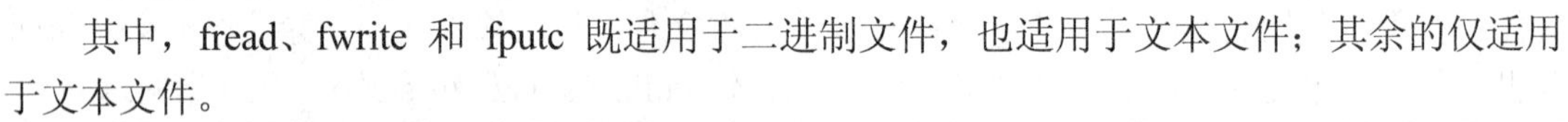

其中，fread、fwrite 和 fputc 既适用于二进制文件，也适用于文本文件；其余的仅适用于文本文件。

本节主要介绍 fprintf 和 fscanf 用法。其他函数（fgetc 和 fputc 等）的用法，请参见附录 C 中的相关内容。

fprintf、fscanf 与 printf、scanf 十分相似（仅仅是函数名前多字母“f”，表示针对文件的读写操作），用法也基本相同，唯一的区别在于参数表中含有文件指针，指明对哪个文件进行读写。

fprintf 的调用格式为

```
fprintf(文件指针，格式字符串，输出项序列);
```

其中，“格式字符串”和“输入项序列”的内容和含义与 printf 函数完全一样。表示将输出项序列中相应的数据项（表达式的值），按指定格式进行转换，将转换后的内容输出到由文件指针所指向的文件中。

例如，设 i=305，r=−26.5，文件 fp 已用"w"方式打开，那么语句：

```
fprintf(fp,"%5d,%7.2f\n",i,r);
```

就向文件 fp 中写入字符串“□□305,□−26.50↵”。这里，“□”代表空格符，“↵”代表换行符。

fscanf 的调用格式为

```
fscanf(文件指针，格式字符串，地址序列);
```

其中，“格式字符串”和“地址序列”的内容和含义与 scanf 函数完全一样。表示按照指定格式，从指定的文件中读入一串字符，经过相应的转换后，存入到地址序列对应的变量中。

例如，文件 f 已用"r"方式打开，文件的当前位置上有如下字符串：

```
101,12.31
```

执行调用语句：

```
fscanf(f,"%d,%f",&x,&y);
```

将 101 输入给变量 x（int 类型），将 12.31 输入给变量 y（float 类型）。

调用 fscanf 从文件向变量输入数据时，必须注意数据在外部文件中的排列格式要与输入语句中的格式要求相吻合，否则将会出现隐蔽性错误，具体要求同 scanf 函数。

供输入数据用的文件，可以是其他程序产生的文件，也可以是用户自己使用编辑程序（比如，Word、Edit、VC 的编辑环境）创建的数据文件。数据文件的创建方法与普通文件（包括源程序文件）相同。用 Word 创建文件时，要保存为纯文本格式。

【例 3-15】 fprintf 和 fscanf 用法的示例程序。

用 fprintf 函数创建一个文本类型的数据文件，再用 fscanf 函数读入并显示其中的内容。

```
#include <stdio.h>
#include <stdlib.h>                          //exit 函数的头文件
void main( )
{ FILE *f;
  char c,str[26],*sp=str, line;
  int i,j;   float r;
  if ((f=fopen("ex123.txt","w"))==NULL)      //先用"w"格式创建文件 ex123.txt
    { printf("Cann't open file!");
      exit(0);
    }
  c='a';   i=5;   r=(float)2.14;
  sp="I'm   learning C language.";
  fprintf(f,"%4d %4d %8.2f\n",i,i+11,32.5);
  fprintf(f,"%s\n",sp);
  fprintf(f,"i=%4d   r=%6.2f c=%c\n",i,r,c);
  fclose(f);  //关闭文件 f
   //至此，文件 ex123.txt 内容为（共 3 行）：
   //第 1 行内容：      5    16    32.50
   //第 2 行内容：  I'm   learning C language.
   //第 3 行内容：  i= 5    r=2.14    c=a
  if((f=fopen("ex123.txt","r"))==NULL)       //再次用"r"方式打开该文件
    { printf("Cann't open file!");           //若打开失败，则输出提示信息，并终止程序
      exit(0);
    }
  fscanf(f,"%d %d %f",&i,&j,&r);             //读入第 1 行中的数据
  printf("%4d%4d%6.2f\n",i,j,r);             //显示读入的数据
  fscanf(f,"%c",&line);                      //读入（甩掉）第 1 行的换行符
  fscanf(f,"%25c",str);                      //读入第 2 行中字符串（一个句子）
  str[25]='\0';                              //人工加串结束符
  printf("%s\n",str);                        //输出这个句子
  fscanf(f,"%c",&line);                      //读入（甩掉）第 2 行的换行符
  fscanf(f,"%2c",str);                       //读入"i="
  str[2]='\0';
  fscanf(f,"%d",&i);                         //读入整数 i
  printf("%s%d",str,i);                      //换行显示 i=和 i 的值
```

```
    fscanf(f,"%4c",str);              //读入 4 个字符
    str[4]='\0';
    fscanf(f,"%f",&r);                //读入实数
    printf("%s %4.2f",str,r);         //显示 r=和 r 的值
    fscanf(f,"%3c",str);              //读入 3 个字符
    str[3]='\0';
    fscanf(f,"%c",&c);                //读入字符
    printf(" %s%c\n",str,c);          //显示 c=和 c 的值，并换行
    fclose(f);  //关闭文件 f
    }
```

显示内容为：

```
   5   16   32.50
I'm   learning C language.
i=5   r= 2.14   c=a
```

3.4.3 二进制文件的读和写

二进制文件的读写主要靠 fread 和 fwrite 来完成。fread 和 fwrite 的主要功能是实现内外存“大块”数据“原样”交换。其实，读写函数本身并不关注所交换的数据类型，也不关注数据的存放格式（其操作对象可以是二进制文件，也可以是文本文件），数据的存放格式和类型完全由用户程序控制。

下面简单介绍 fread 和 fwrite 的用法。

fwrite 函数用于将数据输出到文件，调用格式如下：

```
fwrite(buffer,size,count,f);
```

其中，buffer 是输出数据的内存地址；size 是一个输出项的长度（字节数）；count 是输出的数据项数目；f 是指向文件的指针变量。其含义是，将内存地址为 buffer 的 count×size 个字节内容输出到文件 f 中。

如果调用成功，返回值为写入数据项的个数；若调用出错，则返回 EOF。

例如：

```
fwrite(a,sizeof(int),6,f1);           //如果调用成功，返回值为 6
fwrite(fa,sizeof(float),5,f2);        //如果调用成功，返回值为 5
fwrite(ca,sizeof(char),15,f3);        //如果调用成功，返回值为 15
```

上述调用分别表示将整型数组 a 中的 6 个元素以二进制格式写到文件 f1 中，将实型数组 fa 中的 5 个元素写入文件 f2 中，将字符数组 ca 中的 15 个元素写入文件 f3 中。

【例 3-16】 fwrite 用法示例程序。

```
#include <stdio.h>
#include <stdlib.h>
void main( )
{ FILE *f;
  char ch='x';
```

```
    int n=123, i=219;
    double k=14.57;
    if((f=fopen("data3.dat","w"))= =NULL)
    { printf("Cann't open file!");
      exit(0);
    }
    fwrite(&n, sizeof(int),1,f);
    fwrite(&ch, sizeof(char),1,f);
    fwrite(&i, sizeof(int),1,f);
    fwrite(&k, sizeof(double),1,f);
    fclose(f);
    printf("数据文件 data3.dat 创建完毕。\n");
}
```

对程序的解释说明

上述程序创建的数据文件 data3.dat 是二进制格式的文件，文件中含有整数 123、字符 x、整数 219、实数 14.57。这些数据均以内码形式存储，不能直接显示。

fread 函数用于从指定的文件中读取数据块，调用格式如下：

```
fread(buffer,size,count,f);
```

其中，buffer 是读入数据的内存地址；size 是每个读入数据项的长度（字节数）；count 是读入的数据项数目；f 是指向文件的指针变量。其含义是，从文件 f 中读入 count×size 个字节，并存放在首地址为 buffer 的内存单元中。

如果调用成功，返回值为读取数据项的个数；若调用出错，则返回 EOF。

例如，设有定义：float a[8];

```
fread(a,sizeof(float),8,f);            //如果调用功能，返回值为 8
```

表示从文件 f 中读取 8 个实数，存放到数组 a 中。

【例 3-17】 fread 用法示例程序。

将【例 3-16】创建的文件中的数据读入，并显示出来。

```
#include <stdio.h>
#include <stdlib.h>
void main( )
{ FILE *f;
    char  ch;  int  n,i;  double  k;
    if((f=fopen("data3.dat","r"))= =NULL)
    { printf("Cann't open file!");
      exit(0);
    }
    fread(&n,sizeof(int),1,f);
    fread(&ch,sizeof(char),1,f);
    fread(&i,sizeof(int),1,f);
    fread(&k,sizeof(double),1,f);
    fclose(f);
```

```
    printf("n=%d,ch=%c,i=%d,k=%-10.2f\n",n,ch,i,k);
}
```

显示内容为：

```
n=123,ch=x,i=219,k=14.57
```

习题 3.4

[简答题]

3.4-1 文件操作的基本步骤有哪些？

3.4-2 对文件的打开和关闭的含义是什么？文件打开的基本方式有哪几种？

3.4-3 能否用语句“fprintf(f,"%8d",12300);”向以"wb"方式打开的文件 f 中输出整数？先不要盲目回答，通过上机编程检验再回答。

3.4-4 若连续打开一批“无数个”文件，但不关闭它们，会出现什么现象？（先不要盲目回答，通过上机编程检验再回答。）

[填空题]

3.4-5 C 语言中，根据数据的存放格式，将文件分为 ASCII 文件和（1）_______文件。其中，ASCII 文件又称为（2）_______文件。

3.4-6 在读写文件前，应该先将其（1）_______，而用完后必须将其（2）_______。

3.4-7 函数调用 fopen 成功的返回值为（1）________，不成功的返回值为（2）________。

3.4-8 程序开始运行时，系统自动打开 3 个标准文件，分别是（1）________、（2）___________和标准出错信息输出文件。

3.4-9 调用函数 fclose 成功的返回值为（1）________；不成功的返回值为（2）_______。

3.4-10 函数 feof 功能是（1）___________，其参数是（2）__________。若返回值为非 0，则表示（3）____________。

[选择题]

3.4-11 下面说法正确的是（　　）。

A．若文件不存在，则无法将其打开

B．文件打开后，初始读写位置总是定在文件开头处

C．必须有文件指针指向已打开的文件，否则，即使打开也无法对其操作

D．一个文件关闭后，不能再次将其打开

3.4-12 如果要打开文件 fileA：（1）若 fileA 不存在，则创建一个新文件；（2）若 fileA 存在，打开后将文件读写指针定位于文件尾；（3）打开后，可以读也可以写。则开方式应为（　　）。

A．"r+"　　B．"a+"　　C．"w+"　　D．"a"

3.4-13 以下方式中（　　）不能用来打开不存在的文件。

A．"r+"和"rb+"　　B．"a"和"a+"　　C．"w"和"w+"　　D．"a"和"abw+"

3.4-14　既适合于文本文件，又适合于二进制文件的读写函数有（　　）。

A．fprintf，fgetc，fwrite

B．fscanf，fputc，fwrite

C．fgetc，fputs，fwrite

D．fread，fwrite，fputc

[程序阅读题]

3.4-15 （1）写出程序输出结果。

（2）将文件 file1 第二次打开方式改为"r+"，写出输出结果。

（3）将文件 file1 第二次打开方式改为"r"，写出输出结果。

```
#include   <stdio.h>
#include   <stdlib.h>
void main( )
{   char c='x';
   FILE   * fp;
   if((fp=fopen("file1.txt","w"))==NULL)
    {   printf("error \n");
        exit(0);
    }
  fprintf(fp,"%s","abc");
  fclose(fp);
  if((fp=fopen("file1.txt","a+"))==NULL)
   {   printf("error \n");
       exit(0);
   }
  fputc(c,fp);
  rewind(fp);
  while(!feof(fp))printf("%c",fgetc(fp));
  printf("\n");
  fclose(fp);
}
```

3.4-16 （1）写出程序输出结果。

（2）适当地修改带“//注 1”语句中的参数，使程序输出结果为 4。

```
#include   <stdio.h>
#include   <stdlib.h>
void   main( )
{ int   m=1,n=2;
  double   x=34.5,y=678.9;
  FILE   * fp;
  if((fp=fopen("file1.txt","w+"))==NULL)
   {   printf("error \n");
       exit(0);
   }
```

```
    fprintf(fp,"%2d,%2d,%3.2f,%3.2f",m, n, x, y);
    fseek(fp,9L,0);          //注 1
    printf ("%c\n", fgetc(fp));
    fclose(fp);
}
```

[程序填空题]

3.4-17　将文件 file2 中的内容接到文件 file1 的内容之后。

注意：编号相同的空内应填写相同的内容。

```
#include   <stdio.h>
int   main( )
{   FILE   * fp1, *fp2;
    if ((fp1=fopen("file1",___（1）___))= =___（2）___)
    {   printf("error!\n");
        return(0);
    }
    if ( (fp2=fopen("file2",___（3）___))= =___（2）___)
    {     printf( "error!   \n ");
          return(0);
    }
    while (!feof(___（4）___))
    ___（5）___(___（6）___(fp2),fp1);
    fclose(fp1);
    fclose(fp2);
    return(1);
}
```

3.4-18　设文本文件 file1 具有行结构，假定每行字符数不超过 80。下面的程序将 file1 中各行字符颠倒顺序后复制到新文件 file2 中。

```
#include   <stdio.h>
int   main( )
{   char s[80],c;
    int k;
    FILE   * fp1, *fp2;
    if ( (fp1= fopen("file1","r"))= =NULL)
    {     printf( "error!   \n ");
          return(0);
    }
    if ( (fp2=fopen("file2","w"))= =NULL)
    {     printf( "error!   \n ");
          return(0);
    }
    while (___（1）___)
    {   ___（2）___;
        while (!feof(fp1))
            if ((c=fgetc(fp1))!= ___（3）___ ) s[k++]=c;
```

```
        while(k>0)fputc(___（4）___,fp2);
        ___（5）___;
    }
    fclose(fp1);
    fclose(fp2);
    return(1);
}
```

[程序设计题]

3.4-19　显示已经存在的正文文件 D:\mafile\f1.txt 中的内容。

3.4-20　显示已经存在的二进制文件 D:\mafile\f2.dat 中的内容。

3.4-21　将 2～4000 中所有的素数分别输出到两个文件中，一个是文本文件，另一个是二进制文件。

3.4-22　编写比较两个文件内容是否相同的程序，若相同，显示“Compare　OK!”；否则，显示“Not　Equal!”。

3.4-23　将一个正文文件的内容连接到另一个正文文件的后面。

3.4-24　实现 C 语言的文件包含操作。将某个 C 语言源程序文件中的文件包含命令去掉，用该命令所包含的对象文件内容代替这条命令，将修改后的程序存入另一文件中（原来文件内容不变）。

为简单起见，假定：

（1）被包含的文件不再含有文件包含命令。

（2）文件包含命令总是从一行的开头书写，且形如：#include"×××.××"（即文件名用双引号括起来，而且中间不带空格符）。

（3）被包含的文件就在当前目录中（不用处理文件查找操作）。

3.4-25　设某文件中存放了 1000 个整数，要求将该文件中的数据按从小到大的顺序排列后存入原文件中（覆盖原内容）。

3.4-26　有序文件的合并。

设文件 c:\test\f1.txt 和 c:\test\f2. txt 中分别存放一批整数，而且这些整数在各自的文件中都是由小到大排列的。试编程产生另一个正文文件 c:\f3.txt，将上述这两个文件中的数据都写到该文件中，且使数据也由小到大排列。假定两个文件都不空。

3.4-27　创建一个正文文件用于存放一个实数矩阵（即二维实型数组），文件的第一行存放整数 m 和 n，表示矩阵的行数和列数，后面的数据共分 m 行，每行有 n 个实数。

3.4-28　编程将某正文文件中的空行（即只含换行符，或只含空格符和换行符的行）删除。

△3.4-29　编程完成，将某个 C 语言源程序文件中的注释去掉，将修改后的程序存入另一文件中（原来文件内容不变）。

假定源程序不存在语法错误。

△3.4-30　统计某正文文件中包含的字符个数、单词个数（连续的字母串即认为是单词，而不管它是否有实际意义）和行数，并显示统计结果。

第4章　函　　数

主子（主函数和子函数）结构是程序设计语言的重要组成部分，是实现结构化程序设计必不可少的机制。将问题的求解算法分解成一个个的功能计算模块，每个计算模块分别用一个或一组子函数实现，然后再组装成一个完整的 C/C++源程序。每个子函数相对独立，不仅功能容易实现，错误容易排出，而且功能相同的计算模块也可以实现代码共享。

本章主要介绍如何定义子函数和调用子函数。为方便起见，本章将子函数也称为函数。

4.1　函数的基本用法

4.1.1　函数的定义和调用

视频
4.1.1　函数的定义和调用

1．函数定义

函数定义的功能包括以下 3 个方面：

1）指明函数的运行环境，即入口参数。

2）指明函数执行后的状态，即返回值和执行结果。

3）指明函数所要做的操作，即函数体。

函数定义的一般格式为

```
存储属性　函数类型　函数名( 形式参数表 )　　//函数首部，也叫函数头
  { 函数体 }
```

其中，带下画线的部分（存储属性、形式参数表等）可以缺省。

下面就每个语法成分的含义及规定作简单介绍（存储属性的含义见 4.2.2 节）。

1）函数名：用户为函数所起的名字（标识符）。

2）函数类型：指明函数返回值的类型。若函数不带返回值，其类型为“void”。

3）形式参数表：形式参数简称形参（或参数），形式参数表简称形参表。形参表列出该函数所用的全部形参说明，每个形参说明格式为

```
形参类型　形参名
```

形式参数用于主调函数和被调函数之间的数据传递。

有些函数可能不带参数（无参函数），其形参部分为空，但圆括号不能少。

例如，某无参函数定义的首部为

```
int  p()                //圆括号后面不能加分号“;”
```

4）函数体：是实现函数的主体部分。

子函数的函数体与主函数的函数体格式完全相同，都是含有说明和语句的程序段。

5）函数调用的执行流程如图 4-1 所示。

当主调函数通过带有实在参数（简称实参）的调用语句调用被调函数时，首先计算实参表中各实参的值（如果实参是表达式的话），接着进行参数传递（形实结合），再将控制转移到被调函数，被调函数的形参以及局部量开始起作用，然后执行被调函数的函数体。被调函数的函数体执行完毕时，即执行到 return 语句，或执行完最后一条语句时（下面无语句可执行），调用结束，形参和局部量的作用消失，控制返回到主调函数继续执行。

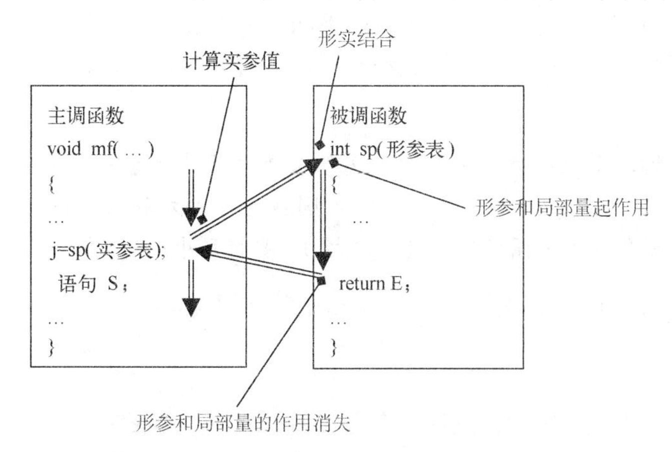

图 4-1　函数调用的执行流程示意图

【例 4-1】 计算 n!的函数。

```
long    fac(int n )                    //函数首部
//以下是函数体
  { long    t=1;   int    i;           //定义两个局部量 t 和 i
     //以上是局部量定义部分，以下是函数体的语句部分
     for(i=1;i<=n;i++)t=t*i;
     return(t);                        //t 是函数返回值
  }                                    //函数定义结束
```

特殊情况下，可以定义一个空函数，其后再添加形参表和函数体等实质内容。

【例 4-2】 定义空函数。

```
void    none( )
{
 }
```

2．函数调用

函数调用的一般格式为

函数名(实在参数表)

实在参数表（简称实参表）中列出所有的实在参数。调用无参函数时，实参表为空，但圆括号不能少。

例如，主调函数中使用语句：

```
printf("%ld\n",fac(5));
```

即可调用【例 4-1】中的计算阶乘的函数，计算出 5！的值，并输出。

关于实参表有下列规定：

1）实参表中的实参个数、类型必须与被调函数形参表中的形参个数、类型一致。

2）实参可以是常量、变量或一般的表达式。

不同的参数传递方式，对实参的要求有所不同（见下文）。

3）如果实参是一个“真”表达式（含有运算符或函数调用），首先计算表达式的值，然后再进行参数传递。

注意：不同的编译系统，对实参表中各实参求值次序的规定不同。有的规定按自右至左的次序对各实参逐个求值（如 VC），有的规定则按从左到右的次序逐个求值。在某些情况下，不同的计算次序会产生不同的结果（二义性），要特别小心。

例如，假定调用前变量 x 的值等于 4，那么函数调用语句：

```
f(x, ++x);
```

若按从右至左的求值顺序，先求第二个实参++x 的值，再求第一个实参 x 的值，上述语句相当于 f(5, 5)。

若按从左至右的求值顺序，先求第一个实参 x 的值，再求第二个实参++x 的值，上述语句相当于 f(4,5)。

应当采取措施，避免二义性的发生。在容易发生二义性的情况下，最好在函数调用前先计算出各实参的值，然后用计算好的实参值调用函数，而不在调用期间计算实参的值。

按照函数调用在主调函数中出现的不同形式，函数调用分为以下 3 种情况：

1）独立的调用语句。当被调函数不带返回值，或者不准备使用其返回值时，可单独使用一条语句对被调函数进行调用。例如，对输入输出函数的调用就属于这种情况。

2）函数调用出现在表达式中。当被调函数带有返回值，主调函数可以将函数调用作为一个运算对象出现在一个表达式中（直接参与运算，或单独作为一个数据项）。例如：

```
k=fac(5)+fac(6);
```

3）将函数调用作为另一次函数调用的实参。

【例 4-3】 定义求两个整数中较大值的函数，通过调用该函数求 5 个整数中的最大值。

```
#include <stdio.h>
int max(int x,int y)                //定义子函数 max
{ if(x>y)return x;
  else return y;
}
void main( )                        //主函数
{   int a,b,c,d,e,f,g;
    printf("请输入 5 个变量 a，b，c，d，e 的值：\n");
```

```
    scanf("%d%d%d%d%d",&a,&b,&c,&d,&e);
    f=max(a,b);                          //函数调用作为表达式
    g=max(max(f,e),max(c,d));            //函数调用作为实参
    printf("这 5 个变量的最大值=%d\n",g);
}
```

对程序的解释说明

主函数中共调用 max 函数 4 次，第一次调用出现在赋值语句“f=max(a,b);”的右侧，max(a,b)作为一个表达式，这次调用将 a、b 二者中的较大值赋给 f。

语句“g=max(max(f,e),max(c,d));”对 max 函数进行了 3 次调用，相当于：

```
a1=max(f,e);
a2=max(c,d);
g=max(a1,a2);
```

前两次调用作为外层调用的实参（属于函数嵌套调用），实质上也是以表达式身份出现的。

进行函数调用时，必须满足下述条件。

1）若主调函数和被调函数在同一个源程序文件中，则必须满足下列条件之一：

- 被调函数定义于主调函数之前（可以不加函数声明）。
- 在主调函数之前，或主调函数之中对被调函数加以声明。

函数声明的一般格式为

```
函数类型  函数名(类型 1 形参 1，…，类型 n 形参 n);        //尾部带分号
```

或

```
函数类型  函数名(类型 1，…，类型 n);                      //只列出形参类型
```

对被调函数进行声明的作用是，将被调函数的有关信息告诉编译程序，以便能正常编译。

2）若主调函数和被调函数不在同一个源程序文件中，则必须满足下列条件之一：

- 在调用前（通常在本文件的开头）使用文件包含命令（格式如，#include "文件名"），将被调函数说明（函数定义，或函数声明）所在的文件“包含”到主调函数所在的文件中。
- 被调函数必须是“外部函数”，在调用前要对被调函数进行声明，而且这两个文件必须在同一个工程文件中。关于外部函数的含义和对外部函数的声明方法见 4.2.2 节。

【例 4-4】 函数声明示例程序。

```
#include <stdio.h>
int add(int x, int y);                       //函数声明
//这个函数声明也可以写成：int add (int , int);
void main ( )                                //主函数
{
//上述函数声明也可以放在此处
```

```
    int a, b, c ;
    scanf("%d%d", &a,&b);
    c=add(a,b);
    printf("sum   is   %d\n", c);
}
int add(int x, int y)                          //函数定义
{ int m;
    m=x+y;
    return m;
}
```

函数定义和对函数声明的概念和格式均不相同，主要差别在于：

1）函数定义必须带有函数体，而函数声明则不带函数体。

2）函数声明的尾部（即圆括号后面）带分号“;”，而函数定义的函数头尾部不带分号。

4.1.2 函数的返回值

视频
4.1.2 函数的返回值

函数可以不带返回值，也可以带一个返回值，或带多个返回值。这 3 种情况下，设计方法略有不同。

1．不带返回值的函数设计方法

不带返回值的函数往往用于进行某项操作（如对公共数据初始化）。

不带返回值的函数类型为 void。

函数体中可以使用返回语句“return;”终止函数的执行；也可不要返回语句，执行完最后一条语句后，自动返回。

调用 void 类型函数时，只能使用独立的调用语句，不能以表达式身份调用。

不过，为了增强程序的“健壮性和安全性”，即使所设计的函数不打算带回直接参与运算的返回值，也最好不用 void 类型，改用 int 类型，并约定“如果函数调用成功，则返回非 0；否则返回 0（或反过来）”。这样，主调函数就可以根据返回值对调用是否成功进行判断和处理，避免了一旦调用失败，造成意想不到的错误。

例如，现有 void 类型的函数：

```
void p(形参表)
{
…   //具体的操作步骤（从略）
    return ;
}
```

将这个函数改成：

```
int p(形参表)
{
  …   //具体的操作步骤（从略）
  if(成功) return 1;
  else   return 0;
}
```

主调函数中使用语句：

```
k=p(实参表);
if(!k)  …;                        //调用失败的处理步骤
```

或者直接：

```
if(!p(实参表)) …;                 //调用失败的处理步骤
```

2．带一个返回值的函数设计方法

如果函数的设计目的是计算某个值，而主调函数也正需要得到这个返回值，那么可以将返回值的类型指定为函数的类型，在函数体内使用 return 语句，将计算的结果值返回给主调函数。

这种情况下，return 语句的格式为

```
return (表达式);
```

或

```
return  表达式;                   //表达式两侧可带也可不带圆括号
```

其中，“表达式”称为返回值表达式，它的值就是函数的返回值。

【例 4-5】 计算两个正整数最大公约数的函数。

```
int gcd(int a,int b)
{ int r;
   while(b)r=a%b,a=b,b=r;
   return a;                      //返回计算结果值
}
```

【例 4-6】 判断正整数 n（n>2）是否是素数的函数。

```
int prime(int n)
{ int i=3;
  if(n%2= =0)return 0;
  while(i*i<=n)
    if(n%i= =0)return 0;          //若发现 n 的真因子 i，返回 n 不是素数的信息
    else i+=2;
  return   1;                     //n 没有真因子，返回 n 是素数的信息
}
```

可以用如下方式调用 prime 函数。

```
if(prime(a))   输出变量 a 是素数的信息;
else   输出变量 a 不是素数的信息;
```

从【例 4-6】可以看出，函数体中可以有多条 return 语句，只要执行到其中的一条 return 语句，函数便结束执行（返回到主调函数）。

需要说明的是，返回值表达式的类型要与函数的类型一致。如果不一致，在符合自动转

换的条件下（比如，函数的类型为 int，而返回值表达式的类型为 double），系统自动将返回值的类型转换成函数的类型（转换后的数值可能不精确）；若不符合自动转换条件（比如，函数的类型是结构类型，而返回值是实型），则编译时报错。

【例 4-7】 复数四则运算的函数设计。

用 typedef 定义一个结构类型作为复数的类型名，以此类型作为函数类型。

下面只给出类型定义和实现复数的加运算函数，而实现复数减、乘、除运算的函数设计则作为练习题。

```
typedef    struct                          //定义复数类型名
{ double    re,im;
} cmplx;
cmplx cadd(cmplx    x, cmplx y)            //加运算函数
{ cmplx a;
   a.re=x.re+y.re;
   a.im=x.im+y.im;
   return a;
}
```

3．带多个返回值的函数设计方法

某些函数可能同时需要返回多个值。例如，设计求矩阵 $A_{m\times n}$ 最大元素的行列下标的函数时，需要同时返回行号和列号两个值；而设计求矩阵 $A_{m\times n}$ 最大、最小元素的行列下标的函数时，则需要同时返回 4 个值。

由于 return 语句最多只能带回一个返回值，如果需要同时得到多个返回值，就需要作特殊处理。处理方法不外乎以下几种：

1）用结构类型作为函数类型。

2）如果多个返回值的类型相同、含义相近，那么可用数组作参数，把计算结果放在数组中带回（见 4.1.3 节）。

3）将其中一个返回值由 return 语句带回，余下的返回值用其他方法带回。例如，通过整体量带回，通过指针类型的参数带回，通过引用型的参数带回。

4.1.3 参数传递

视频

4.1.3 参数传递

参数是主调函数与被调函数之间的联系纽带，而这种纽带是通过参数传递建立起来的。

C/C++语言提供 3 种不同的参数传递方式：传值、传地址和传引用（C 语言只提供前两种方式）。不同的传递方式，产生的效果不同，使用目的和使用方法也不同。

1．传值

传值（value）是一种简单而又常用的参数传递方式。前面介绍的几个示例函数都是通过传值方式完成“形实结合”的。

关于传值方式有如下要求：

1）形参是简单变量（不是数组），对应的实参是一个“有确定值的”表达式。参数的类型可以是简单类型（如整型、实型、字符型等），也可以是构造类型（结构类型、联合类型

等），或指针类型。

2）对应的实参类型与形参类型相同，或者实参的类型可以自动转换为形参的类型（转换后的数值可能不精确）。

传值方式的执行步骤如下：

1）在函数调用的形实结合期间，计算实参的值，并“赋给”对应的形参。相当于进入函数体前，执行赋值语句

```
形 = 实;
```

其中，“形”代表形参名，“实”代表与该形参对应的实参表达式。

2）形参在获取实参值之后，便与实参脱离了关系（不再有任何联系）。在执行函数体期间，即便形参的值发生了变化，也影响不到实参，因而，无法通过传值方式带回计算结果。

这种参数相当于数学上的“自变量”。

【例 4-8】 参数传值的示例程序。

```
#include <stdio.h>
void add(int x)
{ x+=5;
  printf("x=%d\n",x);
}
void main( )
{ int a=10;
  add(a);
  printf("a=%d\n",a);
}
```

输出结果为（两行数据）：

```
x=15
a=10
```

【例 4-9】 结构类型的参数传值示例。

```
#include <stdio.h>
typedef struct
{   double re,im;
} cmplx;
cmplx conjugate(cmplx a)                  //求共轭复数的函数
{   cmplx b;
    b.re=a.re; b.im=-a.im;
    return b;
}
void   writeln(cmplx a, char c)           //复数输出函数
{   printf("%c=%6.2f%+0.2fi\n",c,a.re,a.im);
 }
void main( )
```

```
{   cmplx x,y;                                    //定义复数变量
    x.re=3.2; x.im=4.1;
    writeln(x,'x');
    y=conjugate(x);
    writeln(y,'y');
}
```

输出结果为：

```
x=   3.20+4.10i
y=   3.20-4.10i
```

2．传地址

传地址的含义是将实参的地址值（address）传递给对应的形参，以便通过实参带回计算结果。

有两种方法实现传地址，一是用指针作形参，二是用数组作形参。这里先介绍指针作形参的使用方法。稍后再介绍数组作形参的使用方法。

指针作形参实现传地址用法的一般格式如下：

形参说明格式为

```
type1 *a
```

对应实参的格式为

```
&b
```

其含义（即对应关系和结合方式）如下：

a 是形参名；type1 是形参类型；*是指针运算符。type1 *a 表示 a 是指向 type1 类型的指针。

b 是变量名，且 b 的类型必须是 type1（a 所指向的对象类型）；&是取地址运算符，&b 表示取类型为 type1 的变量 b 的地址。

形实结合时，将变量 b 的地址值（&b）传给形参 a（不是传给*a），使 a 获得 b 的地址。

在被调函数体内，用*a 实现对变量 b 的间接存取，于是当*a 被重新赋值时，实际上就是对实参 b 赋值，从而通过*a 向 b 传回计算结果。

关于指针运算符、取地址运算符、指针类型、对象类型等术语详见第 5 章。

【例 4-10】 定义传地址的函数，完成交换变量值功能。

```
void   pswap(int *p,int *q)                  //形参 p 和 q 是指针类型
{ int w;
   w=*p, *p=*q,*q=w;                         //交换*p 和*q 的值
   return;                                   //此 return 语句也可不写
}
```

例如，主调函数中有程序段：

```
a=3,b=7;
```

```
pswap(&a,&b);                    //希望交换 a 和 b 的值
printf("a=%d   b=%d\n",a,b);
```

输出结果为：

```
a=7   b=3
```

a 和 b 的值被交换过来了。

下面的函数不能用来交换实参的值。

【例 4-11】 不能完成交换变量值功能的函数。

```
void vswap(int p,int q)              //p 和 q 不是指针类型
{ int w;
  w=p, p=q, q=w;                     //交换 p 和 q 的值
  return;
}
```

主调函数中有程序段：

```
a=3,b=7;
vswap(a,b);                          //希望交换 a 和 b 的值
printf("a=%d   b=%d\n",a,b);
```

输出结果为

```
a=3   b=7
```

a 和 b 的值并没交换过来。

由于【例 4-11】中的参数采用传值方式，虽然函数体内的确交换了 p 和 q 的值，但却没有改变实参 a 和 b 的值。

有了传地址的概念，不难理解为什么使用输入函数 scanf 时，变量名前要加&了。

【例 4-12】 求矩阵最大元素所在行列号的函数。

```
void maxline_col(int a[m][n],int m,int n, int *maxi,int *maxj)
{ int i,j;
 *maxi=*maxj=0;
  for(i=0;i<m;i++)
   for(j=0;j<n;j++)
    if(a[i][j]>a[*maxi][*maxj]) *maxi=i , *maxj=j;
}
```

主调函数通过调用语句：

```
maxline_col(x,3,5,&line,&col);
```

求出 x[3][5]最大元素的行列号，将最大元素的行列号分别记录在变量 line 和 col 中。

3．传引用

C++中，可以通过传引用（reference）带回计算结果，一般用法格式如下：

形参说明格式为

```
type1   &a
```

对应实参的格式为

```
b
```

其含义（即对应关系和结合方式）如下：

a 是形参名；type1 是引用的对象类型；&是引用运算符（并非取地址运算符），type1 &a 表示 a 将在形实结合期间成为某 type1 类型变量（实参）的引用。

b 是变量名，且 b 的类型必须是 type1。

形实结合时建立引用关系：a 是 b 的引用，即 a 是 b 别名（alias），a 和 b 代表同一个变量（相当于一个变量有两个不同的名字）。

在被调函数体内，a 的作用等同于 b，对 a 的赋值实际上就是对 b 的赋值，所以可以通过引用带回计算结果。

【例 4-13】 定义传引用的函数，完成交换变量值功能。

```
void rswap(int &p, int & q)                    //形参 p 和 q 被说明为引用
{ int w;
   w=p, p=q, q=w;                              //交换 p 和 q 的值
}
```

例如，若主调函数中有程序段：

```
a=3, b=7;
rswap(a,b);                                    //希望交换 a 和 b 的值
printf("a=%d   b=%d\n",a,b);
```

输出结果为（a 和 b 的值被交换过来了）：

```
a=7   b=3
```

对程序的解释说明

比较【例 4-10】和【例 4-13】中的程序，不难看出【例 4-13】程序的“版面”要“干净”得多，更易于理解和阅读，运行效率也高些；反之，【例 4-10】的函数 pswap 中，参数 p 和 q 的前面处处带“*”，初学者难于理解，由于多做一次“间接寻址操作”，也影响了运行速度。

特殊情况下，引用还可用作函数的返回值。

【例 4-14】 引用作为函数返回值的示例程序。

```
#include   <iostream.h>
int a[ ]={2,4,6,8};                    //定义整体量数组 a
int & p( int i)                        //定义函数 p( )，其返回值是 int 类型的引用
{   return a[i];}                      //返回 a[i]的引用
void main( )
{   p(2)=9;                            //注 1
    cout<<a[2]<<endl;                  //输出结果：9
}
```

对程序的解释说明

观察注 1 语句，p(2)是函数调用，本次调用的返回值是 a[2]的引用，p(2)相当于 a[2]的别名，对 p(2)赋值也就是对 a[2]赋值，赋值结果，将 a[2]的原来值 6 改为 9，所以输出结果为 9。

一般情况下，函数调用是不能出现在赋值号左边的，本例是极为特殊的用法，通过返回引用，使得函数调用出现在赋值号的左边。

另外，使用返回引用的函数时，要考虑变量的作用域（下述），否则，返回的引用可能是无效的。

4．数组作参数

第 3 章已经介绍过，数组名代表数组的首地址。数组作参数时，传递的就是数组的首地址，也可理解成传递数组名的值。

一维数组作形参的用法与多维数组作形参的用法略有不同。

一维数组作形参的一般格式如下：

形参数组的说明格式为

```
type1   x[E]        //或 type1   x[ ]
```

对应实参的格式为

```
a
```

其中，x 是基类型为 type1 的形参数组名；E 是数组长度（常量表达式）；a 是基类型为 type1 的实参数组名。

x 是一维数组时，E 可以省略，但方括号不能少。

形实结合时，形参数组名获取实参数组的地址（即首元素的地址），形参数组不另分配存储单元，所以形参数组元素就是实参数组元素，函数体内对形参数组元素的任何操作，实际上都是对实参数组元素的操作（即 x[i]就是 a[i]）。

【例 4-15】 一维数组作形参的函数设计示例。

将指定的一段数组元素 x[i]～x[j]（0≤i＜j＜N，N 是数组长度）逆转，即排列次序与原来相反。用首尾对应元素互换的方法加以实现，函数定义如下：

```
void reverse(int x[ ],int i,int j)
{
  int t;
  for(;i<j;i++,j--)t=x[i],x[i]=x[j],x[j]=t;
  return;
}
```

若主调函数中有下列定义和函数调用：

```
int   b[N]={1,2,3,4,5,6,7,8,9,10};
reverse(b,3,6);
```

就将 b[3]～b[6]一段元素逆转，其余元素排列不变（元素排列为：1,2,3,7,6,5,4,8,9,10）。

多维数组作形参时，参数传递方式与一维数组相同，也是将实参数组的地址传递给形参数组。在对形参数组说明时，可以省略左起第一维的大小，其他维的大小不能省略。

例如，二维数组 a[M][N]作形参时，可说明为

```
int a[M][N]                    //表示该数组有 M 行 N 列，元素类型为 int。
```

或说明为

```
int a[ ][N]                    //表示该数组不知多少行，但知道每行有 N 列元素。
```

但是，不能说明为

```
int a[ ][ ]
```

也不能说明为

```
int a[M][ ]
```

之所以这样规定，是便于系统计算数组 a[M][N]的元素 a[i][j]地址（以便找到该元素）。

元素 a[i][j]的地址计算公式为

```
loc(i,j)=a+i*N+j
```

其中，a 是元素 a[0][0]的地址，loc(i,j)表示元素 a[i][j]的地址。这里，假定每个元素占“一个”内存单元。

如果不标出列数 N，显然无法计算出元素 a[i][j]的地址。

【例 4-16】 二维数组作形参的函数设计示例（求 a[M][N]每行最大元素值）。

```
#define   M   4
#define   N   5
void   maxline(int a[M][N],int b[M] )
{ int   i,j,maxj;
  for(i=0;i<M;i++)
  { maxj=0;
    for(j=1;j<N;j++)
     if(a[i][j]>a[i][maxj])maxj=j;
    b[i]=a[i][maxj];
  }
}
```

对程序的解释说明

上述函数头也可写成

```
void   maxline(int a[ ][N],int b[ ] )
```

本函数用了两个数组参数，一个是二维数组 a[M][N]（提供原始数据），另一个是一维数组 b[M]（保存计算结果）。

若主调函数中有定义：

```
int   x[M][N], y[M];
```

在输入数组 x 的各元素值后，就可以通过调用：

```
maxline(x, y);
```

求出矩阵 x 每行最大元素值，将所得的结果存放于数组 y[M]中。

5．参数选择的基本原则

设计功能复杂的函数时，往往需要使用很多变量，其中有的可选作形参，有的可在函数内部定义为局部量，有的可以使用在函数外部定义的全局量（关于局部量和全局量的含义见 4.2 节）。在选用时，通常应遵循“优先选用局部量，慎用全局量，传递信息用形参；而对于形参，则先定传值型，再定传址型”的基本原则，具体如下：

1）首先将那些与外界无关的量定义为局部量。所谓无关是指，执行函数时既不要求由主调函数向其传递数据，执行完毕后，也不需要通过它向主调函数传回数据。比如，函数体中使用的循环控制变量、用作交换的中间过渡变量等。换句话说，只有与外界有联系（由外向内，或由内向外传递数据）的那些量才有必要列为形参。

2）函数中可以使用全局量（主要是多个函数都要用到的公用量，比如在函数外部定义的用于表示数组的最大长度、最大最小元素值的符号常量）。但是为了增强函数的通用性和可靠性，应尽量少用或不用全局量，也就是说，最好让函数仅通过参数传递与外界进行联系。尤其要注意的是，不要“轻易地”修改全局量的值，以避免函数的副作用。

在确定局部量和全局量之后，函数中用到的其余变量都必须列为形参，并按下列原则确定各参数的传递方式。

3）先定传值型参数。那些只在调用函数时获取实参的值，不希望对形参的修改影响到对应的实参（或者说，不希望在执行函数体期间形参再与对应的实参保持联系）的参数应列为传值型。

4）那些在调用时需要向形参传递数据，并希望经过函数调用改变（或有可能改变）实参原来值的参数，应当列为传指针型或传引用型（参见【例 4-10】、【例 4-13】和【例 4-17】）。

【例 4-17】 将 a 和 b 两个变量调整成 a≤b 形式的函数。

采用的方法是：若 a≤b，则直接返回；否则交换它们的值。

```
void   alesstob(int &a,int &b)
{ int w;
   if(a>b)w=a, a=b, b=w;
}
```

5）那些并不需要由主调函数提供数值，但需要将计算结果值传给主调函数的，可选定为函数的返回值，如累加值、累乘值、平均值和统计数据等。

如果函数中有多个这样的值，可选定其中一个（最典型的）结果值作为函数返回值，其他的结果值应列为传指针或传引用的形参。

6）数组作参数时，由于传递的是实参数组的首地址，所以在函数内部对形参数组元素值的修改就是对实参数组元素值的修改（参见【例 4-15】和【例 4-16】）。也就是说，可以通过数组传回一批值。

如果不希望这种修改影响到实参数组元素，应当做一个备份数组（局部量），在函数内部对备份数组进行处理。

4.1.4 程序设计示例

视频
4.1.4 程序设计示例

【例 4-18】 按下列公式，编制计算勒让德（Legendre）多项式 $P_n(x)$值的函数。

$$P_n(x)=\begin{cases}1 & n=0\\ x & n=1\\ ((2n-1)x\cdot P_{n-1}(x)-(n-1)\cdot P_{n-2}(x))/n & n>1\end{cases}$$

按照公式，可立即得出如下程序。

```
double   legendre(int n, double x)
{ double   t;
   if(n= =0) return 1.0;
   if(n= =1) return x;
   t=((2*n-1)*x*legendre(n-1,x)-(n-1)*legendre(n-2,x))/n;
   return t;
}
```

【例 4-19】 设计将数组 a[n]每个元素循环右移 k 位的函数（0<k<n）。

例如，n=6，k=2。

a[6]的元素原始排列为： 10，20，30，40，50，60

循环右移 2 位后排列为：50，60，10，20，30，40

此题有多种解法，下面介绍其中的两种，另三种解法见拓展文件。每种解法效率各有不同（占用内存单元数不同，运行速度不同），请读者试分析对比。

方法 1：k 遍右移法。

每遍将 n 个元素循环右移一位，经 k 遍右移后完成。

```
void   method1(int n,int k)
{ int   x,i,j;
  for(j=0;j<k;j++)                          //k 遍右移
  { x=a[n-1];                               //取出最后元素
     for(i=n-1;i>=0;i--)a[i+1]=a[i];        //其他元素依次右移一位
     a[0]=x;                                //将取出的最后元素放在首位
  }
}
```

为简化程序，这里数组 a 使用全局量（下同）。因为每遍右移一位，k 遍循环则右移 k 位。

方法 2：等长辅助数组法。

使用与 a[n]等长的辅助数组 b[n]，将 a[n]的 n 个元素（错位地）移入数组 b[n]，然后，再从数组 b[n]顺序移回数组 a[n]。

```
void   method2(int n,int k)
{ int   i,b[N];
    for(i=0;i<n;i++)b[(i+k)%n]=a[i];            //将数组 a 的元素移入数组 b
    for(i=0;i<n;i++)a[i]=b[i];                  //将数组 b 的元素移回数组 a
}
```

注意将数组 a 的元素移入数组 b 时，数组 b 的元素下标与数组 a 的元素下标始终相差 k。

拓展

示例 T4-1

拓展

示例 T4-2

拓展

示例 T4-3

习题 4.1

[填空题]

4.1-1 函数定义中的参数称为（1）______参数，函数调用中的参数称为（2）_____参数。

4.1-2 对于函数定义：

```
int f(int m,int n)
{ if(!n)return m;
  return f(n,m%n);}
```

（1）____________是形参；（2）_________是实参。

4.1-3 数组作形参时，（1）_____通过实参传回计算结果；结构类型作形参时（2）_____通过实参传回计算结果；指针作形参时，（3）_____通过实参传回计算结果（回答：能/不能）。

[选择题]

4.1-4 下面叙述正确的是（　　）。

A．函数体中，至少含有一条 return 语句

B．return 语句只能出现在函数体中

C．return 后面必须带有表达式

D．return 后面的表达式必须用括号括起来

4.1-5 下列函数定义正确的是（　　）。

A．int max(int a, int b) {return a>b?a:b;}

B．int max(int a; int b){ return a>b?a:b;}

C．int max(int a, b) {return a>b?a:b;}

D．int max(a,b) {int a,b;return a>b?a:b;}

4.1-6 下面叙述正确的是（　　）。

A．结构类型的域可以作为实参

B．实参类型必须与形参类型完全相同

C．在函数调用前，实参的值必须确定

D．实参名前带“&”时，形参名前必然带“*”

4.1-7　形参是一维数组时，下面说法正确的是（　　）。

A．对应实参必须为一维数组名

B．实参数组的元素个数必须等于形参数组的元素个数

C．实参可以是数组元素

D．实参可以是数组元素的地址

4.1-8　形参是多维数组时，下列说法正确的是（　　）。

A．对应的实参必须是同维数的数组

B．形参数组可省略最右一维的大小

C．形参数组可省略最左一维的大小

D．形参数组必须指定每一维的大小

[程序阅读题]

4.1-9　分别指出下面两个函数的功能。

```
void  move(int a[ ],int n)
{ int i,j,t;
  for(i=0,j=n-1;i<j;i++,j--)t=a[i],a[i]=a[j],a[j]=t;
}
void  inverse(int a[ ],int n)
{ int i,j;
  for(i=0,j=n-1;i<j;i++,j--)a[i]+=a[j],a[j]=a[i]-a[j],a[i]=a[i]-a[j];
}
```

4.1-10　指出函数 delx 的功能。

```
int  delx(int a[ ],int n,int x)
{ int i,k;
  for(i=k=0;i<n;i++)
    if(a[i]!=x)a[k++]=a[i];
  return k;
}
```

4.1-11　写出下列 3 个函数调用的返回值，并指出函数 reverse 的功能。

函数调用 1：reverse(2000);

函数调用 2：reverse(303);

函数调用 3：reverse(2139);

```
int  reverse(int n)
{ int i,j=0,k=0,a[M];                                //M 是常数
  while(n)
    a[j++]=n%10,n/=10;
  for(i=0;i<j;++i)k=10*k+a[i];
```

```
    return k;
  }
```

4.1-12　写出下列 3 个函数调用的返回值，并指出函数 oddeven 的功能。
函数调用 1：oddeven(2008);
函数调用 2：oddeven(1002);
函数调用 3：oddeven(33557);"

```
int  oddeven(int  n)
{ int i=0,j=0;
  while(n)
   { if((n%10)%2)i++;else j++;
     n/=10;
    }
  if(i&&j) return 0;
   else
     if(i&&!j) return 1;
   return 2;
}
```

4.1-13　写出下列 3 个函数调用的返回值，并指出函数 f 的功能。
函数调用 1：f(219);
函数调用 2：f(123);
函数调用 3：f(3267);

```
int  f(int n)
 { int i=0,j=0;
  while(n)
   { if((n%10)%2)i=1; else i=2;
     if(i= =j)return 1;
     j=i;  n/=10;
    }
   return 0;
}
```

4.1-14　写出程序输出结果，并指出函数 xoy 的功能。

```
#include  <stdio.h>
#define  N  80
void  divide(int k,int a[N])
{ int i;
  for (i=0;i<N;i++) a[i]=0;
  i=0;
  while(k)
  { if(k%2) a[i]=1;
    i++;  k/=2;
  }
```

```
}
int   xoy(int x,int y)
{ int i,t=0,a[N],b[N];
  divide(x,a);
  divide(y,b);
  for(i=N-1;i>=0;i--) a[i]=(a[i]!=b[i]), t=2*t+a[i];
  return   t;
}
void   main( )
{ printf("%d\n",xoy(23,57));
}
```

4.1-15 （1）写出函数调用 f101(100,1)所产生的输出结果。
（2）若 x 和 y 是 1～100 任意整数，写出函数调用 f101(x,y)所产生的输出结果。

```
void   f101(int a,int b)
{   int t=1;
  while(t)
  {   while(a<=100) a+=11,b++;
     if(!b)t=0; else a-=10,b--;
  }
 printf("%d\n",a);
}
```

4.1-16 （1）写出函数调用 f101(99)所产生的输出结果。
（2）若 x 是 1～100 任意整数，写出函数调用 f101(x)所产生的输出结果。

```
void   f101(int a)
{ int   b=1;
 while(1)
  { while(a<=100) a+=11,b++;
     if(!b){ printf("%d\n",a); return ;}
     else   a-=10,b--;
  }
}
```

4.1-17 写出程序输出结果（运行时，输入字母 b）。

```
#include   <stdio.h>
char   f(char c) { return(c-'a'+2)%8+'a';}
void   main( )
{   int i,t=0; char ch;
  ch=getchar( );
  printf("%c\n",f(ch));
  for(i=0;i<8;i++)
    if(ch= = ('a'+i-1)) t++, ch=f(ch);
  printf("%c\nt=%d\n",ch,t);
}
```

4.1-18 写出程序输出结果。

```
#include  <stdio.h>
const  int  n=16;
void  p(char d[ ])
{ int i,j=0;
   char c,code[n],letter[n];
   c='A';
   for(i=0;i<n;i++) letter[i]=c++;
   for(i=0;i<n;i++) code[i]=letter[(i+2)%n+1];
   c=d[0];
   while(c!='\0')
   { for(i=0;i<n;i++)
        if(c= =letter[i])c=code[i];
     putchar(c);
     c=d[++j];
   }
}
void  main( )
{ char a[ ]="BCDEFG";
   p(a);
   printf("\n");
}
```

4.1-19 写出程序输出结果。

```
#include  <stdio.h>
void  s(char x,char &y)
{ x++;  y+=5;
  printf("%c%c",x,y);
}
void  main( )
{   char x='M', y='O';                          //O 是大写字母
    s(y,x);
    printf("%c%c\n",x,y);
    s(x,y);
    printf("%c%c\n",x,y);
    s('D',x);
    printf("%c%c\n",x,y);
}
```

4.1-20 写出程序输出结果。

```
#include  <stdio.h>
int  x=2,y=3;
int calc(int a,int b)
{   static int x;
    x+=a+b;
```

```
    y+=a-b;
    return (x*y);
}
void  main( )
{ int  m=2,n=1;
   x=calc(m,n);
   printf("%4d%4d:",x,y);
   y=calc(m,n);
   printf ("%4d%4d\n",x,y);
}
```

4.1-21　写出程序输出结果。

```
#include  <stdio.h>
#define  n  13
#define  B  'A'
char  ff(char ch)
 {  return(ch-B+3)%n+B; }
void  main( )
{ int i;  char c=B;
   for(i=0;i<n;i++)
     if(c= = (B+i-1))   { printf("%c",c);c=ff(c);}
  printf("\n");
}
```

4.1-22 （1）写出程序输出结果。

（2）将语句 1 换成“b[a[j]]=b[a[j]]+1;”，语句 2 换成“x[i]=1+(int)(log(i+0.1)/log(2));”，写出程序输出结果。

```
#include  <stdio.h>
#define  N  21
void  pots(int a[N])
{int j,b[N];
   for(j=1;j<N;j++) b[j]=0;
   for(j=1;j<N;j++)
     b[a[j]]=a[j];                                //语句 1
   for(j=N;j>=1; --j)a[j]=b[j];
}
void  main( )
{ int i,x[N];
  for(i=1;i<N;i++)
  x[i]=1+(i+37)%(N-1);                            //语句 2
  pots(x);
  for(i=1;i<N;i++)  printf("%3d",x[i]);
  printf("\n");
}
```

4.1-23　写出程序输出结果。

```
#include   <stdio.h>
int   k=10;
void   f(int   m)
 { m+=k;   k+=m;
    { char   k='D';
       printf ("%4d\n",k -'A');
    }
    printf ("%4d%4d\n",m,k);
}
void main( )
{ int   i=7;
   f(i);
   printf ("%4d%4d\n",i,k);
}
```

[程序填空题]

4.1-24　使程序输出结果为：x=-3,　y=16

```
#include   <stdio.h>
void   p(int &a,int &b)
{   a=2*a-3*b+5;
   b=3*b-2*a-2;
}
void   main( )
{ int   x（1）_____, y （2）_____;
   p(x,y);
   printf("x=%d,   y=%d\n",x,y);
}
```

4.1-25　本函数用有序插入法（参见【例 3-9】），将数组元素（正整数）排成由小到大次序。

```
void   insertsort(int a[N] )                    //N 是常数（整体量）
{ int i,j,x;
   a[0]=-1;
   for(i=2;i<N;i++)
   {   x=（1）_____;（2）_____ i-1;
       while(x<a[j]) （3）_____ =a[j--];
       （1）_____ =x;
   }
}
```

4.1-26　本程序读入一串正整数，以 0 作为输入结束标记，计算两两相邻正整数的最大公约数，并且最后一个正整数和第一个正整数也认为是相邻的。

```
#include   <stdio.h>
```

```
#define  N  1000
int （1）__________;
void  main ( )
{ int i,n,a[N],b[N];
  for(n=0;n<N;n++)
    { scanf("%d",&a[n]);
      （2）_______ break;
    }
  for(i=0;i<n-1;i++)b[i]=_____（3）_______ ;
    （4）__________ =gcd(a[n-1],a[0]);
  for(i=0;i<n;i++) printf("%4d",b[i]);
  printf("\n 程序结束。\n");
}
int  gcd(int a,int b)
{ int r;
  while(b) r=a%b, a=b, b=r;
    （5）__________;
}
```

4.1-27　本程序先将数组 a[N]的两两相邻元素互换，然后再将其元素倒排。

```
#include  <iostream.h>
const  int  n=8;
void  rswap(int &a, int& b)
{ （1）_________;
    w=a, a=b, b=w;
  }
void  main( )
{  int  a[n],i;
   for(i=0;i<n;i++) cin>>a[i];
   for(i=0;i<n;i++) cout<< a[i]<<"  ";
   cout<<endl;
   for(i=0; （2）________; （3）________) rswap(a[i],a[i+1]);
   for(i=0;i<n;i++) cout<< a[i]<< "  ";
   cout<<endl;
   for(i=0;i<n/2;i++)  rswap( （4）___________);
   for(i=0;i<n;i++) cout<< a[i]<< "  ";
   cout<<endl;
}
```

4.1-28　本程序读入若干个正整数，先输出其中由奇偶数字相间组成的数（如 1231，21843 等），再输出仅含奇数字的数（如 1351），然后输出仅含偶数字的数（如 2002），最后输出其余各数。

```
#include  <stdio.h>
#define  N  10
int  test(int d[N],int k)
```

```
{ int i,flag=0;
  for(i=0;i<k;i++) flag+=d[i];
  if(（1） ________) return 2;
  else
   if(flag= =k)return 1;
    else
    {for(i=0;i<k-1;i++)if(（2） ___________)return 3;
      （3） ______________ ;
    }
}
int   split(int n)
{ int k,d[N];
  k=0;
  while(n)
  { d[k++]=（4） _________ %2;
    n/=10;
  }
  return   （5） ___________;
}
void   main( )
{ int   i,j1,j2,k1,k2,x,n,a[N],b[N],c[N];
  n=-1;
  scanf("%d",&x);
  while(x)
  { a[++n]=x;
    if(n= =N-1) break;
    scanf("%d",&x);
   }
  j1=k1=-1;   j2=k2=N;
  for(i=0;  （6） _________;i++)
   {   x=split(a[i]);
       switch(x)
       {
        case 0:（7） ______ =a[i];break;
        case 1: b[--j2]=a[i];break;
        case 2: c[++k1]=a[i];break;
        case 3:  （8） _____ =a[i];break;
      }
   }
  printf ("奇偶相间的数有:");
  for(i=0;i<=j1;i++)    printf("%8d",b[i]);
  printf ("\n 全部由奇数字组成的数有:");
  for(i=N-1;i>=j2;i--)    printf("%8d",b[i]);
  printf ("\n 全部由偶数字组成的数有:");
  for(i=0;i<=k1;i++)    printf("%8d",c[i]);
  printf ("\n 其余的数:");
```

```
    for(i=N-1;i>=k2;i--)    printf("%8d",c[i]);
    printf ("\n");
}
```

4.1-29　函数 p 产生如图 4-2 所示的 n×n 的环形矩阵（编号相同的空内填写相同内容）。

```
void   p(int a[n][n])             //n 是常数（整体量）
{ int   i,j,m;
     （1）_____________;
     for(i=0;i<m;++i)
       {
         for(j=i;j<n-i;j++) a[i][j]=（2）_______;
         for(j=（2）____ ;（3）_____ ;j++) a[j][n-i-1]=i+1;
         for(j=n-i-2;j>=i;j--) a[n-i-1][j]=（2）_______ ;
         for(j=（4）_____ ;（5）_____ ; j--) a[j][i]=i+1;
       }
}
```

1	1	1	1	1	1	1
1	2	2	2	2	2	1
1	2	3	3	3	2	1
1	2	3	4	3	2	1
1	2	3	3	3	2	1
1	2	2	2	2	2	1
1	1	1	1	1	1	1

图 4-2　7 阶环形矩阵

4.1-30　程序一和程序二都可以生成第 3 章中图 3-6b 所示的 n×n 蛇形矩阵（编号相同的空内填写相同内容）。

程序 1：

```
#include   <stdio.h>
#define   N   9
int   b[N][N];
 void   pm(int k)
 { int c,j;
   if(k)
 { pm(k-1);
    c=（1）__________ ;
    for(j=0;j<k;j++)
      if(k%2) （2）__________=++c;
      else   b[j][k-1]=（3） __________;
    for(（4）__________;j>=0;j--)
     if(k%2)（5）__________=++c;
     else   b[k-1][j]=++c;
 }
}
void   main( )
{ int   i,j, n;
   scanf("%d",&n);                                  //（n≤N）
   pm(n);
   for(i=0;i<n;i++)
   {   for(j=0;j<n;j++)printf("%4d",b[i][j]);
      printf("\n");
   }
}
```

程序 2：

将程序一中的函数调用 pm(n)改为 pn(b,n)。

```
void   pn(int a[N][N],int n )
{ int   j, k, （6） _______;
  for(k=0;k<n;k++)
   if(k%2)
     { for(j=0; （7） _______;j++)a[j][k]=c++;
       for(j=k-1;j>=0;j--) （8） _______ =c++;
     }
   else
     { for(j=0; （7） _______;j++)a[k][j]=c++;
       for(j=k-1;j>=0;j--) （9） _______ =c++;
     }
}
```

4.1-31　下面的程序用来找出数组 a 中的最长字母串，且找出未在该字母串中出现过的字母。字母不分大小写。

```
#include   <stdio.h>
#include   <ctype.h>
const   int   N=900;
void   p73(char a[ ] ,int n ,int &p,int &q,char b[27] ,int &t)
{ int i,k,max,x[26]={0};    char c;
 for(i=k=max=0;i<n;i++)
  if(isalpha(a[i])) （1） ____________;
  else
   {   if(k>max)max=k, （2） ____________;
       k=0;
   }
 p= （3） ______ ;
 for(i=p;i<=q;i++)
  {   if(islower(c=a[i]))c=toupper(c);
      x[ （4） _____]=1;
  }
   for(i=t=0;i<26;i++) if(!x[i])b[ （5） ____]='A'+i;
}
void   main( )
{ int n, i,j,k;char a[N],b[27]="\0";
  printf("请输入一个串\n");
  for(n=0;(a[n]=getchar( ))!='\n';n++);
  printf("所输入的串为:\n");
  for(i=0;i<n;i++)putchar(a[i]);
  printf("\n");
  p73(a,n,i,j,b,k);
  printf("其中最长的字母串为:\n");
  for(;i<=j;i++)putchar(a[i]);
```

```
    printf("\n");
    printf("没在子串中出现的字母有:\n");
    for(i=0;i<k;i++)putchar(b[i]);
    printf("\n");
}
```

4.1-32　下面的程序用来找出数组 a 中的最长回文串（正反读相同的串）。

```
#include  <stdio.h>
const  int  N=900;
int  px(char a[ ] ,int i ,int j)
{ while(i<j)
    if(a[i]!=a[j])  return  （1）_________;
      else  （2）_________;
  return 1;
}
void p75(char a[ ] ,int n,int &s,int&t)
{ int i,j,max=0;
  for(i=0;i<n-1;i++)
    for(j=i;j<n;j++)
      if(px(a,i,j)&&  （3）_________)
        max=j-i+1,  （4）_________;
}
void  main( )
{ int n, i,j;char a[N];
  printf("请输入一个串\n");
  for(n=0;(a[n]=getchar( ))!='\n';n++);
  printf("你输入的串为:\n");
  for(i=0;i<n;i++)putchar(a[i]);
  printf("\n");
  p75(a,n,i,j);
  printf("其中最长的回文串为:\n");
  for(;i<=j;i++)putchar(a[i]);
  printf("\n");
}
```

4.1-33　通过递归函数，计算 f(1)～f(20)中任一项的值，其中，f(n)定义式为：

$$f(n)=\begin{cases}1 & n=1\\ 2 & n=2\\ 3 & n=3\\ f(n-1)+2f(n-2)+3f(n-3) & n>3\end{cases}$$

```
#include <stdio.h>
long  f(int n);
void  main( )
{ int n;
```

```
while(1)
{ printf("n=");
  scanf("%d",&n);
  if(n<1||n>20) （1） ______ ;
    printf("f(%d)=%ld\n",n, （2） ______);
}
}
long   f(int n)
{ （3） ____________
 {   case 1:return 1;
     case 2:return 2;
   case 3:return 3;
   default : （4） ____________;
 }
}
```

4.1-34　输入 N 对整数和实数，计算每对整数和实数的绝对值之和，并求出绝对值之和最大的一对。

```
#include   <stdio.h>
#define   N   15
#define   ABS(X)   (x>=0 ? x: -x)              //带参数的宏
void main( )
{     （1） __________;
    float   x, x0,s,s0=0;
      printf("请输入 %d 对整数和实数。\n",N);
       for(i=0;i<N;i++)
       { scanf("%d%f",&a,&x);
          s=ABS(a)+ABS(x);
          printf("|%d| + |%.3f| = %.2f\n", （2） __________);
          if(s>s0)  （3） __________;
       }
     printf("|%d| + |%.2f| = %.2f\n", （4） __________);
}
```

[程序设计题]

编写完成下列各功能的子函数，和与之相应的（调用该子函数的）主函数。

4.1-35　返回某字母在某个字符串中出现的次数。

4.1-36　判断正整数 n 是否是合数（有真因子）。若是则返回 1；否则返回 0。

4.1-37　判断 3 个实数 a、b、c 能否作为一个三角形 3 条边长度（是否均为正值，而且任一个数是否小于另两个数的和）。若能，则返回 1，否则返回 0。

4.1-38　计算边长为 a、b、c 的三角形面积（假定 a、b、c 的确是某三角形的 3 条边长度）。

4.1-39　返回数组 a[n][n]中最大元素和次大元素所在的行列下标。

4.1-40　统计在数组 a[N]中，排在 a[i]（对每个元素 a[i]）前面，而大于 a[i]的元素个数。

4.1-41　取正整数 n 的右起第 k 位数字的函数 digit(n,k)。

例如：digit(21971203,5)=7　　digit(119123,4)=9　　digit(2613,5)=0

4.1-42　利用判断 n 是否是素数的函数，找出 3 位数中相邻最远的一对素数，及它们之间的距离。这里，若 a 和 b 同为素数（a<b），且 a 与 b 之间没有其他素数，那么 a 和 b 就是一对相邻素数，而 a 和 b 之间非素数个数即是 a 和 b 的距离。

4.1-43　分别计算下面算式前 n 项之值。

$$1+\frac{1}{3}+\frac{1}{5}+\frac{1}{7}+\cdots$$

$$1-\frac{1}{3}+\frac{1}{5}-\frac{1}{7}+\cdots$$

4.1-44　设计实现矩阵（m 行 n 列）运算的一套函数，包括：矩阵的输入函数、输出函数，相加函数、相减函数。

4.1-45　将例 4-7（复数四则运算的函数设计）补充完整。

△4.1-46　测试一个表达式中的左右括号“（”与“）”是否配对。若配对，则返回括号的最大嵌套深度，否则返回“-1”。

△4.1-47　假定一个算式中括号嵌套不超过 3 层，一对圆括号“( )”用于内层，一对方括号“[ ]”用于中层，一对花括号“{ }”用于外层。测试算式中的括号使用是否合理（包括是否匹配）。

△4.1-48　求以文本文件存储的一篇英文文章中，共含有多少段（段与段用回车符隔开），每段含有多少句（以“.”为句尾），以及最大段（含句子最多的段）所含句子数。

△4.1-49　假定字符串 a 长为 m，字符串 b 长为 n（m>n），在串 a 中找出与串 b 完全相同的一段字符 a[i]～a[i+n-1]。若找着则返回 i；否则返回-1。

△4.1-50　统计字符串中出现的“单词”个数。其中，“单词”是由非字母字符隔开的字母串，且至少含有一个元音字母（a，o，i，e，u 之一），但不要求具有实际含义。

△4.1-51　计算下列公式的近似值，截断误差不超过 1E-6。

$$\ln(1+x)=x-\frac{x^2}{2}+\frac{x^3}{3}-\frac{x^4}{4}+\cdots \qquad (-1<x\leqslant 1)$$

$$\cos x=1-\frac{x^2}{2!}+\frac{x^4}{4!}-\frac{x^6}{6!}+\cdots \qquad \text{（x 的单位是弧度）}$$

4.2　变量的作用域和存储属性

4.2.1　作用域

视频

4.2.1　作用域

准确地说，变量的作用域指的是标识符的作用域。

用户在程序中定义的变量名、函数名、类型名、常量名等标识符都具有其“可以使用的范围”，这个“范围”称为标识符的作用域。

为了简化叙述，下面讨论作用域时，把标识符笼统地称为“量”（或变量）；把对变量和函数的定义或声明等统称为“说明”。于是，“说明”可能指的是定义，也可能指的是声明。把使用变量（或函数）的名或值统称为“使用”或“起作用”。

程序中使用变量时，必须考虑它的作用域，超出作用域，便属于“未定义标识符”（undeclared identifier），对于这种情况，编译时会报错。

变量的作用域依赖于它的说明出现在程序中的位置。不同种类的变量，对其作用域的规定可能不同。

其中，在函数（包括主函数和子函数）内部定义的量属于局部量（函数形参的地位等同于局部量）。

在函数外面定义的量（包括常量名、宏名、函数名、类型名等）称全局量。函数名本身属于全局量。

局部量（包括形参）又称“内部量”，全局量又称“整体量”或“外部变量”（external variables）。

关于作用域的规定大体如下：

1）局部量的作用域：从第一次遇到对它的说明起，到它所在最小程序单位的最后一个“}”为止。

2）全局量的作用域：从第一次遇到对它的说明起，到它所在的源程序结束处为止。

3）函数的作用域：后面定义的函数可以调用前面定义的函数；前面定义的函数不能调用后面定义的函数，除非在调用之前（主调函数内部，或主调函数前面）对被调函数加以声明。

【例 4-20】 局部量作用域示例 1，如图 4-3 所示。

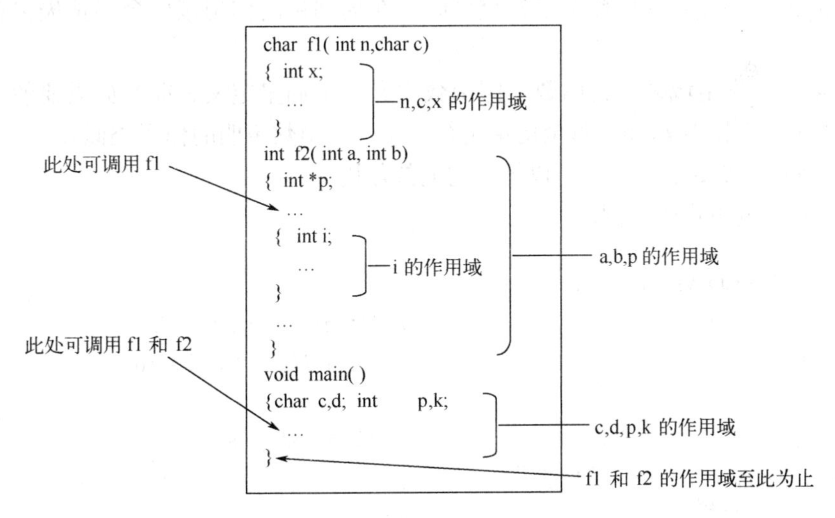

图 4-3 局部量作用域示例之一

关于局部量的定义和作用域需要说明下列几点：

1）同一作用域内的标识符不能重名（否则编译时报错，标识符重复定义 redefinition）；不同作用域中的标识符可以重名，它们代表完全不同的含义。

2）ANSI C 中，局部变量只能在函数体内定义，而且必须出现在第一条语句之前。其作用域从定义点起，到本函数体的终点。在 C++中，对局部变量的定义可以出现在函数体的任一分程序内的任意位置，其作用域从定义点起，到本分程序结束点止。

分程序是用“{}”括起来的程序段，其中可以含有说明和语句。

【例 4-21】 局部量作用域示例 2。

```
void  test( )
{ int x,y,n;                          //x,y,n 的作用域从这里开始
   scanf("%d %d %d", &x,&y,&n);
   for(int i=0;i<n;i++)               //i 的作用域从这里开始
     {   int j;                       //j 的作用域从这里开始
         ...
     }                                //j 的作用域到此为止
   for( i=0;i<n;i++)
     {  …  }
}                                     //x,y,n, i 的作用域到此为止
```

C++采用这种即时定义方式，可以做到对变量“即用即定义，用后就放弃（即收回存储单元）”的效果，充分利用内存单元（因为释放后的存储单元，可再分配给其他变量占用），也为编程人员提供较为宽松的编程环境，将精力集中于编写函数的处理语句，当发现变量不够用时，随时定义一个变量，接着使用它，而无须“回过头来”再到前面定义变量。

关于全局量的定义和作用域需要说明下列几点：

1）全局量与全局量不能重名（C++中允许使用同名函数实现函数的重载）。

2）全局量与局部量（包括形参）重名时，在局部量的作用域内全局量失去意义，局部量起作用。

3）在全局量作用域之外的函数（即函数定义在全局量定义之前）如果要使用全局量，应当在函数内部使用“extern”对全局量进行声明（与函数声明的作用类似）。

对外部变量和函数的声明，可以扩大它们的作用域。

【例 4-22】 变量声明示例。

```
int  f1(int x,int y)
{ extern  int a,b;                        //对全局量 a，b 进行声明
   …                                      //此处可以使用全局量 a，b
 }
int a,b;                                  //定义全局量 a，b
void  main( )
{
   …
}
```

【例 4-23】 全局量作用域示例，如图 4-4 所示。

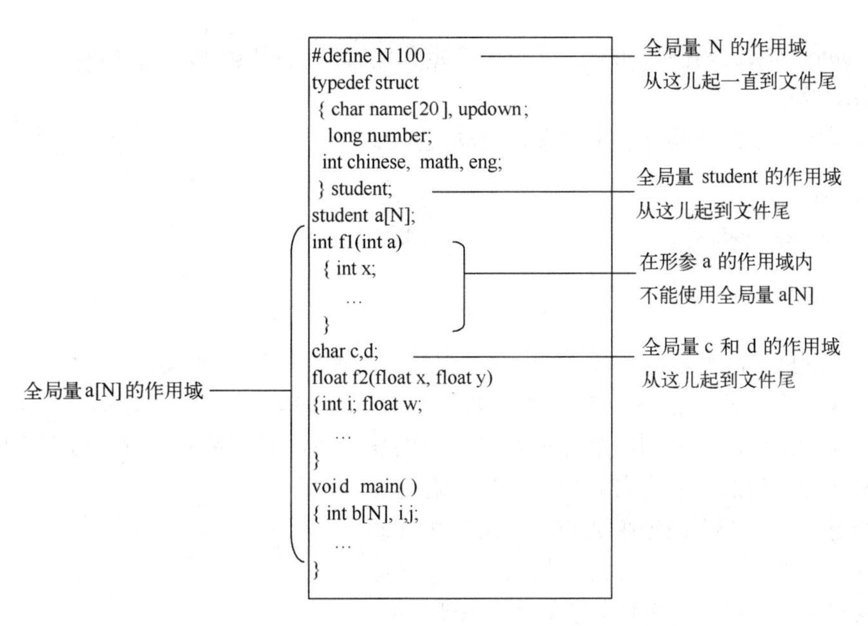

图 4-4　全局量作用域示例

4.2.2　存储属性

视频

4.2.2　存储属性

除具有类型外，全局量、局部量和函数还具有存储属性（也称存储类别），在定义变量（或函数）时，应当指定其存储属性（如不指定，则采用默认属性）。所以，变量定义的一般格式应为：

<u>存储属性</u>　类型说明　变量名

前面定义的变量和函数都省略了对变量存储属性的指定（采用默认属性）。

存储属性共有 4 种：auto（自动的）、register（寄存器的）、static（静态的）、extern（外部的）。

其中，auto、register、static 用于描述局部变量，static、extern 用于描述全局变量和函数。

为局部变量指定存储属性，用来确定该变量的存储单元将被分配在哪个存储区，并影响到它的生存期和存取速度。变量的生存期是指从为变量分配单元，到（系统自动）收回它所占的存储单元的时间段。

为全局变量和函数指定存储属性，影响到其他源程序文件能否及如何使用它们，从而是否将其作用域延伸到其他源程序文件。

存储区有两块：静态存储分配区（简称静态区）和动态存储分配区（简称动态区）。

全局变量和属性为 static 的局部静态变量分配在静态区，它们具有最长的生存期。一个变量一旦分配在静态区，它就“永远”不退出（指释放存储单元），直到该程序运行结束。

函数的形参和属性为 auto 的局部变量分配在动态区，它们具有较短的生存期。

1．局部量的存储属性

用 auto、register、static 描述的局部量分别称为自动变量、局部静态变量和寄存器变量。其中，auto 是默认属性（如果定义时不指定存储属性，其属性就是 auto）。

（1）自动变量

自动变量定义示例（将 y 和 s 定义为自动变量）：

```
int   f1( int x)
{ auto   int   y=2, s;                    //或不写 auto
   …
}
```

定义自动变量时，可以为它赋初值，这个初值称为调用初值（每调用一次赋一次初值）。

自动变量被分配在动态区，当调用函数时，分配存储单元；调用结束时，释放存储单元。这样，同一函数两次调用，被分配在动态区的变量所占存储单元的位置可能不同。如果定义时不为其指定初值，那么它的初值将是不确定的。

自动变量的生存期不超过函数的（本次）执行期。

（2）局部静态变量（简称静态变量）。

静态变量定义示例（将 r 和 t 定义为静态变量）：

```
int   f2( int a)
{ static     int r=2, t;
   …
}
```

定义静态变量时，也可为它赋初值，这个初值称为编译初值（只在编译时定一次初值）。

定义时为其在静态区内分配存储单元，并一直占到程序运行结束，所以静态变量的生存期等同于整个程序的运行期。

因为静态变量长期占据内存单元（函数一次运行结束后也不释放），所以上次调用的结果值被保存下来，作为下次调用时的初值。可以利用这一特点，使静态变量起到全局变量的作用。

【例 4-24】 静态变量用法示例。

```
#include <stdio.h>
void f(int a)
{ static   int   r=2;                      //r 的第一次初值为 2
   printf("本次调用时 r 的初值为：r=%d\n",r);
   r+=a;                                   //r 的本次初值+a 将作为下一次的初值
   printf("本次调用结束后 r 的值为：r=%d\n",r);
}
void main( )
{ int x=4;
   printf("主函数第一次输出：x=%d\n",x);
   f(x);
   printf("主函数第二次输出：x=%d\n",x);
   f(x);
}
```

输出结果：

```
主函数第一次输出：x=4
本次调用时 r 的初值为：r=2
本次调用结束后 r 的值为：r=6
主函数第二次输出：x=4
本次调用时 r 的初值为：r=6
本次调用结束后 r 的值为：r=10
```

（3）寄存器变量

寄存器变量将被分配到寄存器中（而不是分配在存储器中）。由于寄存器的存取速度远大于存储器，所以使用寄存器变量的目的完全是为了提高变量的存取速度。

寄存器变量定义示例（将 i 和 g 是寄存器变量）：

```
int f3(int x)
{ register   int i,g=1;
   …
}
```

由于寄存器个数有限，所以同一个函数中定义的寄存器变量不能太多。例如，TC2.0 只允许同时使用两个寄存器变量（其他系统可能多些）。如果在同一个函数中定义的寄存器变量过多，那些没有分配到寄存器的变量，系统将会按自动变量处理。

另外，带有优化功能的编译器，能够识别存取频繁的 auto 变量，并会自动将其改为寄存器变量。

2．全局量的存储属性

static 和 extern 是用于描述全局量的存储属性，定义时加 static 属性说明的为静态全局变量，不加 static 属性说明为外部全局变量。

静态全局变量和外部全局变量的区别在于，静态全局变量不允许其他源程序文件使用，而外部全局变量则允许其他源程序文件使用（相当于将作用域延伸到其他源程序文件）。

若要在一个源程序文件中使用其他源程序文件定义的外部全局变量，则要对该全局变量进行声明。声明一般格式为

```
extern   类型说明  全局变量名
```

【例 4-25】 全局量存储属性用法示例。

假定一个完整的程序由下面 3 个源程序文件组成。

```
//源程序文件 1
static   int   a;                                   //定义静态全局变量 a
void   main( )
{   …   }
int   f1( )
{   …   }
…
//源程序文件 2
```

```
int  b;                                    //定义外部全局变量 b
void  f2( )
{  …  }
int  f3( )
{  …  }
…
//源程序文件 3
extern  int  b;                            //对外部全局变量 b 的声明
void  f4( )
{  …  }
int  f5( )
{  …  }
```

这样，源程序文件 1 中定义的静态全局变量 a，源程序文件 2 和源程序文件 3 都不能使用；源程序文件 2 中定义的外部全局变量 b，源程序文件 3 可以使用（加了声明），但源程序文件 1 不能使用（未加声明）。

需要说明的是，对外部全局变量的声明不能放在某个函数中，即使本源程序文件中只有一个函数用到这个外部全局变量。因为在函数内部进行 extern 声明的“外部变量”是本源程序文件中定义的全局变量，而不是别的源程序文件中定义的全局变量。

对外部全局变量的声明通常放在源程序文件前部。

3．函数的存储属性

函数存储属性与全局量存储属性的用法及含义大体相同，具有 static 属性的称为静态函数，或称内部函数（不允许其他源程序文件使用）；不具有 static 属性的称为外部函数（允许其他源程序文件使用）。

定义时加 static 属性说明的为内部函数；加 extern 属性说明（或不加存储属性说明）的为外部函数。

若要在一个源程序文件中使用其他源程序文件定义的外部函数，则要对该函数进行声明。声明方法与对外部全局变量的声明相似。

【例 4-26】 函数存储属性用法示例。

```
//源程序文件 1
static  int f1(int a, int b)               //定义内部函数 f1
  {  …  }
extern  int f2(int a[ ], int n)            //定义外部函数 f2
  {  …  }
int  f3(int a[ ], int n)                   //定义外部函数 f3
  {  …  }
  …
//源程序文件 2
extern  int f2( );                         //声明本文件要用到的外部函数 f2
extern  int f3( );                         //声明本文件要用到的外部函数 f3
  …
```

函数声明可以只写函数名和括号，不写形参表（但 VC 必须带形参表）。

表 4-1 列出了变量和函数的存储属性及生存期。

表 4-1　变量和函数的存储属性及生存期

属性名	含义	用处和示例	生存期	意义
register	寄存器的	定义局部变量，使其分配在寄存器中 例：　register int i;	本函数内	加快存取速度
auto 或缺省	自动的	定义局部变量，使其分配在动态区 例：auto　int x;　或 int x;	本函数内	缩短生存期
static	静态的	定义局部变量，使其分配在静态区 例：static　int　a;	本文件内	延长生存期
static	静态的	在函数外部定义全局变量，使其作用域仅限于本文件中 例：static int a[N];	本文件内	防止其他文件对其误操作
		定义函数，使其作用域限于本文件 例：static int f(int b,float x) { …　}		禁止其他文件使用
		对函数进行声明 例：　static int g( );		禁止其他文件使用
extern	外部的	在函数外部定义用 const 修饰的全局变量（TC 默认），使其作用域扩展到其他文件， 例：extern const int M=123;	使用该变量的所有文件	允许其他文件引用
		在函数内部对使用的全局变量进行声明 例：extern　int a;		将作用域扩展到本函数
		在函数外部对其他文件中定义的全局变量进行声明 例：extern int b[M];		将作用域扩展到本文件
		对函数进行声明 例：extern int g( );		使用其他文件中定义的函数

习题 4.2

[填空题]

4.2-1　“static int a;”出现在函数外面，其作用是（1）__________；出现在函数内部，其作用是（2）__________。“extern int a;”出现在函数外面，其作用是（3）__________；出现在函数内部，其作用是（4）__________。

4.2-2　“static int f( )”后面不带分号，其作用是（1）________；后面带有分号，其作用是（2）__________。“extern int f( )”后面不带分号，其作用是（3）_________；后面带有分号，其作用是（4）_____________。

4.2-3　局部静态变量的作用域是（1）___________，其生存期是（2）___________，所用的保留字是（3）____________，被分配在（4）__________存储区，为它赋初值是在（5）______进行的。

4.2-4　局部动态变量的作用域是（1）____________，其生存期是（2）____________，所用的保留字（3）___________，被分配在（4）_________存储区，为它赋初值是在（5）______进行的。

4.2-5　只有（1）________和（2）________才可以用 register 属性说明，使用这种变量的目的是（3）__________。

4.2-6　对于存储属性“extern，static，register，auto”：（1）_________可用于局部量；（2）________可用于函数形参；（3）________可用于全局量；（4）________可用于函数。

4.2-7　若宏定义命令出现在函数外部，宏名的作用域为（1）______；但是，使用（2）_______命令可以提前终止宏名的作用域。

[选择题]

4.2-8　下面叙述错误的是（　　）。

A．函数未被调用时，形参不占用存储单元

B．形参名是标识符

C．形参不属于局部量

D．可以为形参指定除 static 以外的存储属性

4.2-9　对于全局变量 r，下面叙述错误的是（　　）。

A．只有加 static 属性，r 才被分配在静态区

B．加不加 static 属性，r 都被分配在静态区

C．加 static 属性，是为限制其他文件使用 r

B．加 extern 属性，表示 r 不是本文件中定义的变量

4.2-10　对于存储属性 static 变量 r，下面叙述正确的是（　　）。

A．用于定义局部量，使其被分配在静态区

B．用于定义全局量，使其被分配在静态区

C．用于定义函数，使其可被其他源程序文件调用

D．static 不能用于对函数进行声明

[程序阅读题]

△4.2-11　排除程序中的错误后，上机运行。

```
#include  <stdio.h>
#define  N  3
int  n=5;
typedef  struct
 { int  n,st; }st;
st a[N];
void  main( )
{int  i,j;
   for(i=0;i<N;i++)scanf("%d%d",&a[i].n,&a[i].st);
   j=f1(a[0].n);
   printf("k=%d\n",k);                    //k 是全局量
   i=f2(a[0].n,a[0].st);
   printf("k=%d\n",k);
   printf("x=%d\n",x);
   printf("i=%d,j=%d\n",i,j);
   for(i=0;i<N;i++)printf("%4d,%4d\n",a[i].n,a[i].st);
 }
```

```
int   f1(int &a)
  { static int x=1;                          //x 是局部量
    a+=++k;                                  //k 是全局量
    return x++;
  }
int k=3;                                     //定义全局量 k
int   f2(int x, int y)
{
  return x+y+(++k);
}
```

4.2-12 （1）写出程序输出结果，并指出各变量的作用域和生存期。（2）将语句 1 前面的“static”去掉后，写出程序输出结果。

```
#include   <stdio.h>
int   a=1;
int   view(int x)
{ static   int a=0;                               //语句 1
  int y;
  x+=3; y=2*x+1; a+=x+y;
  x+=3; y=2*x+1; a+=x+y;
  printf ("a=%-4d   x=%-4d   y=%-4d\n",a,x,y);
  return y;
 }
void   main ( )
 { int x,y;
   x=2;    y=3;
   y=view(a);
   printf ("a=%-4d   x=%-4d   y=%-4d\n",a,x,y);
   x=y=view(y);
   printf ("a=%-4d   x=%-4d   y=%-4d\n",a,x,y);
   a=view(x);
   printf ("a=%-4d   x=%-4d   y=%-4d\n",a,x,y);
 }
```

4.3 函数的嵌套调用和递归调用

4.3.1 嵌套调用

视频

4.3.1 嵌套调用

函数嵌套调用很常见，一个大型软件，通常含有成千上万个函数，层层嵌套调用更是屡见不鲜。

【例 4-27】 函数嵌套调用示例。

将整数 1～N（比如 N=20）排成一个圆圈，使任两个相邻数之和是素数。

算法的设计思路

下面就所用的数组、选数方法、函数的功能划分和设计等几个方面加以介绍。

（1）所用的数组

使用两个数组，数组 c[N]用于存放最后选定的结果，即满足要求的 1～N 一种排列次序。数组 a[N+1]（a[0]不用）用作待选数仓库。起初，置各 a[i]=1（1≤i≤N），表示将 1～N 所有的数都放在仓库中。其后，每选定一个数 k 就置 a[k]=0。

于是，在程序运行期间，如果 a[i]=1，则表示数 i 当前尚未被选走；反之，若 a[i]=0，则表示数 i 已被选走。这样可以保证选过的数不再选，避免重复选数。

（2）选数的大致方法

任选一个数 x 存放在第一位，即 c[0]=x，并置 a[x]=0（表示数 x 已被选走）。

假定前一轮选出的是 j，本轮选数时，查看仓库 a 中的每一个数 k，若 a[k]=1 并且 j+k 是素数，则将 k 从数组 a 中取出（置 a[k]=0）放在数组 c 的“当前尾部”（接在数 j 的后面）；否则（a[k]=0 或 j+k 不是素数）跳过这个 k。

如此循环选数，直到选定最后一数。

当选最后一个数 k 时，不仅要考查 k+j（j 是上一轮所选的数）是不是素数，还要考查 k+x（x 是第一次所选的数）是不是素数。如果均为素数，则配圈成功；否则配圈失败。

（3）函数的功能划分和设计方法

为了使程序的结构清晰、易读，将程序结构设计成一个主函数和两个子函数，其中：

1）子函数 prime 用来测试某正整数 n 是否是素数。

2）子函数 select 负责在仓库中找数，每找到一个尚未被选中的数 k，就调用 prime，测试 k 是否合乎要求（与前一个数的和是不是素数），如果合乎要求，则将 k 从仓库中取走返回给主函数。如果仓库中没有合乎要求的数，则返回 0，表示本次选数不成功。

3）主函数 main 完成建立初始仓库，选第一个数，循环调用子函数 select 并接收其选定的数，考查选数是否成功，存储所选的数，以及判断最终配圈是否成功，输出选择结果等功能。

函数调用关系：主函数调用子函数 select，子函数 select 调用子函数 prime，形成嵌套调用。另外，主函数也调用子函数 prime，测试所选的最后一个数和第一个数之和是不是素数。

（4）子函数的函数头

函数头可以体现出子函数形参个数和类型，以及有无返回值和返回值类型。

1）prime 的函数头为

```
int prime(int n)
```

其中，n 是传值型参数，返回值为 1（n 是素数）或 0（n 不是素数），函数类型为 int。

2）select 的函数头为

```
int    select(int a[N+1],int j)
```

其中，数组 a 是待选数仓库；j 是上一轮选出的数，返回值是本轮所选出的数 k，如果本轮选数不成功，则返回 0。

算法的实现程序

```
#include <stdio.h>
#define N 20
int prime(int n)                                    //测试 n 是否是素数
{int k=2;
   while(k*k<=n)
      if(n%k)k++;
      else return 0;                                //发现 k 是 n 的因子，n 不是素数
   return 1;                                        //n 没有真因子，则 n 是素数
}
int   select(int a[N+1],int j)                      //选数函数，j 是上一轮所选的数
{ int k;
   for(k=N;k>0;k--)                                 //注 1
   if(a[k]&&prime(j+k))
      { a[k]=0; return k; }                         //本轮选数成功，返回所选数 k
   return 0;                                        //本轮选数不成功，返回 0
 }
void main( )
{ int i, flag=0,a[N+1],c[N];
   for(i=2;i<=N;i++)a[i]=1;                         //建立初始仓库
   c[0]=1,a[1]=0;                                   //注 2，选第一个数
   for(i=1;i<N;i++)                                 //选后续 N-1 个数
       if(!(c[i]=select(a,c[i-1]))){flag=1; break;} //注 3
   if(flag||!prime(c[0]+c[N-1]))                    //注 4
      printf("1～%d 配圈失败!\n",N);
      else
       { printf("1～%d 配圈成功，如下：\n",N);
         for(i=0;i<N;i++)printf("%4d",c[i]);
         printf("\n");
       }
}
```

输出结果：

1 到 20 配圈成功，如下：

```
1  18  19  12  17  20  11  8  15  16  13  10  9  14  5  6  7  4  3  2
```

对程序的解释说明

注 2 语句选“1”作为第一个数，也可以改选其他数（2，3，4，…，N）作为第一个数。第一个数选择不同的值，可能得到不同的最终结果，甚至导致配圈失败。

类似的，注 1 语句从大到小选数。也可改为从小到大选数，即将循环语句改为：

```
for(k=1;k<=N;k++)
```

这样改动后，可能得到不同的最终结果，也可能导致配圈失败。

注 3 语句不容易阅读，将其拆成下面的程序段就容易理解了。

```
    x=select(a,c[i-1]);                    //调用选数函数
    c[i]=x;                                //放在数组 c 的当前尾部
    if(x= =0){flag=1; break;}              //作配圈失败标记，并终止循环
```

注 4 语句 if 的判别表达式含有两个“或”关系的并列条件“flag”和“!prime(c[0]+c[N-1])”，只要其中之一不为 0 即满足。若 flag 不为 0，则是由注 3 语句造成的；若!prime(c[0]+c[N-1])不为 0，即 prime(c[0]+c[N-1])为 0，则表示最后一个数与第一个数之和不是素数。无论哪种情况，都表示配圈失败。

再有，由于要使相邻两数之和是素数，所以最终选定的数必然呈奇偶相间排列（包括首尾元素）。所以，只有 N 为偶数时才可能配圈成功，故本题只考虑 N 为偶数的情况，而不考 N 为奇数的情况。

于是，可对选数程序段加以优化。若上一轮所选的数 j 是奇数，那么本轮只要从偶数中选数；反之，只要从奇数中选数。这就缩小了选数范围，节省选数时间。只要将选数函数中的注 1 语句改为：

```
k=N;                    //N 是偶数，作为选偶数的起点
if(j%2= =0)k--;         //若上一轮所选的数 j 是偶数，N-1 作为选奇数的起点
for(;k>0;k-=2)          //或只在偶数中选数，或只在奇数中选数
```

另外，测试 n 是否是素数的函数也可以优化成如下形式：

```
int    prime(int n)
{int k;
   if(n%2= =0)return 0;            //若 n 是偶数，则不是素数
   k=3;
   while(k*k<=n)
      if(n%k)k+=2;                 //只测试 n 是否有奇数因子
      else    return 0;
   return 1;
}
```

4.3.2 递归调用

视频

4.3.2 递归调用

若函数 A 调用函数 A 本身，那么 A 就是一个递归子函数（直接递归，或自递归）。

若函数 A 调用函数 B，而 B 又直接或间接地调用 A，那么，A 和 B 形成联立递归（间接递归）。由于实际程序设计中，联立递归极为少见，所以本书只介绍自递归。

自递归函数又可根据函数体内递归调用点的多少，分成线性递归（或称单调递归，简单递归）和非线性递归。

线性递归函数的函数体内只有一个递归调用点；或者虽然有多个递归调用点，但任何情况下，至多执行其中的一个。其执行路线是简单的折线。

非线性递归函数的函数体内至少有两个递归调用点，而且这些递归调用点可能同时执行两处或多处。其执行路线是一个树形路线。

很容易用循环结构将线性递归函数改造成非递归形式，将非线性递归函数改造成非递归形式往往有些困难。

对于某些问题，例如，计算 n!值，计算 Fibonacci 值，求最大公约数等，可以借助数学上的递归计算公式（或称递推公式，递归方程式）编写递归函数。

【例 4-28】 计算 n!值的递归函数（n 非负整数）。

将 n!计算公式写成递归形式，如下：

$$n! = \begin{cases} 1 & n = 0 \\ n(n-1)! & n > 0 \end{cases}$$

对应的递归函数如下：

```
double    fac(int n)
{ if(!n) return 1;                        //若 n=0，返回值 1
   else return n*fac(n-1);                //n>0，递归调用（这里的 else 也可以不要）
}
```

递归函数体内必须有递归终止条件（递归出口条件，或称边界条件），而且每递归一次向终止条件迈进一步，并最终达到终止条件；否则递归将无休止地进行下去，导致系统崩溃。

换言之，总是由大问题向小问题递归，当达到边界时，跳出递归。

比如，主调函数中执行语句“k=fac(3)”时，由 fac(3)递归调用 fac(2)，再由 fac(2)递归调用 fac(1)，再由 fac(1)递归调用 fac(0)，因为 n=0 是边界条件，fac(0)不再递归（递归终止），返回值为 1。

这个“1”被带到上一层 fac(1)的递归调用点（即 1*fac(0)的 fac(0)处），算出 1*1=1，再将刚算出的 1 带回更上一层 fac(2)的递归的调用点，算出 2*1=2，2 又被带回到 fac(3)的递归的调用点，算出 3*2=6，最终完成主调函数中 fac(3)的调用，使 k=6。

若主调函数中的调用语句为“k=fac(-1)”，那么，由 fac(-1)递归调用 fac(-2)，再递归调用 fac(-2)，fac(-3)，…，永远达不到终止条件，递归“无休止”地进行下去，直到“系统资源耗竭”，该程序便异常终止。

因为支持函数嵌套调用和递归调用需要一个系统栈，每调用一次进一栈，每返回一次退一栈，由于递归无休止地进行（只进栈不退栈），当栈空间用完时，系统便支持不下去，从而崩溃。

【例 4-29】 求两个正整数最大公约数的递归函数。

将欧几里得算法的计算公式写成递归形式，如下：

$$\gcd(m,n) = \begin{cases} m & n = 0 \\ \gcd(n, m\%n) & n \neq 0 \end{cases}$$

对应的递归函数如下：

```
int    gcd(int a,int b)
{ if(!b) return a;                        //若 b=0，返回值 a
  return gcd(b, a%b);                     //递归调用
}
```

【例 4-30】 多递归调用点的线性递归函数示例。

```
int f(int a,int b)
{ if(!b)return a;
  if(a%2)return   f(b/2,a)+2;              //递归调用点 1
  return   f(b/4,a/2)+1;                   //递归调用点 2
 }
```

虽然该函数体内有两个递归调用点，但是当参数 a 的值是奇数时，进入递归调用点 1，当参数 a 为偶数时进入递归调用点 2，二者至多执行一个，所以它仍属于线性递归函数。

该函数对应递归方程式为：

$$f(a,b)=\begin{cases} a & b=0 \\ f(b\div 2,a)+2 & a\text{ 是奇数（}\div\text{表示整除）} \\ f(b\div 4,a\div 2)+1 & a\text{ 是偶数} \end{cases}$$

【例 4-31】 求 Fibonacci 数的递归函数。

将 Fibonacci 数列公式写成递归形式，如下：

$$F(n)=\begin{cases} 1 & n=1 \\ 1 & n=2 \\ F(n-2)+F(n-1) & n>2 \end{cases}$$

对应的递归函数如下：

```
int   F(int n)
{ if(n= =1||n= =2)return   1;
  return   F(n−2)+F(n−1);                   //两个递归调用点都要执行
}
```

虽然这个递归函数是非线性的，但也不难改成非递归的循环形式（见第 2 章【例 2-16】中的程序）。

【例 4-32】 非线性递归函数示例。

```
void   p(int a, int b)
{int m;
  if(a<=b)
   { m=(a+b)/2;
    printf("%4d",m);
    p(a,m−1);                               //递归调用点 1
    p(m+1,b);                               //递归调用点 2
   }
}
```

调用“p(1,6);”的输出结果为：

```
3   1   2   5   4   6
```

若要人工跟踪这个递归调用是非常麻烦的。图 4-5 给出调用“p(1,6);”执行路线。实际调用次序是：

p(1,6)，p(1,2)，p(1,0)，p(2,2)，p(2,1)，p(3,2)，p(4,6)，p(4,4)，p(4,3)，p(5,4)，p(6,6)，p(6,5)，p(7,6)。

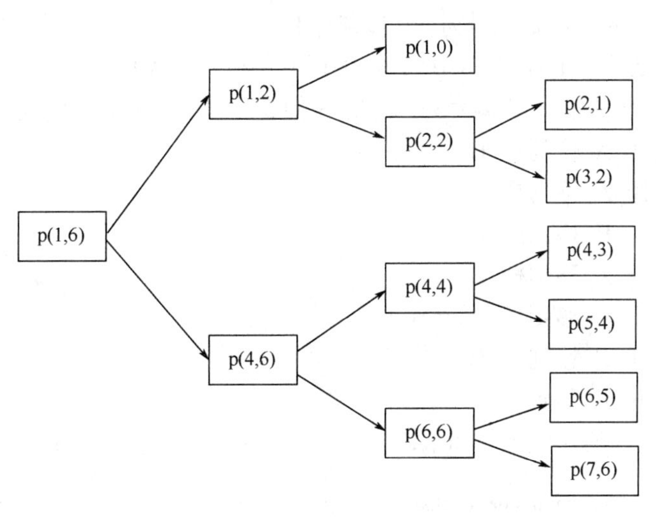

图 4-5 调用 p(1,6)的执行路线（二元树结构图）

【例 4-33】 汉诺塔游戏。

相传汉诺塔（Hanoi Tower）游戏源于印度一个古老传说。游戏的意思是将 64 片大小不等中心有孔的圆形金片穿在一根金刚石柱子上，小片在上，大片在下形成宝塔形状（如图 4-6）。如果按下述 3 条规则要求，把这些金片从原来的柱子（以下简称源杆 A）一片片地全部搬到另一个柱子（称目的杆 B）上。当完成整个游戏，放下最后一片金片时，就会天崩地裂，宇宙毁灭。

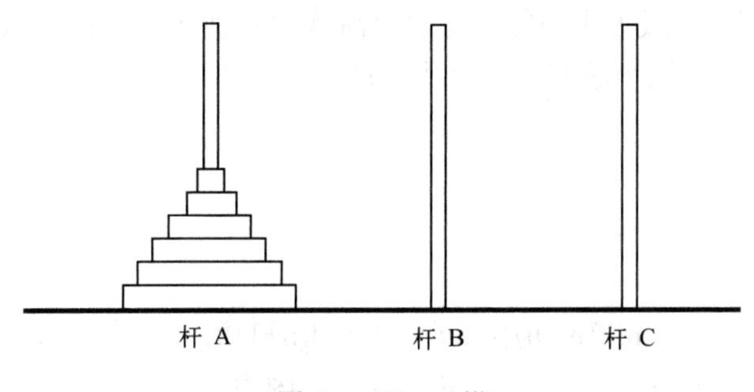

图 4-6 Hanoi 塔

3 条规则是：

1）只给一根中间过渡用杆（称杆 C）。

2）每次只能从一杆顶部取下一片，并立即把它放在另一杆上（不能放在别处，或拿在手里不放）。

3）任何时候，任一杆上的金片只能小压大不能大压小（小在上而大在下）。

试求出移动步骤（即每次将哪片从哪个杆搬到哪个杆上）。

手工很难完成这个游戏，即使片数 n 很小（比如 n=3），稍不留神，就弄错。改用“递归的方法”却很容易。

将圆片按直径大小依次编号 1，2，3，…，n。整体移动过程可以描述为：

先（递归地）将源杆 A 上的 n−1 片，移到杆 C（利用杆 B）；

把 A 上唯一的一片（编号为 n）移到杆 B；

再把杆 C 上的 n−1 片（递归地）移到杆 B（利用杆 A）。

例如，n=3 时，将 A 杆上的编号为 1、2、3 的 3 片移到杆 B 的步骤是：

将片 1 从杆 A 移到杆 B
将片 2 从杆 A 移到杆 C
将片 1 从杆 B 移到杆 C
将片 3 从杆 A 移到杆 B
将片 1 从杆 C 移到杆 A
将片 2 从杆 C 移到杆 B
将片 1 从杆 A 移到杆 B

求解 Hanoi 塔问题的递归函数如下：

```
void  Hanoi(int n, char a, char b, char c)
   //把 n 个圆片从杆 a，利用杆 c，移到杆 b。这里 a，b，c 是变量
{ if(!n) return;                          //n=0 时，终止递归
  Hanoi(n−1, a, c, b);                    //递归地将 a 上 n−1 片利用 b 移到 c
  printf("将片%d 从杆 %c 移到杆 %c\n",n,a,b);
  Hanoi(n−1, c, b, a);                    //递归地将 c 上 n−1 片利用 a 移到 b
}
```

上述移动步骤就是调用“Hanoi(3,'A','B','C');”的输出结果。

经计算，若调用“Hanoi(64,'A','B','C');”，则需要移动 $2^{64}-1$ 片次，如果每秒搬一次，约需 5800 亿年。可见到宇宙毁灭也不能做完这个游戏。即使让计算机“搬”，每秒搬一亿次，也要用上 5800 年，要做完这个游戏仍然是不可能的。

习题 4.3

[程序阅读题]

4.3−1　对于函数定义：int f(int n){return(1.0/n+f(n+1));}

调用时（1）_____正常执行（回答：能/不能），因为（2）_______。

4.3−2　对于函数定义：

```
int f(int n)
{ if(!n)return 0;
 return(1.0/n+f(n−1));}
```

调用时，若参数 n（1）_____，则不能正常执行，因为（2）________。

4.3−3　分别写出函数调用 f(3,5)和 f(5,3)的返回值。

```
int f(int a,int b)
{ if(a<b)   return   f(b-a,a);
  if(a= =b)   return   2*a;
  return   f(f(a/2,b),f(b, b%2));
}
```

4.3-4　分别写出函数调用 p(139,8)和 p(35,7)所产生的输出结果。

```
void   p(int n,int k)
{ if(n)
   { p(n/k,k);   printf("%d",n%k);
   }
}
```

4.3-5　写出程序输出结果。

```
#include   <stdio.h>
const   int   n=8;
void   p(int d[ ],int i)
{ if(i<n)
   { p(d,i+1);
     printf("%4d",d[i]);
   }
}
void   main( )
{ int   a[n]={1,2,3,4,5,6,7,8};
  p(a,0);
  printf("\n");
}
```

4.3-6　分别写出函数调用 fp(53,56)和 fp(12,57)的返回值。

```
int   fp(int a,int b)
{   if(!b) return a;
    if (a%2)   return   2+fp(b/2,a);
    return   1+fp(b/4,a/2);
}
```

4.3-7　写出函数调用 p(5)产生的输出结果。

```
void   p(int x)
{ int i;
  if(x>0)
   { for(i=1;i<=2*(5-x);i++) printf("%c",32);
     for (i=1;i<=x;i++) printf("%4d",x);
     printf("\n");
     p(x-1);
   }
}
```

4.3-8　写出函数调用 p(5)产生的输出结果。

```
void   p(int x)
{ int i;
   if ( x>0)
    { p(x-1);
       for(i=1;i<=2*(5-x);i++) printf("%c",32);
       for (i=1;i<=x;i++) printf("%4d",x);
       printf("\n");
    }
}
```

4.3-9　写出函数调用 p(1,7)产生的输出结果。

```
void   p(int a,int b)
{int m;
  if(a>b) return;
   m=(a+b)*0.618;
   printf("%5d",m);
   p(a,m-1);
}
```

4.3-10　写出函数调用 p(1,7)产生的输出结果。

```
void   p(int a,int b)
{int m;
  if(a>b) return;
   m=(a+b)*0.618;
   p(a,m-1);
   printf("%5d",m);
}
```

4.3-11　写出程序输出结果，调用时输入：nehD&gn+aW↵（↵表示回车键）。

```
void   p( )
{   char c;
   c=getchar( );
   if(c= ='\n') return;
   p( );
   putchar(c);
}
```

4.3-12　将【例 4-33】（汉诺塔游戏）中的函数与下面的函数进行比较：函数调用 Hanoi(3,'A', 'B','C')产生的输出结果是否相同？递归调用次数是否相同？哪个函数运行速度更快些？

```
void   Hanoi(int n, char a, char b, char c)
{ if(n= =1)printf("将片%d  从杆  %c  移到杆  %c\n",n,a,b);
```

```
    else
    { Hanoi(n-1, a, c, b);
      printf("将片%d 从杆 %c 移到杆 %c\n",n,a,b);
      Hanoi(n-1, c, b, a);
    }
}
```

[程序填空题]

4.3-13　若将一个素数各位数字次序颠倒后得到的数仍然是素数，则称其为可逆素数。下面程序找出所有的 4 位数的可逆素数（编号相同的空内填写相同内容）。

```
#include  <stdio.h>
int  f(int);
int  p(int);
void  main( )
{     int n,k=0 ;
      for(n=1000;n<10000;n++)
       if( (1) _____) {k++;   printf("%8d",n);}
      printf("\n 共找出 %d 个 4 位可逆素数。\n",k);
}
int  p(int n)
{     int  (2) ______;
      while(k*k  (3) ______)
      { if(n%k= =0) (4) ___________;
         k++;
      }
       (5) _________;
      }
int  f(int n)
{     int a[10],i,k=0 ;
      if(!p(n)) (4) __________;
      while(n) (6) _____________;
      for(i=0,n=0;i<k;i++) (7) ____________;
      if(!p(n)) (4) _________;
       (5) _________;
}
```

4.3-14　下面的程序完成分数相加。一个分数，由分子和分母组成。

为简单起见，假定分子、分母均是正整数，并且不考虑“带分数”的形式（即使分子大于分母，也不提取整数部分）。

注意，相加时先通分，相加后约分。

```
#include  <stdio.h>
typedef  struct
{int  numerator,denominator;} (1) ___________;
fraction  addf( fraction, fraction);
int  gcd(int,int );
```

```
fraction   anonym(fraction);
void   main( )
 { fraction x,y,a;
 printf("请输出第一个分数 x 的分子与分母 ");
 scanf("%d%d",&x.numerator,&x.denominator);
 printf("请输出第二个分数 y 的分子与分母 ");
 scanf("%d%d",&y.numerator,&y.denominator);
 a=addf(x,y);
 a=anonym(a);
 printf("a=x+y=%d/%d\n",a.numerator,a.denominator);
}
fraction   addf(fraction x, fraction y)
{int m,n,t; fraction   a;
 t=a.denominator=x.denominator/gcd( (2) ______)*y.denominator;
 m= (3) ___________;
 n=t/y.denominator*y.numerator;
 a.numerator=m+n;
(4) ___________;
}
fraction anonym(fraction x)
{int t; fraction a;
 t=gcd(  (5) ___________);
 a.numerator=x.numerator/t;
 a.denominator=x.denominator/t;
(4) ___________;
}
int gcd(int m ,int n )
{int k;
   while(n)   (6) ___________ m=n,n=k;
   return(m);
}
```

[程序设计题]

编写完成下列各功能的子函数和与之相应的（调用该子函数的）主函数。

△4.3-15　求三阶斐波那契数 f(n)的递归函数。三阶斐波那契序列的定义是：

$$\begin{cases} f(0)=0 & n=0 \\ f(1)=0 & n=1 \\ f(2)=1 & n=2 \\ f(n)=f(n-1)+f(n-2)+f(n-3) & n>2 \end{cases}$$

4.3-16　求整型数组 a[N]中所有元素之和的递归函数。

△4.3-17　求整型数组 a[N]中最大元素值的递归函数。

第5章 指针类型

功能强大的指针运算是C语言的精华所在。

广义上讲，如果变量A的值是变量B的地址（或通过变量A能够找到变量B），那么就称A是指向B的指针（pointer）。对于变量B，既可以通过变量名B进行直接存取（direct addressing），也可以通过A对变量B进行间接存取（indirect addressing）。

指针不仅可以指向各种类型的变量和数组，还可以指向函数。使用指针可以方便地表示复杂的数据结构，动态地分配内存，灵活地实现函数间的数据传递，直接处理内存地址等。

C语言没有专门的指针类型，其类型依赖于所指向的对象。具有指针类型的变量叫作指针变量（简称指针）。指针所指向的类型叫作对象类型，指针的值是其所指向对象的地址。

5.1 指向普通变量的指针

5.1.1 指针的定义和引用

视频

5.1.1 指针的定义和引用

定义指针变量的一般格式为

```
对象类型  *指针变量名;
```

其中，“*”称为指针运算符。

例如：

```
int  *p;                    //定义指针变量p
```

这里，int是p所指的对象类型，p的类型也可以理解为“int *”。

指针变量也可以与普通变量混一起定义。定义时，只要在变量名前加“*”，就表示该变量被定义为指针。

例如：

```
float  a,b,*f;              //定义实型变量a和b，以及指针变量f
```

也可以用typedef定义指针类型名，然后再定义指针变量名。

例如：

```
typedef  int  *pint;        //定义指向int类型的指针类型名pint
pint  p;                    //定义指向int类型的指针变量名p
```

因为p的对象类型为int，所以p只能指向int类型的变量（包括数组元素等），也就是说，p的值只能是某个int类型变量的地址。

可以用赋值语句建立指针与其指向对象之间的“指向关系”。

例如：

```
int   a, *p;
p=&a;                       //将 a 的地址赋给 p，使 p 指向 a
```

其中，“&”是取地址运算符。

也可以在定义时建立指向关系。

例如：

```
int   a=5,*p=&a;
```

指针和其指向对象之间的指向关系，可以用图 5-1 形象地表示。图中，矩形表示变量的存储单元，箭头表明指向关系（表示 p 的值等于 a 的地址），变量名写在矩形的上方（或写在旁边）。

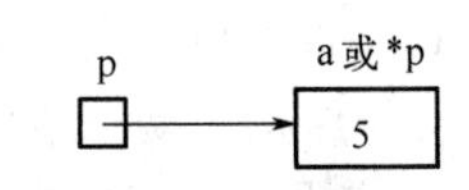

图 5-1　指针的指向关系示意图

建立指向关系之后，就可以用*p 对 a 进行间接存取（这里，“*”称为“间接访问运算符”）。于是，*p 就等同于 a，凡是 a 出现的地方，都可以用*p 代替，反之亦然。也可以理解成“*p 是 a 的别名，或者说*p 是 a 的代理”。例如，下面是一组相互等价的操作。

```
*p=123;                 //等价于    a=123;
*p+10                   //等价于    a+10
(*p)++                  //等价于    a++
printf("%d",*p)         //等价于    printf("%d",a)
scanf("%d",p)           //等价于    scanf("%d",&a)
```

如果只定义指针变量（比如，int *p），没为其建立指向对象，那么 p 就是一个游离指针（或不确定的指针）。这种情况下，不能使用*p。

*和&是一对“互逆”运算符，若：

```
int   a,*p=&a;
```

那么，*&a 就是 a；&*p 就是 p。

指针变量作为函数形参时，指向关系是通过参数传递（即形实结合）完成的，这时，要求实参必须是某个变量的地址。

例如，函数首部为

```
void   f(char *x , int *y)
```

主调函数中有定义：

```
char   ch;   int   a;
```

主调语句的形式为

```
f(&ch, &a);
```

参数传递时，将&ch 的值（即变量 ch 的地址）传递给形参 x（注意，不是传递给*x），将&a 的值（变量 a 的地址）传递给形参 y。

函数体中，x 和 y 分别是&ch 和&a，因而*x 就是 ch，*y 就是 a。于是函数体中修改了*x，实际上就是修改了 ch，从而起到“将形参的值传回实参”的作用。

【例 5-1】 变量的直接访问和通过指针间接访问的示例。

```
int a,b,*p1=&a,*p2=&b;             //建立指针变量 p1 和 p2 的指向关系
scanf("%d",&a);                    //用直接访问方式输入变量 a 的值
scanf("%d",p2);                    //用间接访问方式输入变量 b 的值
*p1+=10;                           //用间接访问方式将变量 a 的值加 10
b+=100;                            //用直接访问方式将变量 b 的值加 100
printf("a=%4d\n",a);               //用直接访问方式输出变量 a 的值
printf("b=%4d\n",*p2);             //用间接访问方式输出变量 b 的值
```

【例 5-2】 编写统计数组中正数个数和正数的平均值，负数个数和负数的平均值的函数。

```
void   stat(float a[ ],int n, int *postiv, int *negativ, float *paver, float *naver)
//n 是数组 a 中的元素个数
//postiv 用于计数正数个数，paver 表示正数平均值
//negativ 用于计数负数个数，naver 表示负数平均值
{ int i;
  *postiv=*negativ=0; *paver=*naver=0;
  for(i=0;i<n;i++)
       if(a[i]<0)(*negativ)++,*naver+=a[i];
       else if(a[i]>0)(*postiv)++,*paver+=a[i];
  if(*postiv) *paver/=*postiv;
  if(*negativ) *naver/=*negativ;
}
```

统计数组 b[N]中正负数个数及其平均值的主调语句为

```
stat(b,N,&pos,&neg,&pav,&nav);
```

【例 5-3】 编制将数组 a[n]两两相邻元素互换的程序段。

用指针指向数组元素，完成对数组元素的处理。

```
const   int   n=7;
int i,*p,*q,w,a[n];
for(i=0,p=&a[0];i<n;i++,p=&a[i])scanf("%d",p);            //输入数组元素
for(i=0;i<n-1;i+=2)
{   p=&a[i]; q=&a[i+1];
    w=*p, *p=*q, *q=w;                                     //交换
}
for(i=0,p=&a[0];i<n;i++,p=&a[i])printf("%4d",*p);         //输出数组元素
```

5.1.2　指向结构类型的指针

下面通过示例程序介绍指向结构类型指针的用法。

视频

5.1.2　指向结构类型的指针

```
typedef   struct
{ char   number[12];
  char   name[20];
  int    Chinese, math, eng;
  float  ave;
  char   updown;
} student,*stdp;                   //定义结构类型名 student 和指针类型名*stdp
student   Chen,class1[50];         //定义结构类型变量
stdp   p;                          //定义指向结构类型的指针变量 p
```

定义指针变量 p 也可以写成“student *p ;”。

如果建立指向关系：

```
p=&Chen;        //p 指向结构变量 Chen
```

就可以通过指针 p 引用结构变量 Chen 的任一个域。

例如：

```
Chen.eng=95;         //等价于(*p).eng=95;        //引用形式 1
```

要注意，不能将“(*p).eng=95;”写成“*p.eng=95;”，否则，出现编译错误。

还可以将上述赋值语句写成：

```
p->eng=95;                //引用形式 2
```

其中，“->”（减号后面跟着大于号，象征性的右箭头）是“指向结构成员运算符”，也称指向运算符，或分量运算符。注意，大于号后面不加点“.”。

运算符“->”具有最强的“向左结合性”，在任何情况下，它都首先与其左侧的符号组成一个完整的整体，再与其后面的符号组成结构体的域。

相对而言形式二要直观些。

注意，虽然同是取结构成员运算符，“.”只能出现在结构变量名（或结构数组元素）后面，而“->”只能出现在指向结构变量的指针后面。故 Chen->eng 的书写形式是错误的，同样，p.eng 也是错误的。

习题 5.1

[填空题]

5.1-1　指针类型变量________在定义时赋初值（回答：可以/不可以）。

5.1-2　设有定义：

```
int   a=7; int *p;
```

使 p 指向 a 的语句是（1）_______。当 p 指向变量 a 后，（2）_______与 p 等价；（3）_______与*p 等价。

5.1-3 设有定义：

```
int a[5]={1,2,3,4,5};
int *p;
p=&a[0];
```

（1）与 p=&a[0]等价的语句可以写成_______。

（2）p[3]的写法是否合法？_______。

（3）语句 p=(a+3)的写法是否合法？_______。

（4）*(p+1)的值等于_______。

（5）*(a+2)的值等于_______。

5.1-4 设有定义：

```
int a=7; int *p=&a;
```

(*p)++与（1）_______等价。执行 p++后，则变量 a 的值为（2）______。

5.1-5 printf("%1.4s\n","abcdefgh.");输出结果为__________。

5.1-6 设有定义： char a[30],*p;

a="She is a beautiful girl";（1）____（回答：正确/不正确），因为（2）_____。

p="She is a beautiful girl";（3）____（回答：正确/不正确），因为（4）_____。

5.1-7 设有程序段：

```
char a[30]="123",*p=a;
p="She is a beautiful girl";
```

“printf("%s\n",p);”与“printf("%s\n",a);”输出结果（1）_____（回答：相同/不相同），因为（2）_______。

5.1-8 设有定义：

```
int a[M][N], *p;
int (*q)[N]=a;
```

那么：

（1）p=*q 等价于____________

（2）p=*(q+1) 等价于____________

（3）p=*(q+1)+2 等价于____________

（4）p=*q+1+2 等价于____________

（5）*(*(q+i)+j) 等价于____________

[选择题]

5.1-9 设有定义：int a[ ]={5,4,3,2,1,0}, *p=a, j=2;不正确的表达式是（ ）。

A．p[0]=a[a[j]] B．j>=p−a C．a=++p D．(*p)++!=*(p++)

5.1-10 设有定义：char *p1,*p2;正确的表达式是（ ）。

A．p1*='a'　　B．p1=*p2　　C．p1=&p2　　D．*p1='a'

5.1-11　设 p1 和 p2 是指向同一数组中相同（或不同）元素的指针，（　　）是没有实际意义的表达式。

A．p1=p2　　B．p1−p2　　C．p1+p2　　D．p1= =p2

5.1-12　设有定义：int x, *p＝&x;下列书写格式中，（　　）三者都代表变量 x 的地址。

A．&x，p，&*x　　B．&x，p，*&x

C．*p，*&p，*x　　D．&x，&*p，p

5.1-13　设有定义：struct { int fa; char fb;}x,*p=&x; 正确的表达式是（　　）。

A．x->fa　　B．(*p).fa　　C．p.fa　　D．*p.fa

[程序阅读题]

5.1-14　写出程序段输出结果。

```
int a=5,b=5,*p1=&a,*p2=&b;
if(p1= =p2)printf("1："); else printf("2：");
if(*p1= =*p2)printf("3："); else printf("4：");
```

5.1-15　写出程序输出结果。

```
#include   <stdio.h>
void   sub(char*,char*);
void   main( )
{ char s1='A',s2='F';
   sub(&s1,&s2);
   s1++; s2++;
   sub(&s1,&s2);
   printf("\n");
 }
void sub(char *p1,char *p2)
 { printf("%2c:%c",++*p1,(*p2)++);}
```

5.1-16　写出程序输出结果。

```
#include <stdio.h>
void   q(int a,int b,int *p);
void   main( )
{ int a=7,b=4,c=2;
  q(a,b,&c);
  q(2*a,a+c,&b);
  q(a%c,b/c,&a);
  printf("a=%d,b=%d,c=%d\n",a,b,c);
  }
void   q(int a,int b,int *p)
  { *p+=a-b;}
```

5.1-17　写出程序输出结果。

```
#include   <stdio.h>
int   f(int a,int b,int *p);
void   main( )
{ int a=7,b=4,c=2;
  printf("a=%d,b=%d,c=%d,f=%d\n",a,b,c,f(c,f(f(a,b,&c),c,&b),&a));
}
int f(int a,int b,int *p)
 { *p+=a-b;
  return 3*a/2/b;
}
```

5.1-18　写出程序输出结果。

```
#include   <stdio.h>
void s(char *a,char &b,char c)
{ *a+=3; b+=2; c++;}
void main( )
{ char x='A', y='F', z='M';
  s(&x,y,z);
  printf("%c%c%c",x,y,z);
  s(&y,x,z);
  printf("%c%c%c\n",x,y,z);
}
```

[程序设计题]

5.1-19　定义指针 pa 和 pb，使它们分别指向变量 int a 和 int b。通过指针 pa 和 pb 完成下列操作：

1）输入变量 a 和 b 的值。

2）输出这两个变量的和、差、积、商（包括整数商和实数商，同时需要判断除数是否为 0）。

3）通过调整指针的指向关系，使 pa 总是指向值较大的变量，而 pb 指向值较小的变量。

△5.1-20　输入一个正实型数 x，将 x 分解成整数部分和小数部分，其中小数部分取 3 位，并将这 3 位小数化成整数（即乘 1000），然后将其与整数部分相加，输出最后结果值。

要求，使用一个指向 float 类型的指针变量和两个指向 int 类型的指针变量完成上述运算。

△5.1-21　定义一个描述“商品信息”的结构类型和结构类型的变量，以及指向结构的指针类型和指针变量，通过指针完成结构变量的输入和输出。设结构类型含有商品编号、商品名称、计量单位、单价、生产厂家（公司）、供货日期（是一个子结构类型）、数量等内容。

5.2　指向数组和函数的指针

视频
5.2.1　指向一维数组的指针

5.2.1　指向一维数组的指针

与单纯指向数组元素不同，使用指向数组的指针，再配合指针运算，可以产生“奇特的”效果。

指向一维数组的指针用法示例，设有定义：

```
const   int   n=12;
int   a[n],*p;
```

那么

```
p=a;                              //相当于 p=&a[0];
```

就是将数组 a 的首地址赋给指针 p。

因为数组名 a 就代表首元素 a[0]的地址，所以不能写成“p=*a”。

也可以定义成：

```
int a[n],*p=a;                    //或   int a[n],*p=&a[0];
```

注意这里的“*p=a”和“*p=&a[0]”的写法。

这样，程序中 p 和 a 可以通用，p 就是 a，a 就是 p。只是，p 是变量，可以修改 p 的值（改变 p 所指向的对象）；但 a 是常量，不能修改 a 的值（a 只能指向 a[0]）。

对于指向数组的指针，可以通过加减运算改变其所指向的元素。

例如，如果当前 p 指向 a[0]（p=&a[0]），那么：p+1（或 a+1）的值就等于&a[1]，也就是 p+1 指向 a[1]。

这里的“1”并非指整数数值 1，而是指“一个存储单位”，即“p+1”相当于

```
p+sizeof(a[0])            //尽管“相当于”，却不能这样写
```

而“p++”（但不能写成 a++）表示使 p 指向 a 的“下一个元素”。

进一步地说，若 p=&a[0]，i 是整数表达式，那么：

1）p+i 或 a+i 就是 a[i]的地址。只要相加结果在数组 a 的下标范围之内。

2）*(p+i)或*(a+i)就代表数据元素 a[i]，即对 a[i]的存取。

3）a[i]也可以写成 p[i]。

对数组 a 元素的存取，既可以使用下标法，形如 a[i]或 p[i]；也可以使用指针法，形如*(a+i)或*(p+i)。

【例 5-4】 用指针法改写【例 5-3】中的程序段。

```
const   int   n=7;
int *p,w,a[n];
for(p=a;p<a+n;p++)scanf("%d",p);                          //输入数组元素
for(p=a;p<a+n-1;p+=2)w=*p,*p=*(p+1),*(p+1)=w;             //交换
for(p=a;p<a+n;p++)printf("%4d",*p);                       //输出数组元素
```

上述程序比【例 5-3】要“精巧些”，执行效率（运行速度）也稍高些。

从后向前“倒着”输出数组各元素可以写成：

```
for(p=&a[n-1];p>=a;p--)printf("%4d",*p);
```

使用指针法存取数组元素时，一要注意地址不能超界；二要注意运算符的优先级，弄清*p 和 p++的关系。

例如，假定当前 p=&a[i]，那么：

1）*p++等价于*(p++)，相当于 a[i++]。

该操作的含义是：先执行*p（取 p 指向数据的值），再作 p++，使 p 指向下一个元素。这是因为，++和*的优先级相同，其结合方向是从右到左，所以，p 先与++结合成 p++，再与*结合成*(p++)。

类似的，*p--或*(p--)相当于 a[i--]。表示先取*p 的值，再使 p 指向前一个元素。

2）(*p)++等价于 a[i]++。

表示将 p 所指元素的值加 1，而 p 的值不变（仍指向 a[i]）。

3）*(++p)相当于 a[++i]。

先执行++p，使 p 指向下一个元素，再作*运算。

类似的，*(--p)相当于 a[--i]。

5.2.2 指向字符串的指针

因为字符串形同一维数组，所以，指向字符串的指针与前述指向普通一维数组的指针用法并无多大区别。

例如，定义一个字符串和指向该串的指针：

```
char    city[ ]="NanJing",*pct=city;
```

还可以单独定义为

```
char    *pct="NanJing";         //字符指针 pct 指向串常量"NanJing"
```

视频

5.2.2 指向字符串的指针

需要输出由 pct 所指向的字符串时，可以使用语句：

```
printf("%s",pct);
```

或用循环语句输出：

```
while(*pct)printf("%c",*pct++);
```

【例 5-5】 设计一个拼数函数，模拟输入语句 scanf("%d",&x)的功能。

算法的设计思路

拼数是指将用户从键盘输入的一串数字字符转换成整数数值。

为了简化程序结构，不对用户输入数据的合法性进行检查，因而，要求输入内容必须是数字字符串（至少有一个数字字符），但是，前面可带（也可不带）正负号，且不考虑数值超界的情况，以非数字字符结束（如〈Enter〉键）。

例如，用户输入“123#”，拼数方法如下。

读入字符'1'，将其转换成数值 1；再读入字符'2'，将其转换成数值 2，并将 1 乘以 10，再加上 2（等于 12）；读入字符'3'，将其转换成数值 3，将 12 乘以 10，再加上 3（等于 123）；最后读入非数字字符'#'，完成拼数工作，最终得到一个值为 123 的整数。

为了体现字符串指针用法，下面的程序中，先将数字串读入字符数组，然后再拼数。

算法的实现程序

```
#include   <stdio.h>
#include   <ctype.h>
#define   N   10
int   f(char *p)                          //拼数函数
{int i=0,sign=0;                          //sign 表示正负号，0 为正，1 为负
 if(*p= ='-')sign=1,p++;                  //注 1
  else if(*p= ='+')p++;                   //注 2
 while(*p)i=i*10+(*p++-'0');              //注 3，拼数正整数
 if(sign)i=-i;                            //注 4，恢复负号
 return   i;
}
void   main( )
{ char a[N],*p=a;
  int d;
  printf("请输入字符串：");
  scanf("%c",p++);                        //注 5，读入第一个字符
  scanf("%c",p);                          //注 6，读入后续字符
  while(isdigit(*p))scanf("%c",++p);      //注 7，读连续的数字字符
  *p='\0';                                //注 8，加串尾标记
  d=f(a);
  printf("所拼的整数值=%d\n",d);
}
```

对程序的解释说明

这里的拼数函数只能拼正整数（包括 0），所以，如果带正负号，这个正负号将被注 1 和注 2 语句甩掉，并用 sign 记住负号，将负数化成正数来拼数，而负号将由注 4 语句恢复。

注 3 语句的循环用于拼正整数，因为注 8 语句在串尾加空字符，所以当*p 为 0 时，注 3 的循环结束，完成拼数。

之所以将输入操作分别由注 5、注 6、注 7 三条语句完成，是因为输入的字符串可能带正负号，也可能不带正负号。如果去掉注 5 语句（只保留注 6、注 7 语句），一旦第一个字符是正负号，将会导致注 7 语句不能正常读入数据。

5.2.3* 指向二维数组的指针

视频

5.2.3 指向二维数组的指针

指向二维数组的指针用法要比指向一维数组的指针复杂得多。

设 M=3，N=4，并以数组 a[M][N]（或直接写成 a[3][4]）为例，介绍指向二维数组的指针用法。

二维数组 a[3][4]有 3 个“行元素”，a[0]，a[1]和 a[2]，它们分别是一维数组的数组名。每个行元素又各有 4 个列元素：

行元素 a[0]的 4 个列元素为：a[0][0]，a[0][1]，a[0][2]，a[0][3]

行元素 a[1]的 4 个列元素为：a[1][0]，a[1][1]，a[1][2]，a[1][3]

行元素 a[2]的 4 个列元素为：a[2][0]，a[2][1]，a[2][2]，a[2][3]

二维数组的地址分为行地址和列地址，指向二维数组的指针也分为行指针和列指针，分别用于访问行元素和列元素。

关于二维数组的行、列地址和行、列指针的用法有如下规定：

1）二维数组的数组名代表其第一个行元素的地址（行地址）。

于是，a 是 int a[M][N]行元素 a[0]的地址，a+1 是行元素 a[1]的地址，…，a+i 是行元素 a[i]的地址。

这里的“+1”表示加一个行元素所占空间单元数（行增量）。

行地址（a 和 a+i 等）只能用来定位 a 的各行，不能用来访问 a 的列元素。

2）二维数组的行元素名（一维数组名）代表其列地址。

于是，a[0]，a[1]，a[2]都是列地址。利用列地址可以访问 a 的各个列元素，例如：

a[0]+0（或 a[0]）就是列元素 a[0][0]的地址（即&a[0][0]），a[0]+1 就是列元素 a[0][1]的地址（即&a[0][1]）。

这里的“+1”表示加一个列元素单位（列增量）。

对于一般情况，a[i]+j 代表&a[i][j]（第 i 行第 j 个列元素的地址），而*(a[i]+j)则表示对列元素 a[i][j]的存取。

3）虽然 a 的值等于&a[0]，也等于&a[0][0]，但是地址性质却不相同。

4）行地址前面加运算符*，表示将行地址转换成列地址。

例如，*a 就代表列元素 a[0][0]的地址，*(a+1)代表列元素 a[1][0]的地址。这样，*a 等价于 a[0]，(*a)+1 等价 a[0]+1；而*(a+1)等价于 a[1]，*(a+1)+1 等价于 a[1]+1。

对于一般情况，*(a+i)+j 代表&a[i][j]，而*(*(a+i)+j)则表示对元素 a[i][j]的存取。

可见，列地址有两种表示（书写）方式。

图 5-2 给出数组 a[M][N]的行地址和列地址的含义。横向箭头表示行地址，纵向箭头表示列地址（列地址给出两种表示方式）。

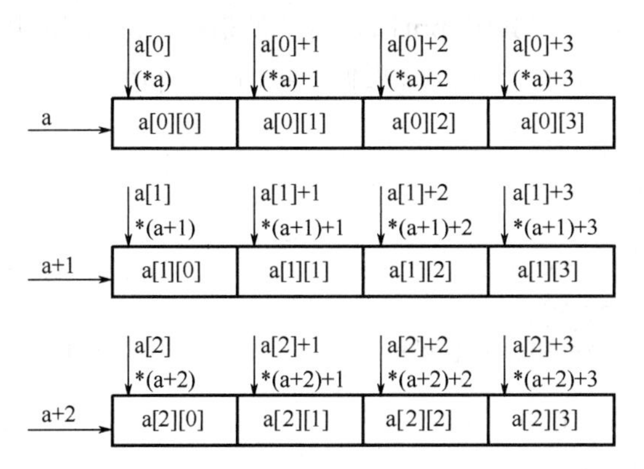

图 5-2　二维数组的行地址和列地址示意图

因为 int a[M][N]的列元素是 int 类型，所以用指向 int 的指针作为二维数组的列元素指针。

例如：

```
int a[M][N], *p;        //p 可以作为 a 的列指针
```

由于 int a[M][N]的行元素是一维数组，所以 a 的行指针必须是指向一维数组（而不是指向一维数组的元素）的指针。也就是说，要定义指向一维数组（且长度必须为 N，即 a 的列数）的指针作为 a 的行指针。行指针的定义方式为

```
int (*q)[N];
```

要特别注意，*q 两边的圆括号不能缺少。

如果定义成：

```
int  *q[N];
```

则表示定义“指针数组 q”，即类型为“int*”的数组。这是因为，运算符“[ ]”的优先级高于“*”的优先级，所以 q 先与[ ]结合成数组名，而“int*”则是数组元素的类型，即 q 的每个元素 q[i]是指向 int 类型的指针。

而“int (*q)[N];”中的“(*q)”表示 q 是一个指针，所指向的对象类型是“int [N]”（即长度为 N 的 int 类型数组），于是，q 便是指向长度为 N 的一维整型数组的指针。

当 q 指向某个一维数组（或二维数组 a 的某个行元素）后，*q 就可以作为一维数组名使用。

例如，定义行指针 q 和列指针 p，并赋初值：

```
int a[M][N] ,(*q)[N]=a, *p=*a;
```

关于二维数组的行列地址和行列指针的概念可以推广到多维数组。

例如，三维数组“int b[M][N][L]”除具有行列地址外，还具有“块地址”。b、b+1、b+i 等是块地址；b[0]、b[1]等是行地址；而 b[0][0]、&b[i][j][k]等是列地址。

【例 5-6】 分别用列指针和行指针输出 a[M][N]的所有元素（输出成矩阵形式）。

下面给出两个输出函数，其中 prit1 只用了列指针；prit2 既用了列指针，也用了行指针。此外，【例 5-7】给出另一个与 prit2 近似的输出函数 prit。

```
const  int  M=3,N=4;
void  prit1(int a[M][N])
{ int *p;
  for(p=a[0];p<a[0]+M*N;p++)                        //注意循环结束条件
    { printf("%4d",*p);
      if((p+1-a[0])%N= =0)printf("\n");              //注意换行方式
    }
}
void  prit2(int (*q)[N])
{ int *p;
    for(p=*q;p<*q+M*N;p++)
    { printf("%4d",*p);
      if(!((p-*q+1)%N))printf("\n");                 //注意换行方式
    }
}
```

【例 5-7】 编程验证结论“将矩阵每行元素分别排序后，再每列分别排序，则列排序之后，各行元素仍有序”。结论正确则返回 1，结论错误则返回 0。

```
#include   <stdio.h>
const   int M=3,N=4;
void sort(int *p,int n,int d)                                //排序函数
//采用插入排序法
//p 指向要排序数据序列的首元素，n 是参加排序的元素个数
//d 是元素的间距，对行排序时，d=1；对列排序时，d=行数 M
{ int i,j,*q,x;
 for(i=1;i<n;i++)                                             //注 1，循环 n-1 遍
  { q=p+i*d;                                                  //注 2，q 指向当前要插入的元素
   x=*q;                                                      //注 3，取出当前要插入的元素 x
   j=0;                                                       //注 4，j 作为 x 是否已经插入的标记
   q-=d;                                                      //注 5，q 指向 x 的比较对象
   while(q>=p)                                                //注 6，寻找 x 的有序位置
    if(*q>x)*(q+d)=*q,q-=d;                                   //注 7，大于 x 的元素右移
       else {*(q+d)=x; j=1;break;}                            //注 8，找到 x 有序位置，即插入 x
   if(!j)*p=x;                                                //注 9，没找到 x 有序位置，将 x 插在最前面
  }
}
int   judge(int a[M][N])                                      //验证函数
{ int i,j;
 for(i=0;i<M;i++)
  for(j=1;j<N;j++)
   if(a[i][j]<a[i][j-1])return 0;                             //发现元素次序不对，返回 0
  return 1;                                                   //没有发现次序不对，返回 1
}
void   prit(int a[M][N])                                      //输出函数
{ int *p,(*x)[N];
  for(x=a;x<a+M;x++)
  { for(p=*x;p<*x+N;p++)printf("%4d",*p);
    printf("\n");
  }
}
void   reada(int a[M][N])                                     //输入函数
{ int *p;
  printf("请输入数组元素，共%d 行，%d 列\n",M,N);
  for(p=a[0];p<a[0]+M*N;p++)scanf("%d",p);
}
void   main( )
{ int   a[M][N],i,j;
 reada(a);                                                    //输入
 printf("   数组元素原始排列：\n");
 prit(a);                                                     //输出原始排列
 for(i=0;i<M;i++)sort(a[i],N,1);                              //各行分别排序
```

```
    printf("   每行排序后，数组元素排列：\n");
    prit(a);                                    //行排序后的输出
    for(j=0;j<N;j++)sort(&a[0][j],M,N);         //各列分别排序
    printf("   每列排序后，数组元素排列：\n");
    prit(a);                                    //列排序后的输出
    if(judge(a))printf("结论正确\n");            //调用验证函数
      else   printf("结论不正确\n");
}
```

对程序的解释说明

排序函数 sort 是难点，该函数采用插入排序算法。虽然插入排序算法的基本原理在【例 3-9】中已经作过介绍，但是这里的程序与【例 3-9】中的程序相差很大，主要差别有下列几点。

1）【例 3-9】一边读数据一边进行有序插入，而这里却是对已经存放在数组中的数据进行排序。

2）【例 3-9】事先在数组元素 a[0]中“埋伏”一个最小值，使得自右向左为 x 查找有序位置的操作变得简单，而这里却没有这个最小值。

3）【例 3-9】相邻元素的下标总是相差 1，而这里的排序函数为了既适用于行排序，又适用于列排序，所以邻元素的下标差是 1（对于行排序）或是 N（对于列排序）。

4）【例 3-9】对数组元素的存取采用较为熟悉的下标法，而这里采用的是指针法。

下面对函数 sort 中的语句进行解释说明。

函数 sort 对 n 个元素进行排序。用于行排序时，n 等于一行的长度，即列数 N；用于列排序时，n 等于一列的长度，即行数 M。

注 1 语句之所循环 n−1 遍，是因为第一个元素不需要插入（虽然以后可能被向后移），它本身认为是“有序的”。

注 2 语句，q 指向当前要插入的元素。注 1 语句第一次循环时，q 指向第二个元素，执行完注 1 语句的循环体后，前两个元素已经排好次序，注 1 语句第二次循环时，q 指向第三个元素，其余类推。

注 3 语句将本次要插入的元素取出来，暂时放在 x 中，空出 q 所指向的空间，为注 7 语句元素后移作准备。

注 4 语句作标记 j。这个标记有可能被注 8 语句修改，并在注 9 语句查看它是否被改。

注 5 语句，q 指针前移，指向 x 的比较对象。

注 6 语句，循环地为 x 寻找有序位置。每循环一次，在注 7 语句处将 x 与排在其前面的元素*q 作比较，若前面的元素大，则将大元素向后移，并将指针 q 再向前移。

有两种情况可导致注 6 的循环终止。第一种情况，注 7 语句的条件“*q>x”不满足，*q 不比 x 大，则执行注 8 语句，将 x 插在*q 的右边，作已经插入 x 标记（j=1），经 break 语句强制终止。另一种情况，while 中的条件“q>=p”不再满足，说明当前序列中的所有元素都大于 x，它们都被注 7 语句向后移，x 应当插在最前头。在注 1 的循环本次执行期间，注 8 语句没有执行的机会，于是标记 j 保持注 4 语句所置的 0 值，注 9 语句通过查看这个标记，了解 x 是否在已被注 8 语句插入，若未插入，则注 9 语句将其插在最前面。

5.2.4* 指向函数的指针

函数在编译后产生一个可执行代码，函数代码将被存储在某个存储区。C 语言规定，函数名代表存储该函数代码的存储区首地址（称为函数的入口地址）。

指向函数的指针，其实就是指向函数的入口地址（指针值等于函数的入口地址）。

指向函数的指针一般定义格式为

```
函数类型 (*指针变量名) (形参表);
```

其中，“形参表”中列出实际函数所要求的各参数，也可只列出参数的类型。如果实际函数不要求参数（无参函数），那么形参表为空（但括号不能少）。例如：

```
float   (*f)( int );
```

这里定义指向函数的指针变量 f，实际函数的返回值类型为 float，实际函数要求一个 int 类型的参数。

注意，定义时，*f 两侧的括号不能少，即不能写成：

```
float   *f( int );
```

若如此，则表示函数名是 f，而函数的类型是 float*，即函数的返回值是指向 float 类型的指针。

当程序中把一个具体函数名赋给 f 时，f 就指向这个实际函数。于是，(*f)就代表这个实际函数名。

可以通过指向函数的指针去调用某个函数（见【例 5-8】），也可以用指向函数的指针作为（另一个）函数的参数（见【例 5-9】）。

【例 5-8】 使用指向函数的指针，实现求两个实数中较大值或较小值的示例程序。

```
#include   <stdio.h>
float   max(float x,float y)                          //求较大值的函数
{   return   (x>y)? x:y;
}
float   min(float x,float y)                          //求较小值的函数
{   return   (x<y)? x:y;
}
void   main( )
{ float a,b;
  float (*f)(float, float);                           //定义指向函数的指针
  printf("请输入两个实数：");
  scanf("%f%f",&a,&b);
  f=max;                                              //注 1，使 f 指向函数 max
  printf("这两个实数中的较大者为：%5.2f\n",(*f)(a,b));        //注 2，调用 max
  f=min;                                              //注 3，使 f 指向函数 min
  printf("这两个实数中的较小者为：%5.2f\n",(*f)(a,b));        //注 4，调用 min
}
```

对程序的解释说明

注 1 语句将函数名 max 赋给函数指针 f，使 f 指向函数 max，(*f)就代表函数名 max。在注 2 语句中，函数调用"(*f)(a,b)"等价于"max(a,b)"。

注 3 语句又使 f 指向函数 min，于是注 4 语句中的"(*f)(a,b)"便等价于"min(a,b)"。

指向函数的指针作参数时，形参说明的一般格式为

```
函数类型名 (*函数形参名) (形参表)
```

其中，"形参表"列出实参函数所要求的各参数类型。

例如，形参为

```
float  (*f)( int )
```

表示参数 f 是一个指向函数的指针（不是普通形参），函数的返回值类型是 float，它要求带一个 int 类型的参数。

调用时，对应的实参只能写函数名，函数名后面不加括号（更不加参数），实参函数的返回值类型必须为 float，而且必须只带一个 int 类型的参数。

【例 5-9】 通过指向函数的指针作形参，求两个实数中较大值或较小值的示例程序。

```
#include  <stdio.h>
float  max(float x,float y)                          //求较大值的函数
{  return  (x>y)? x:y;
}
float min(float x,float y)                           //求较小值的函数
{return  (x<y)? x:y;
}
float  g(float (*f)(float,float ) ,float p,float q)  //注 1
{  return  (*f)(p,q);                                //注 2
}
void  main( )
{ float a,b;
   printf("请输入两个实数：");
   scanf("%f%f",&a,&b);
   printf("这两个实数中的较大者为：%5.2f\n",g(max,a,b));    //注 3
   printf("这两个实数中的较小者为：%5.2f\n",g(min,a,b));    //注 4
}
```

对程序的解释说明

注 1 语句定义函数 g，其类型为 float，它要求 3 个参数 f、p、q。其中，p 和 q 是两个 float 类型的普通（简单变量），(*f)是一个函数参数（f 是指向函数的指针），形参函数(*f)的类型为 float，(*f)本身又要求两个类型同为 float 的参数。

注 2 语句中的"(*f)(p,q)"表示用 g 的两个普通参数 p 和 q 调用形参函数(*f)，但具体调用的是哪个函数，将由调用 g 的主调语句中所对应的实参确定。

注 3 语句中的主调语句"g(max,a,b)"表示用实参函数 max（和另外两个普通变量 a、b）调用 g，于是执行时，f 指向函数 max 的入口地址，相当于用 max 代替(*f)，这时注 2 语

句中的“(*f)(p,q)”相当于“max(p,q)”。同样，执行注 4 语句中的主调语句“g(min,a,b)”相当于执行“min(a,b)”。

于是，主调函数可以使用不同的实参函数调用 g，输出不同的结果。

【例 5-10】 用复合梯形公式计算定积分（数值积分）。

基本原理和算法的设计思路

设有函数 f(x)，若存在原函数 F(x)，其导函数 F'(x)=f(x)，那么定积分式为

$$\int_a^b f(x)d(x) = F(b) - F(a)$$

在无法找到被积函数 f(x)的原函数 F(x)解析式的情况下，可以用数值积分法计算出定积分的值。

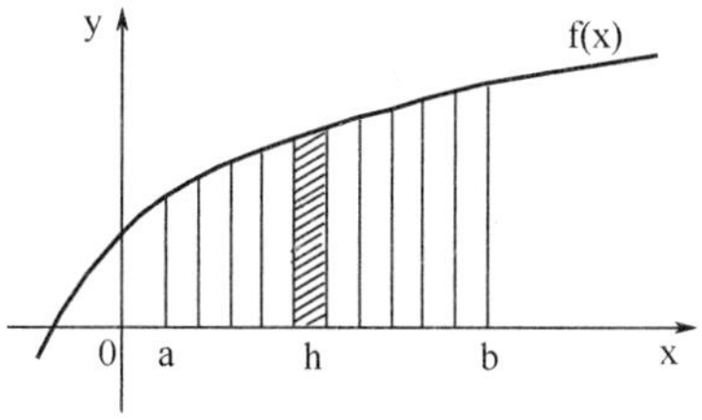

数值积分的求解方法很多，下面介绍复合梯形公式法，其原理如图 5-3 所示。

将积分区间[a，b]等分成 n 段（一个小区间），每段间隔为

$$h = \frac{b-a}{n}$$

图 5-3　用复合梯形公式求定积分示意图

一个小区间对应一个小的“曲边矩形”，如图 5-3 所示的阴影部分。这 n 个小曲边矩形的面积之和便等于整个“大曲边矩形”的面积，即等于

$$\int_a^b f(x)d(x)$$

为了便于计算，用一个小梯形的面积代替一个小曲边矩形的面积，于是就得到一个计算定积分值的近似公式。当然，划分的小区间越多（即 n 越大），近似的精确度越高。

根据几何学原理，一个小梯形的面积等于上底加下底乘以高再除以 2。这里，高等于 h，上底和下底分别等于这个小区间两端点的函数值。

第一个小梯形的面积等于：

$$\frac{f(a)+f(a+h)}{2}h$$

第二个小梯形的面积等于：

$$\frac{f(a+h)+f(a+2h)}{2}h$$

于是，第 i（i=1，2，…，n）个小梯形的面积等于：

$$\frac{f(a+(i-1)h)+f(a+ih)}{2}h$$

这 n 个小梯形的面积之和等于：

$$\sum_{i=1}^{n}\frac{f(a+(i-1)h)+f(a+ih)}{2}h$$

考虑到 a+0h=a，a+nh=b，以及相加后合并同类项，最后导出求定积分近似值的复合梯

形公式为：

$$\int_a^b f(x)dx \approx h\left\{\frac{f(a)+f(b)}{2}+\sum_{i=1}^{n-1} f(a+ih)\right\} \quad （5-1）$$

只要按照公式 5-1 编写出计算定积分值的函数 g，被积分函数 f 作为函数 g 的参数。主调函数用指向某一被积函数（可以是任意数学函数）的指针（作为实参）调用函数 g。

算法的实现程序

下面的程序用来计算下列 3 个定积分值。

$$y1=\frac{\int_0^1 e^{-x^{\frac{3}{2}}}dx}{\sqrt{2\pi}} \quad （5-2）$$

$$y2=\frac{1}{2}\int_0^{\frac{\pi}{2}}\sin x dx \quad （5-3）$$

$$y3=\int_1^4 (x^2+3x+2)dx \quad （5-4）$$

其中，积分区间分别被分成 10 段、20 段和 12 段。

```
#include   <math.h>
#include   <stdio.h>
#define   PI   3.1415926
double   f1(double x)                                       //定义第一个被积函数
{ return   exp(-pow(x,3/2));
}
//第二个被积函数是 sin(x)，不用定义
double   f3(double x)                                       //定义第三个被积函数
{ return   (x+3)*x+2;
}
double g(double (*f)(double),double a,double b,int n)      //注 1，定义数值积分函数
{double t,h;
 int i;
  h=(b-a)/n;                                                //注 2
  t=((*f)(a)+(*f)(b))/2;
  for(i=1;i<n;i++)
     t+=(*f)(a+i*h);
  return t*h;                                               //注 3
}
void   main( )
{ printf("y1=%-20.6f\n",g(f1,0,1,10)/sqrt(2*PI));          //注 4
  printf("y2=%-20.6f\n",g(sin,0,PI/2,20)/2);                //注 5
  printf("y3=%-20.6f\n",g(f3,1,4,12));                      //注 6
}
```

对程序的解释说明

注 1 是定义数值积分函数 g 的函数头，其类型为 double，它带有 4 个形参：double

(*f)(double)、double a、double b 和 int n，其中，a、b 是定积分区间，n 是区间的划分段数，f 是函数指针（f 要求一个 double 参数，f 的类型为 double）。

容易看出，从注 2 到注 3 的程序段完成按照公式 5-1 计算的定积分值，其中的(*f)(a)、(*f)(b)、(*f)(a+i*h)都是调用被积函数，求出自变量为 a、b 和 a+i*h 的被积函数值。至于调用的是哪个被积函数，则由 g 的主调用语句（注 4、注 5、注 6）确定。

注 4 语句中的函数调用“g(f1,0,1,10)”，表示被积函数是 f1，积分区间是[0，1]，区间划分 10 段，求出定积分值后，按照公式 5-2 计算出 y1 的值，并输出。

类似的，注 5 语句中的函数调用“g(sin,0,PI/2,20)”计算出正弦函数的定积分，按照公式 5-3 计算（并输出）y2 的值。注 6 语句，则按公式（5-4）计算出 y3 的值。

5.2.5 指针应用示例

本节分别以示例形式介绍指针的 4 种应用：返回值是指针的函数、指针数组、指向指针的指针以及指针数组作 main 函数参数的用法。

1．返回值是指针的函数

【例 5-11】 求一维数组中的最大元素值。

```
#include  <stdio.h>
const   int n=5;
int   *max( int a[ ],int m)                          //函数的返回值是指针
{ int *k,*p;
  for(p=k=a;p<a+m;p++)if(*p>*k)k=p;
  return   k;
}
void   main( )
{ int j, x[n],*t;
  printf("请输入 %d 个元素值：",n);
  for(j=0;j<n;j++)scanf("%d",&x[j]);
  t=max(x,n);
  printf("最大元素值= %d\n",*t);
}
```

2．指针数组

对数组进行处理时，往往需要反复移动数组元素，比如对数组排序时交换数组元素，如果元素是结构类型（通常体积较大），交换元素很费时间。

为了避免交换元素，使用指针数组指向待排序数组的各个元素，需要交换时，只要交换指针，而不交换元素，从而加快排序速度。

图 5-4 是这种存储结构示例，其中，图 5-4a 表示排序前的情况，图 5-4b 表示排序后的情况，结构数组存储学生学习情况记录，而排序是按平均成绩域 ave 由高到低进行的。

【例 5-12】 通过指针数组，对结构数组排序。

输入 n 名学生的学号、姓名和 3 门功课成绩，计算平均成绩，并按平均成绩由高到低排序后输出。

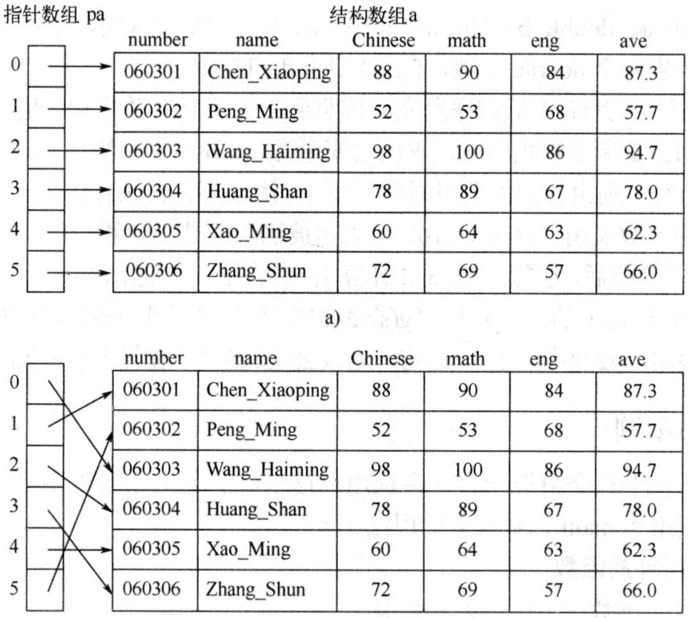

指针数组 pa　　　　　　　　结构数组a

pa	number	name	Chinese	math	eng	ave
0	060301	Chen_Xiaoping	88	90	84	87.3
1	060302	Peng_Ming	52	53	68	57.7
2	060303	Wang_Haiming	98	100	86	94.7
3	060304	Huang_Shan	78	89	67	78.0
4	060305	Xao_Ming	60	64	63	62.3
5	060306	Zhang_Shun	72	69	57	66.0

a)

pa	number	name	Chinese	math	eng	ave
0	060301	Chen_Xiaoping	88	90	84	87.3
1	060302	Peng_Ming	52	53	68	57.7
2	060303	Wang_Haiming	98	100	86	94.7
3	060304	Huang_Shan	78	89	67	78.0
4	060305	Xao_Ming	60	64	63	62.3
5	060306	Zhang_Shun	72	69	57	66.0

b)

图 5-4　结构数组排序示意图

a) 原始状态　b) 排序后状态

```
#include  <stdio.h>
const  int  n=50;
typedef  struct                                    //定义结构类型
{ int   number;                                    //学号
  char   name[20];                                 //姓名
  int    Chinese, math, eng;                       //3 门功课成绩
  double  ave;                                     //平均成绩
} student;
void  main( )
{ int i,j,k;
   student  a[n], *q,*pa[n];                       //注 1
//输入数据程序段
   for(i=0; i<n; i++)
   { pa[i]=&a[i];                                  //注 2，建立初始指向关系
    printf("请输入第%d 个学生的学号、姓名（姓名中不带空格）和 3 门功课的成绩，每人占一行
\n",i+1);
    scanf("%d%s%d%d%d",&pa[i]->number,&pa[i]->name,
         &pa[i]->Chinese,&pa[i]->math,&pa[i]->eng);
    pa[i]->ave=(pa[i]->Chinese+pa[i]->math+pa[i]->eng)/3.0;          //计算平均成绩
   }
//排序程序段（用选择法）
   for(i=0; i<n-1; i++)
    {k=i;
     for(j=i+1;j<n;j++)if(pa[j]->ave>pa[k]->ave)k=j;                 //注 3，找出当前最大元素
     q=pa[i], pa[i]=pa[k],pa[k]=q;                                   //注 4，交换指针值
```

```
    }
//输出数据程序段
    printf("排序后的结果\n");
    for(i=0; i<n; i++)printf("%d %s %d %d %d %6.1f\n", pa[i]->number,pa[i]->name,
    pa[i]->Chinese,pa[i]->math,pa[i]->eng,pa[i]->ave);                //注 5
}
```

对程序的解释说明

注 1 定义结构数组 a[n]，以及指向结构变量的指针 q 和指针数组 pa[n]。

注 2 建立的初始指向关系如图 5-4a 所示，即第 i 个指针 p[i]指向数组第 i 个元素 a[i]。

排序程序段使用选择排序算法，注 3 语句找出由 pa[k]指针所指向的当前最大元素，注 4 语句交换两个指针值（pa[i]和 pa[k]），而它们所指向的对象（数组 a 的两个元素）并未交换。但是，如果将注 4 语句改为“q=*pa[i],*pa[i]=*pa[k],*pa[k]=q;”（同时去掉注 1 定义句中 q 前面的*），则是交换数组 a 的元素值。

只要在注 5 语句后面加一条输出语句：

```
for(i=0;i<n;i++)printf("%d %s %d %d %d %6.1f\n",a[i].number,a[i].name,
  a[i].Chinese,a[i].math,a[i].eng,a[i].ave);
```

便可观察到数组 a 的元素并未交换（元素排列与输入次序一致）。

3．指向指针的指针

指针可以指向任意类型，当然也可以指向指针类型。

例如：

```
int   i=5,*p1=&i,**p2=&p1;
```

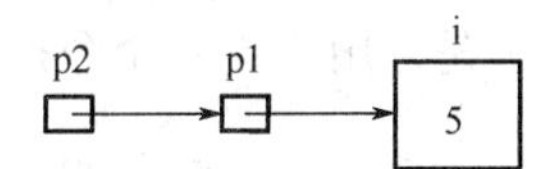

图 5-5　指向指针的指针示意图

表示 p1 是指向变量 i 的指针，p2 是指向 p1 的指针。这种指向关系可以用图 5-5 表示。

i 和*p1，及**p2 都表示引用变量 i，所以程序中，除了直接用变量名引用 i（值为 5）外，还可以用*p1 引用 i，也可以用**p2 引用 i。

*p1 表示对 i“一级间址访问”，**p2 表示对 i“二级间址访问”。理论上可对变量进行多级间址访问（一般情况下没有必要如此）。

对【例 5-12】中的程序作如下两点修改，用来说明指向指针的指针用法。

1）在注 1 中加一个指向指针的指针 t，即改为

```
student   a[n], *q,*pa[n],**t;        //新注 1
```

2）将注 5 语句改为

```
for(t=pa;t<pa+n;t++)printf("%d %s %d %d %d %6.1f\n",(**t).number,(**t).name,
(**t).Chinese,(**t).math,(**t).eng,(**t).ave);
```

其中，“(**t)”就是通过 t 对数组 a 的元素进行二级间址访问。注意，“(**t).number”不能写成“**t.number”。

4．指针数组作 main 函数参数

一般情况下，主函数 main 不带参数。但是，必要时主函数 main 也可带参数。带参数的 main 定义形式为

```
void  main(int argc,char *argv[ ])
```

其中，“argc”表示 main 共带多少个参数（参数个数）；“argv”是指向参数表（字符串数组）的指针。

因为 main 函数只能由系统调用，所以 main 的实参通常从用户输入的命令行中获得。

例如，源程序文件 filecopy.cpp 经编译后得到一个可执行文件 filecopy.exe。在操作系统的命令行状态下，用户输入命令行：

```
filecopy
```

或

```
filecopy.exe
```

即可执行这个程序。

如果程序中的 main 函数带有参数，用户在输入命令的同时，还应当输入 main 所要求的实参（字符串形式）。

假定 filecopy.cpp 的功能是复制文件，那么它可能要求两个参数：被复制的文件名 sfile 和复制产生的目标文件名 tfile。

于是，用户输入命令行：

```
filecopy  sfile  tfile
```

系统规定，第一个参数是执行文件名（即命令名），其后“真正的”参数分别是第二个参数，第三个参数，…。

所以，上述命令共有 3 个参数（argc=3）：分别是：filecopy、sfile 和 tfile。

系统在接受用户输入命令的同时，自动统计参数个数，并将各参数存储成如图 5-6 所示状态。

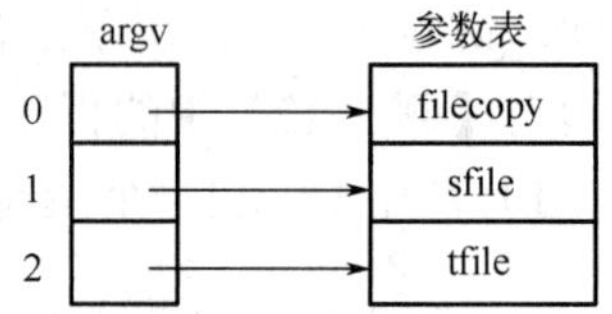

图 5-6　main 函数的参数表存储状态示例

【例 5-13】 编制源程序文件 comp.cpp，用于比较两个正文文件是否相等（内容是否全同，即对应字符是否相等）。

源程序文件 filecomp.cpp 内容如下：

```
#include  <stdio.h>
#include  <stdlib.h>
void  main(int argc,char *argv[ ])
{  FILE *f1,*f2;
   char ch1,ch2;
   int  n;
   if(argc<3)                                    //注 1
   { printf("参数个数不够\n");
     exit(0);
```

```
    }
    f1=fopen(argv[1],"r");                          //注 2，以只读方式打开文件 1
    if(f1= =NULL)
    { printf("%s 文件找不到",argv[1]);
      exit(0);
    }
    f2=fopen(argv[2],"r");                          //注 3，以只读方式打开文件 2
    if(f2= =NULL)
    { printf("%s 文件找不到",argv[2]);
     exit(0);
    }
    n=1;                                            //注 4
    ch1=fgetc(f1);                                  //读文件 1 的第一个字符
    ch2=fgetc(f2);                                  //读文件 2 的第一个字符
    while((ch1!=EOF)&&(ch2!=EOF))                   //注 5
     if(ch1= =ch2)ch1=fgetc(f1),ch2=fgetc(f2),n++;  //注 6
      else   break;                                 //注 7，发现字符不相同，则退出循环
    if((ch1= =EOF)&&(ch2= =EOF))printf("两个文件相等\n");          //注 8
     else   printf("两个文件在第%d 个字符处不等\n",n);              //注 9
    fclose(f1);                                                    //关闭文件 1
    fclose(f2);                                                    //关闭文件 2
  }
```

编译后，用户在执行时，输入命令行：

```
filecomp   abc.txt    def.txt
```

如果文件 abc.txt 和 def.txt 完全相等，则输出“两个文件相等”；否则输出“两个文件在第 ×× 个字符处不等”。

对程序的解释说明

严格地说，注 1 语句应当改为 if(argc!=3)，但是由于本程序只用到 argv[1]和 argv[2]，若用户输入的参数多于 3 个可以不认为出错（不考虑多余的参数）。

注 2 语句以只读方式打开文件 1，而文件 1 的文件名存储在 argv[1]所指向的存储单元。类似的，注 3 语句以只读方式打开的文件 2，其文件名存储在 argv[2]所指向的存储单元。如果这两个文件打开失败，程序无法进行而终止。

注 4 语句中的 n 用于记录当前比较的（两个文件中的）第几个字符。

注 5 语句表示当两个文件内容都未读完时，执行由注 6 语句和注 7 语句构成的循环体。注 6 语句表示，若当前一对字符相同，则继续读下一对字符，同时计数器 n 加 1。若注 6 语句中的条件不满足，则执行注 7 语句退出注 5 语句的循环。

注 8 语句表示，若条件 ch1= =EOF 和 ch2= =EOF 同时满足，则说明两个文件都已读完了，且没有出现对应字符不相同的情况，可以断定两个文件完全相同；否则，说明或者比较过程中发现某对应字符不相同，或者其中一个文件已经读完，而另一个文件尚未读完，即两个文件不相同，执行注 9 语句，报告出现不相同字符的位置。

习题 5.2

[选择题]

5.2-1 对于下列定义和语句，说法正确的是（　　）。

① char str[ ]="I am a student.";　　② char str[12]; str="I am a student.";

③ char *p="I am a student.";　　④ char str[8]="I am a student.";

A．都正确　　B．只有④不正确

C．只有①和③正确　　D．只有③正确

5.2-2 对于定义：int *p[9];（　　）说法是正确的。

A．定义 p 为指针数组

B．定义 p 为指向一维数组的指针

C．定义 p 为指向 int 类型的指针

D．此定义不正确

5.2-3 若函数定义的首部为“void *f( )”，说法正确的是（　　）。

A．非法形式　　B．f 是个空函数

C．f 的类型为空类型指针　　D．f 的类型为空

5.2-4 设有如下定义，针对下面 4 条语句，说法正确的是（　　）。

```
int a[M][N], *p;
int (*q)[N];
```

① q=a[0];　　② q=&a[0][0];

③ q=&a[0];　　④ p=a[0];

A．只有③和④正确　　B．只有②不正确

C．都正确　　D．只有①正确

[程序阅读题]

5.2-5 写出函数 fa 的功能。

```
void   fa(int a[ ],int n, int *j, int *k)
{int *p;
 *j=*k=0;
  for(p=a+1;p<a+n;p++)
   {if(*p<a[*j]) *j=p-a;
    if(*p>a[*k]) *k=p-a;
   }
}
```

5.2-6 写出函数 fb 的功能（假定数组元素值全不相等）。

```
void   fb(int a[ ],int n, int *j, int *k)
{int *p;
 if(a[0]>a[1])*j=0,*k=1;else *j=1,*k=0;
  for(p=a+1;p<a+n;p++)
```

```
        if(*p>a[*j]) *k=*j, *j=p-a;
        else  if(*p>a[*k])*k=p-a;
    }
```

5.2-7　写出程序输出结果。

运行时输入：1　2　3　4　5　6　7

```
#include  <stdio.h>
const  int  n=7;
void  main ( )
{  int a[n],*p,*q;
   for(p=a;p<a+n;p++)scanf("%d",p);
   for(p=a;p<a+n;p++)printf("%4d",*p);
   printf("\n");
   for(p=a,q=p+n-1;p<q;p++,q--)*p+=*q,*q=*p-*q,*p=*p-*q;
   for(p=a;p<a+n;p++)printf("%4d",*p);
   printf("\n");
}
```

5.2-8　写出程序段输出结果（注：字母 t 的 ASCII 码值为 116）。

```
char *p="student";
printf("%d",*p++);
printf("%c",*++p);
printf("%s\n",p);
```

5.2-9　写出程序段输出结果

运行时输入：1234　5678。

```
char str[10]="\0",*p=str;
scanf("%s",p+2);
printf("%s\n",&str[3]);
```

5.2-10　写出程序段输出结果。

```
char a[ ]="WANG",*p=a;
printf("%c",*p++);
printf("%c",(*p)++);
printf("%c\n",*(p++));
```

5.2-11　写出程序输出结果。

```
#include  <stdio.h>
#include  <string.h>
void  main( )
{ char str[30]="My name is ",*p="Weiwei Chen.";
  strcat(str,p);
  printf("%s\n",str);
}
```

5.2-12　写出程序输出结果。

```
#include  <stdio.h>
#include  <string.h>
void  main( )
{ int c=0,t;
   char *p,s[ ]="BeiJing,NanJing,DongJing",d[ ]="Jing";
   for(t=strlen(d),p=s;p;)
     {   p=strstr(p,d);
         if(p!=NULL)p+=t,c++;
     }
  printf("%d\n",c);
}
```

5.2-13　写出程序输出结果。

```
#include  <stdio.h>
#include  <string.h>
void  main( )
{ int c=0;
   char *p,s[ ]="BeiJing,NanJing,Shanghai";
   for(p=s;p;)
     {   p=strchr(p,'n');
         if(p!=NULL)p++,c++;
     }
  printf("%d\n",c);
}
```

5.2-14　写出程序输出结果。

```
#include  <stdio.h>
#define  n  6
 void  main( )
 { char str[n]="\0",*p=str;
    int i,j;
    *p='A';
     for(i=0;i<n-2;i++)
       { *(p+1)=1+*p++;
          for(j=0;j<i;j++)(*p)++;
       }
    printf("%s\n",str);
}
```

5.2-15　写出函数调用“p("ABC");”的输出结果。

```
void p(char s[ ])
{ if(*s= ='\0')return;
   p(s+1);
```

```
  printf("%c",*s);
}
```

5.2-16　写出程序段输出结果（注：字母 t 的 ASCII 码值为 116）。

```
char c[ ]="teacher",d[ ]="student",e[ ]="professor";
struct {int fn;char *sp;}b[3]={{30,c},{40,d},{50,e}},*p=b;
printf("%d,",*p->sp);
printf("%d,",*(++p)->sp);
printf("%d,",(++p)->fn);
printf("%d\n",++p->fn);
```

5.2-17　写出程序输出结果。

```
#include  <stdio.h>
typedef struct {int x,y;}T1;
typedef struct {T1 p[2];double r;}T2;
void  main( )
{ T2 a[2]={1,2,3,4,5,6,7,8,9,10};
  T1 *p1=&a[1].p[1];
  T2 *p2=a;
  p2->r++;
  p1->x++;
  printf("%d,%0.1f\n",a[1].p[1].x,(*++p2).r);
}
```

5.2-18　写出程序段输出结果。

```
typedef struct { int  fx,fy ; char *fp; } st;
st a={9,8,"WQR"},*p=&a;
printf("%d,%d,%s\n",p->fx,(*p).fy,&p->fp[1]);
```

5.2-19　写出程序段输出结果。

```
struct { int f1,f2; char f3; }b[2],*p=b;
b[0].f1=1, b[0].f2=3, b[0].f3='A';
b[1].f1=2, b[1].f2=4, b[1].f3='G';
printf("%c,",p->f1+p->f2+(p++)->f3);
printf("%d,%c\n",p->f1,++p->f3);
```

5.2-20　写出程序段输出结果。

```
int a[ ]={1,2,3,4,5,6,7,8},*p[4],k;
for(k=0; k<4; k++)p[k]=a+k*2;
for(k=0; k<4; k++)printf("%3d",p[k][1]);
```

5.2-21　写出程序输出结果。

```
#include  <stdio.h>
#include  <string.h>
```

```
const  int  n=5;
void  main( )
{ char *pn[n]={"NanJing","BeiJing","ShangHai","BeiHai","ShanDong"};
   int i,j,k;
   char *q;
   for(i=0;i<n-1;i++)
   { k=i;
    for(j=i+1;j<n;j++)
       if(strcmp(pn[k],pn[j])>0)k=j;
    q=pn[i];pn[i]=pn[k];pn[k]=q;
   }
   for(i=0;i<n; i++)printf("%s\n",pn[i]);
}
```

5.2-22　已知源程序文件 writearg.c 中的 main 函数内容：

```
#include <stdio.h>
void main(int argc,char *argv[ ])
{ while(argc)
   printf("%s  ",*argv++),argc--;
   printf("\n");
   …                                    //其他语句
}
```

经编译后，若用户在命令行下输入：

```
writearg  Nanjing  is  a  beautiful  city.
```

写出程序输出结果。

[程序填空题]

5.2-23　函数 sequence 用来测试数组元素的有序性，其返回值含义如下：

- 若无序，则返回 0；
- 若从小到大排列（升序），则返回 1；
- 若从大到小排列（降序），则返回 2；
- 若元素值都相等，则返回 3。

设程序前面有定义：

```
typedef int* iptr;
```

主调语句为：

```
printf("%d\n",sequence(a,n));       //其中，a 是数组名，即主调函数中定义的 int a[n]
int  sequence(iptr p,int n)
//p 是指向数组首元素的指针，n 为元素个数
{ iptr  r;
   （1）_________;
  while(*p= =*(p+1)&&p<r)（2）_________;
```

```
    if( （3） _________) return 3;
    if(*p<*(p+1))
    { for(;p<r; （2） _________)
      if( （4） _________)return 0;
     return 1;
    }
    else
    { for(;p<r; （2） _________ )
      if(*p<*(p+1)) （5） _________;
     return 2;
    }
}
```

5.2-24 输入二维数组 int a[M][N]的元素（a[0]的元素除外），并使 a[0][j]等于 a[1][j]～a[M−1][j]各元素之和（对于 j=0，1，…，N−1）。

```
#include  <stdio.h>
#define  M 100
#define  N 100
void add0(int (*q)[N],int m,int n)
{ int j,*p, （1） _________ ;
  for(p=*q,j=0;p<*q+n; （2） ________)
  {*p=0;
    for(r=q+1;r<q+m;r++)
   *p+=*( （3） _________ );
  }
}
void  outputa(int a[M][N],int m,int n)                //输出函数
{ int *p,(*x)[N];
  for(x=a;x<a+m;x++)
  { for(p=*x;p<*x+n;p++)printf("%4d",*p);
    printf("\n");
  }
}
void  reada(int a[M][N],int &m, int &n)                //输入函数
{ int *p,i;
  printf("请输入二维数组的行数 m(1～%d):  ",M);
  scanf("%d",&m);
  printf("请输入二维数组的列数 n(1～%d):  ",N);
  scanf("%d",&n);
  for(p=a[0];p<a[0]+n;p++) (*p)=0;
  printf("请输入数组元素，共%d 行，%d 列\n",m-1,n);
   （4） _________
    for(p=a[i];p<a[i]+n;p++)scanf("%d",p);
}
```

```
void    main( )
{ int    a[M][N],m,n;
  reada(a,m,n);                                    //输入
    printf("   数组元素原始排列：\n");
  outputa(a,m,n);                                  //输出原始排列
  printf("    \n 输出求和结果\n");
  add0(a,m,n);                                     //各列分别求和
  outputa(a,m,n);                                  //输出求和结果
}
```

[程序设计题]

5.2-25 （用指向数组的指针完成）输入数组 int a[N]和 int b[N]的元素，用数组 a 和 b 构造数组 int c[N]，使得：

c[i]=a[i]-b[i]　　当 a[i]＞b[i]时
c[i]=b[i]+a[i]　　当 a[i]≤b[i]时

△5.2-26 （用指向数组的指针完成）输入（并输出）int a[N]的元素，然后将数组 a 对折产生（并输出）一个有效长度为 n=N/2 的数组。这里“对折”是指对称于中点的元素相加，即将 a[0]与 a[N-1]相加结果赋给 a[0]），a[1]与 a[n-2]相加结果赋给 a[1]，…，如果数组当前长度为奇数，中间的那个元素无对称元素（它保留原值，不相加）。

如此反复对折，直到数组的有效长度等于 1。每对折一次输出当前数组长度和各元素值。

△5.2-27　分别用指向函数的指针完成下述功能。

1）编写两个对一维数组（int a[N]）排序的函数 sortUP 和 sortDOWN，其中 sortUP 按升序排序，sortDOWN 按降序排序。

2）编写一个通用的排序函数 sort，该函数并不进行实际的排序，而是将完成排序功能的函数作为一个形参，由主调语句所带的实参确定是调用 sortUP，还是调用 sortDOWN，来完成实际的排序工作。

3）编写相应的主函数，定义两个数组 a[N]和 b[N]，在输入 a 和 b 的元素后，分别调用 sort，将数组 a 排成升序，将数组 b 排成降序。最后，分别输出排序后的数组 a 和数组 b 的元素。

5.3　动态变量和链表

视频
5.3　动态变量和链表

根据产生形式和产生时机的不同，可以将变量分为两大类：一类是程序中定义的变量（称为定义变量）；另一类是无须定义，在程序执行期间，通过调用动态分配函数动态产生的变量（称为动态变量）。前文中介绍过的变量（无论是全局量还是局部量）都属于定义变量。

定义变量的个数是固定的，其存储单元的分配时机也相对固定。动态变量的个数不确定，产生的时机也不确定。每调用一次动态分配函数便产生一个动态变量，所以动态变量的产生完全依赖于调用动态分配函数的次数和时机。

5.3.1 动态管理函数的用法

动态存储管理是通过标准库文件 malloc.h 中的动态存储分配函数和回收函数实现的，常用的有：

```
malloc(size)
calloc(n,size)
ealloc(p,size)
free(p)
```

其中，size 和 n 的类型为 unsigned（无符号整型）；p 是指针。

前 3 个函数用于动态存储分配，后一个函数用于回收动态分配的内存空间。

动态存储分配函数的返回值为所分配的内存单元首地址，若分配失败（内存不够），则返回空指针 NULL（值为 0 的常量）。存储空间回收函数 free(p)的功能是释放指针 p 所指向的内存区，它不带返回值。

调用动态分配函数称为申请存储空间，调用存储空间回收函数称为释放存储空间。

下面通过简单示例，介绍上述几个动态存储管理函数的功能和用法。

1．malloc(size)函数的用法

malloc(size)的功能是分配 size 字节的存储区，并将所分配存储区的首地址作为函数的返回值，其返回值的类型是 void*（指针类型），使用时需要进行类型转换；否则，可能会出现错误。

【例 5-14】 malloc 函数的用法示例。

```
#include   <stdio.h>
#include   <malloc.h>
void   main( )
{ int *p;
  p=(int *)malloc(sizeof(int));       //注 1，产生一个动态变量，p 指向这个动态变量
  *p=3;
  printf("%4d\n",*p);
}
```

动态变量是动态产生的，没有名字，只能通过指向动态变量的指针（比如，上例中的 p）对其访问，因此又可以说其“临时名字”就是*p。

【例 5-14】中的程序是在假定分配总能成功的前提下编写的，如果考虑分配可能不成功的情况（当存储空间用完时，会造成分配失败），则需要对返回值进行判断，并对分配不成功的情况进行适当地处理，以免程序出错，无法正常运行。例如，在注 1 语句下面加一条语句：

```
if(p= =NULL)exit(OVER);                    //处理分配不成功
```

当分配不成功时，强行终止程序，并将存储空间用完的信息（OVER）报告给系统。当然，因为调用 exit 函数，所以前面要加文件包含命令“#include   <stdlib.h>”。

为了简化程序结构，下面假定分配总能成功（省略对分配成功否的测试）。

2．calloc(n,size)函数的用法

calloc(n,size)函数的功能是分配 n 个单位的连续内存空间，每个单位占 size 字节，返回

值的含义同malloc。该函数通常用于产生长度可变的“动态数组”。

【例5-15】 calloc函数的用法示例。

```
#include  <stdio.h>
#include  <malloc.h>
void  main( )
{ int   *p,*a;
  unsigned   n,i;
  printf("请输入数组元素的个数:");
  scanf("%d",&n);                                    //注1
  a=p=(int *)calloc(n, sizeof(int));                 //注2，产生动态数组
  printf("请输入数组的%d个元素值:",n);
  for(i=0;i<n;i++)scanf("%d",p++);                   //注3，读入数组元素
  for(p=a,i=0;i<n;i++)printf("%4d",*p++);            //注4，输出数组元素
  printf("\n");
}
```

对程序的解释说明

注2语句申请可容纳n个整数的存储空间，并由指针a和p指向这个存储空间，该存储空间可视作长度n的整型数组，由于数组长度n是变量（不是定义常数），在编译阶段n的值是未知的。当执行注1语句时，由用户输入确定n的大小，因而n是动态产生的，是可变的，所以称这种长度可变的数组为动态数组。

从注3语句和注4语句可以看出，p用作“搜索”指针，以完成对每个数组元素的访问。而a始终指向数组的首地址不变。

另外，注2语句也可改为

```
a=p=(int *)malloc(n*sizeof(int));
```

3．realloc(p,size)函数的用法

realloc(p,size)是重新分配函数。其中，p是原来分配空间的首地址；size是现在要求的空间长度。该调用的含义是：将原来用动态分配函数所分配的存储空间修改为长度为size的动态存储空间。

如果现长度size比原来长度大，则表示要求加大空间；反之，如果现长度size比原来长度小，则表示要求缩小空间。

当用动态分配函数calloc或malloc所分配的空间不够用（或嫌过长）时，可调用realloc进行重新分配，将原来的长度改为现在要求的长度size。

重新分配的存储空间首地址可能与原来分配的存储空间首地址相同，也可能不同。如果不同，系统会自动将原存储空间所存储的数据搬移到新分配的存储空间。

在处理一批数据时，如果事先不能确定数据量，可以采用动态方式：先调用calloc函数，分配一个较小的存储空间。当要处理的数据量超过以前所申请的存储空间时，调用realloc函数，要求重新分配大一些的空间。反之，若因“删除操作”造成数据量下降过多时，也可调用该函数将所申请的存储空间改小些，留下更多的自由空间，供其他变量使用。从而真正实现数组长度动态变化。

【例 5-16】 动态数组用法示例。

```
#include  <stdio.h>
#include  <malloc.h>
#define  d  10                                //注 1，定义空间追加增量
void  main( )
{ int  x,*p,*a;
  unsigned  n,m=0,i;
  printf("请输入数组的初始长度 n=");
  scanf("%d",&n);
  a=p=(int *)calloc(n,sizeof(int));           //注 2，产生初始长度的动态数组
  printf("请输入数组元素值，0 表示输入结束:\n");
  scanf("%d",&x);                             //读入第一个元素值
  while(x)                                    //注 3，输入的 x 为 0 退出循环
   {   if(m= =n)                              //注 4，若现空间用完
        { n+=d;                               //注 5，空间长度加一个增量
          printf("原空间已经用完，现长度追加至 n=%d\n",n);
          a=(int *)realloc(a,n*sizeof(int));  //注 6，申请追加空间
          p=a+m;                              //注 7，将指针调整到当前尾部
        }
     *p++=x,m++;                              //注 8，存储 x，并计数 m
    scanf("%d",&x);                           //继续读入下一个元素
   }
   printf("当前共有%d 个元素:\n",m);
   for(p=a,i=0;i<m;i++)printf("%4d",*p++);    //输出数组元素
  printf("\n");
}
```

对程序的解释说明

注 1 定义空间追加增量 d，每当空间用完时，就要求追加一个增量（长度）。

注 2 语句产生初始长度的动态数组。

注 3 的循环语句用于输入并存储数组元素值。

注 4 语句，若当前元素个数 m 已达到空间长度 n 时，表示空间已经用完，需要追加存储空间，否则无法存储当前输入的元素。

注 5 语句，将空间长度加一个增量，注 6 语句按照追加长度重新申请空间。

注 7 语句，将指针调整到尾指针 p，这是很重要的一环，因为新空间的首地址很可能与原地址不同，如果没有注 7 语句，那么尾指针 p 还指向原来位置，造成错误（只有当新空间总是在原空间基础上向后延伸时，才不出错）。

注 8 语句，将读入的元素值存储于当前尾部，并使尾指针 p 进 1，元素个数计数器 m 加 1。

4．free(p)函数的用法

free 函数用于释放已经用过且不再使用的动态内存空间，将其回收到动态分配区。

应当养成这样的“程序设计习惯”，如果用动态存储分配函数所产生的动态变量用过以后不再使用，要及时地调用 free 函数将其所占存储单元释放，以便后续有存储分配请求时，再次分配出去。如果只分配不回收，久而久之，会因存储单元“耗尽”而使程序无法正常运

行下去。

free 函数的用法十分简单。如果*p 是一个动态变量，释放*p 所占空间只要使用语句：

```
free(p);
```

即可。

当然，程序终止时，分配给该程序的所有存储单元都将被释放，而无须由用户程序逐一释放。

5.3.2 new 和 delete 的用法

new 和 delete 是 C++的两个运算符（不是函数），其功能分别相当于 malloc 和 free 函数，所以可以用 new 和 delete 取代 malloc 和 free。

1．new 运算符的典型用法

new 运算符既可用于产生简单的动态变量，也可用于产生动态数组。

（1）产生简单的动态变量

产生动态变量的一般格式为

```
指针= new 数据类型(初值) ;              //(初值)部分是可选的（即可有可无）
```

该语句的含义是：系统根据数据类型计算出该类型所占据空间的大小（size），然后分配 size 个字节的存储单元，并将所分配存储区的首地址作为 new 运算表达式的值赋给指针变量；若内存空间不足（分配失败），则 new 运算表达式的值为 NULL（即 0 地址），并将 NULL 赋给指针变量。如果带(初值)部分，则（在申请成功的情况下）将初值赋给这个动态变量。

假设有下列定义：

```
typedef   struct
{ int x;
  double y;
  char a[10];
} node ,*pnode;
int *ip, *ip1;
float *fp;
pnode   sp;
```

下面的语句都是正确的。

```
ip=new int;                    //产生整型动态变量*ip
ip1=new int(10);               //产生整型动态变量*ip1，并赋给初值，即*ip1=10
fp=new float(1.51);            //产生实型动态变量*fp，且*fp=1.51
sp=new node ;                  //产生结构类型动态变量*sp
```

（2）产生动态数组

产生一维动态数组的一般格式为

```
指针=new 数据类型[n];
```

其中，n 是整型表达式，表示数组长度。但是，不能为动态数组的元素赋初值。

例如：

```
int *ip,*ip1,n=10;
ip=new int[n];                 //产生有 10 个元素的整型动态数组
char   *pch=new char[2*n];     //产生有 20 个元素的字符型动态数组
scanf("%d",&n);
ip1=new int[n];                //产生有 n 个元素的整型动态数组
```

用 new 产生二维动态数组时，必须先定义指向一维数组的指针变量，利用这个指针获取二维动态数组的首地址。

例如：

```
int m=4,n=3;
int (*parr)[3];          //parr 是指向一维数组的指针，不能写成 int (*parr)[n];
parr=new int[4][3];      //产生一个 4 行 3 列的二维动态数组，可以写成 parr=new int[m][3];
```

注意，不能写成：

```
int *parr;
parr=new int[4][3];      //parr 不是指向一维数组的指针
```

如果分配存储空间失败（当内存不足时），new 运算的结果值为 NULL，那么赋值对象（比如指针 p）便得到一个空指针值 NULL（空指针不指向任何对象），所以在使用 new 运算之后，应当检查指针值 p 是否为空（NULL），以免出现错误。

例如：

```
pnode=new node;
if(pnode= =NULL)exit(OVER);        //处理分配不成功的情况
```

另外，由 new 产生的动态数组不能“再分配”空间，也就是说，new 不具备 realloc 函数的功能。

2．delete 运算符的用法

回收动态变量所占存储空间的一般格式为

```
delete  指针变量名;
```

回收动态数组（一维，或多维）所占存储空间的一般格式为

```
delete [ ]  指针变量名;          //注意，这里要加一对方括号
```

例如：

```
int *ip,*ipa,n=10;
int (*parr)[3];                //parr 是指向一维数组的指针
ip=new int;                    //产生一个动态变量
scanf("%d",&n);
```

```
ipa=new int[n];                  //产生有 n 个元素的整型动态数组
parr=new int[n][3];              //产生一个 n 行 3 列的二维动态数组
delete ip;                       //回收动态变量 ip 所占存储空间
delete [ ] ipa;                  //注 1，回收一维动态数组 ipa 所占存储空间
delete [ ] parr;                 //注 2，回收二维动态数组 parr 所占存储空间
```

值得注意的是，如果注 1 语句中不加方括号，不会出现编译错误，表示只释放动态数组首元素所占的存储单元，而不释放其他元素所占单元。如果注 2 语句中不加方括号，编译时将产生警告型错误。

【例 5-17】 new 和 delete 的用法示例程序。

```
#include <stdio.h>
void main( )
{ int *a,*b,*p,i,n;
  printf("请输入动态数组的大小，n=");
  scanf("%d",&n);
  a=new int[n];                                  //注 1，产生长度为 n 的整型动态数组 a
  for(i=0;i<n;i++)*(a+i)=i+1;                    //填写 a 的元素值
  for(p=a,i=0;i<n;i++)printf("%4d",*p++);        //输出数组 a
  printf("\n");
  delete[ ] a;                                   //注 2，回收 a 所占空间
  b=new int[n/2];                                //注 3，产生长度为 n/2 的整型动态数组 b
  for(i=0;i<n/2;i++)*(b+i)=10*i+1;               //填写 b 的元素值
  for(p=b,i=0;i<n/2;i++)printf("%4d",*p++);      //输出数组 b
  printf("\n");
  delete[ ] b;                                   //注 4，回收 b 所占空间
}
```

注 1 语句产生一个长度为 n 的整型动态数组 a。接着填写并输出 a 的元素值。

注 2 语句回收 a 所占空间。注 3 语句产生一个长度为 n/2 的整型动态数组 b，原来 a 所占存储空间可能重新分配给 b。

注 4 语句可以省略，因为程序即将终止，所有变量所占存储单元都将自动释放。

5.3.3* 链表简介

链表（linked list）是由一串相互链接在一起的结点组成的动态存储结构。结点通常是结构类型。每个结点都含有值域（value field）和链域（link field），值域用于存储元素值，链域用于存储下一结点的地址（对于单向链表），最后一个结点（尾结点）的链域值为空（NULL）。

每个链表都有一个表头指针（首指针）指向第一个结点（头结点），比如 head。由表头指针 head 可以找到第一个结点，由第一个结点的链域可以找到第二个结点，…于是，可以逐步找到所有结点。

链表的种类很多，本节所说的链表指的是简单的单向动态链表。

图 5-7 给出链表逻辑结构示例。图中矩形表示结点，结点的左段是值域，右段是链域，从结点的链域发出一个箭头表示“指向”关系，符号“∧”表示空链。

从图中可以看出，结点之间的链（指针）将结点穿成一条索链，链表因此得名。

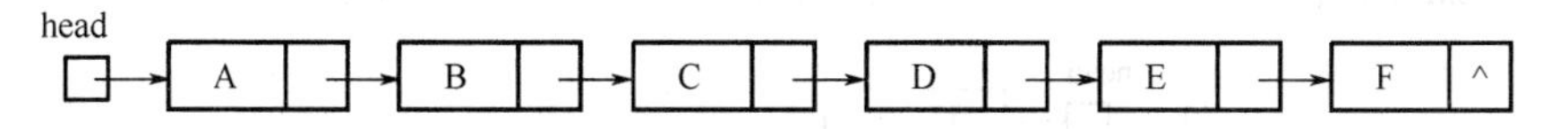

图 5-7　链表逻辑结构示例

结点类型的通用定义方式为

```
typedef   struct 结点类型名 1
{ 元素类型     值域名;
  struct   结点类型名 1    *链域名;
}结点类型名 2,*指向结点的指针类型名;
```

其中，“结点类型名 1”和“结点类型名 2”可以相同，也可以不同。

为简单起见，下面假定元素类型为 int。

【例 5-18】 结点类型定义示例。

```
typedef struct intnode
  { int data;                          //值域名 data
    struct   intnode *next;            //链域名 next
  }node,*ptr;                          //结点类型名 node，指针类型名 ptr
ptr   head,p,q;                        //定义指针类型变量 head，p，q
```

链表结点属于动态变量，可以调用 malloc（或用 new 运算符）产生，调用方式为

```
指针变量=(指针类型)malloc(sizeof(结点类型));
```

例如：

```
p=(ptr)malloc(sizeof(node));          //或 p=new node;
```

产生（申请）一个结点，并让指针 p 指向它。结点名为(*p)或 p->，其后，可以用“(*p).data”或“p->data”引用结点的值域，用“(*p).next”或“p->next”引用结点的链域。

当一个结点用完之后（以后不再使用），应当及时将其回收（释放）。回收结点使用语句：

```
free(p);                //或 delete   p;
```

可以通过一系列语句，申请多个结点，并用链域将它们穿在一起，形成链表。

【例 5-19】 产生具有 3 个结点的链表（程序段），产生步骤如图 5-8 所示。

```
head=new node;                   //申请第一个结点
head->data=12;                   //填写值域，图 5-8a
head->next=new node;             //申请第二个结点
head->next->data=23;             //填写值域，图 5-8b
p=head->next;                    //p 指向第二个结点，图 5-8c
p->next=new node;                //申请第三个结点，图 5-8d
p=p->next;                       //p 指向第三个结点
```

```
p->data=34;                    //填写值域，图 5-8e
p->next=NULL;                  //置第三个结点的链域为空，图 5-8f
```

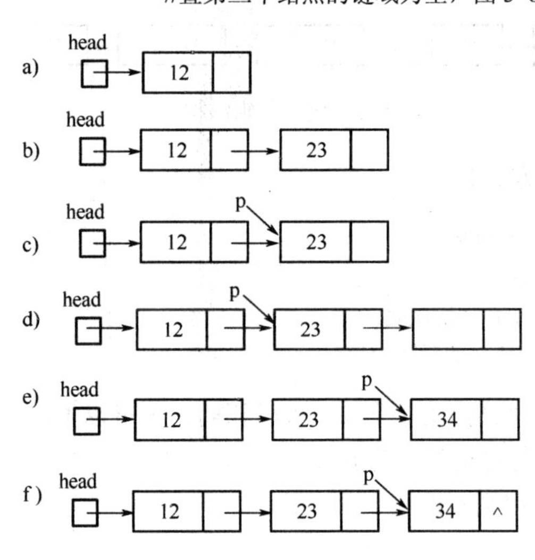

图 5-8　构造 3 个结点链表的步骤

可以有多种方法构造链表。下面给出一种最简单的，用“向前插入法”构造任意长度（指结点个数）链表的函数。采取每次将新结点插在链表首部的方法，所构造出来的链表，其结点值排列顺序与输入数据次序正好相反。

假定结点类型定义如【例 5-18】，并假定元素值都是正整数，以 0 作为输入结束标记。

【例 5-20】 用向前插入法构造链表的函数。

```
ptr   creatlinked( )
{ int   x;
 ptr   head, p;                  //head 作为表头指针，p 是工作指针
 head=NULL;                      //将表头指针置空
 scanf("%d",&x);                 //读入第一个元素
 while(x!=0)                     //当读入的数值不是结束标记时执行循环体
   { p=new node;                 //申请结点
      p->data=x;                 //填写值域
      p->next=head;              //插在表头处
      head=p;                    //使 head 指向新结点
      scanf("%d", &x);           //读入下一个元素
   }
 return(head);                   //返回表头指针
}
```

例如，当输入数据为 1　2　3　4　0 时，构造的链表如图 5-9 所示。

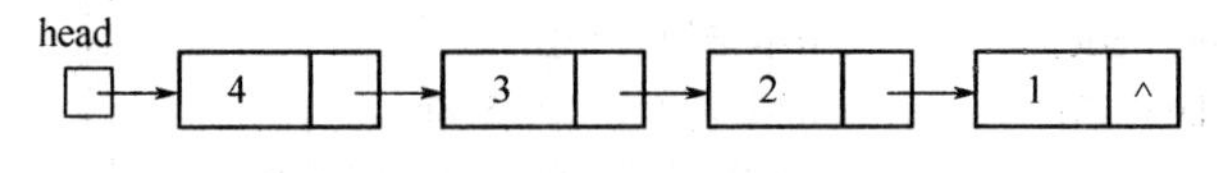

图 5-9　用向前插入法构造的链表示例

用向后插入法可以构造出结点值排列顺序与输入数据次序相同的链表，参见习题 5.3-10

中的函数 creatB。

只要从表头结点起，沿着链域，可以逐一查看（或输出）所有结点。

【例 5-21】 输出链表的函数。

```
void    outlinked(ptr p)                    //p 为首指针
{ while(p!=NULL)
    { printf("%8d",p->data);
     p=p->next;                             //p 滑向下一个结点
    }
    printf("\n");
}
```

采用递归的方法，可以“倒着”输出链表中的结点值。

【例 5-22】 倒序输出链表的递归函数。

主调语句：outlinked2(head);　　　//head 是表头指针

```
void outlinked2(ptr p)
{ if(p= =NULL)return;
    outlinked2(p->next);
    printf("%8d",p->data);
}
```

链表特别适合用于存储元素个数不定，并频繁进行插入、删除的动态变化情况。因为，在链表中不仅极易产生结点和回收结点，更容易插入结点和删除结点。

关于链表更详细内容，请参阅参考文献[4]和参考文献[5]。

习题 5.3

[程序阅读题]

5.3-1　写出程序输出结果。

```
#include    <stdio.h>
void    main( )
{ int i=3; char ch='A';
  struct node
  { char f1;    int f2;
    } *p1,*p2,*p3;
    p1=new node;
    (*p1).f1=ch;
    (*p1).f2=i;
    p2=new node;
    p2->f1=65;
    *p2=*p1;
    if(p1= =p2) i++;
    p3=p1;
    if((*p3).f2= = (*p2).f2)i+=3,p2=p3;
```

```
    if(p1=p2)i++,p1->f1++;
    printf ("%2d   %2d   %2c\n",i,p2->f2,p3->f1);
}
```

5.3-2　写出程序段输出结果。

```
int i;
struct   st
  { int fx,fy;
    struct st *next;
  }a[4]={1,2,0,3,4,0,5,6,0,7,8,a},*p;
for(p=a,i=0;i<3;i++,p++)p->next=a+i+1;
p=a+2;
printf("%d,",p++->fx);
printf("%d\n",p->next->next->fy);
```

5.3-3　写出程序输出结果。

```
#include   <stdio.h>
#include   <malloc.h>
typedef   int* iptr;
void   main ( )
{ int a=2,b=3;   iptr p;
    p=(iptr)malloc(sizeof(int));
    *p=a; a=b; b=*p;
    printf("%4d%4d%4d\n",a,b,*p);
}
```

5.3-4　写出程序输出结果。

```
#include   <stdio.h>
#include   <malloc.h>
void main ( )
  { int i,*p1,*p2,*p3;
    i=5;
    p1=(int*)malloc(sizeof(int));
    *p1=i;
    p2=(int*)malloc(sizeof(int));
    *p2=*p1;
    if(p1= =p2) i+=2;
    p3=p1;
    if(*p3= =*p2)i+=3,p2=p3;
    if(p1!=p2) i+=4, *p1=i;
    printf ("%4d   %4d\n",i,*p2+*p3);
  }
```

5.3-5　写出程序输出结果。
运行时，输入两行数据：

```
12   3   21   5   0
54   6   22   65   0

#include <stdio.h>
typedef struct node
  { int data;
    struct node * next;
  }snode ,*ptr;
ptr creatlinked( )
{                                         //函数体同【例 5-20】
}
void   main( )
{ int   m=0;
  ptr h1,h2;
  h1=creatlinked( );
  h2=creatlinked( );
  while(h1!=NULL &&h2!=NULL)
    if(h1->data<h2->data)m+=h2->data-h1->data, h1=h1->next;
      else m+=h1->data-h2->data,h2=h2->next;
  printf("%d\n",m);
}
```

5.3-6　写出程序输出结果。

运行程序时，输入数据：1　2　3　4　5　0

```
#include   <stdio.h>
typedef   struct   node
  { int data;
    struct node *next;
    }snode , *ptr;
ptr creatlinked( )
{                                    //函数体同【例 5-20】
}
ptr reverse(ptr h)
{ ptr p,g;
  g=NULL;
  while(h)
  {   p=h;
      h=h->next;
      p->next=g;
      g=p;
  }
    return   g;
}
void write(ptr h)
 { while(h)
    { printf("%5d",h->data);
```

```
    h=h->next;
   }
  printf("\n");
 }
 void main ( )
 { ptr head;
  head= creatlinked ();
  write(head);
  head=reverse(head);
  write(head);
 }
```

[程序填空题]

5.3-7　下面的程序完成复数相加。当输入“1　2　3　4”时，输出为：　4.00 + 6.00i。

```
#include   <stdio.h>
#include   <malloc.h>
typedef struct
{ float r,i; } complex, *cptr;
（1）_________      cadd(  （2）__________)
{   cptr p;
      p=(  （1）__________)calloc(1,sizeof(complex));
      p->r=(*x1).r+(*x2).r;
      p->i=(*x1).i+(*x2).i;
      return (p);
}
void   main( )
{      cptr p;   （3）__________ ;
      scanf("%f%f%f%f",&x.r,&x.i,&y.r,&y.i );
      p=cadd(    （4）__________);
      printf("%.2f+%.2fi\n",    （5）__________);
}
```

5.3-8　下面的程序按学生成绩总分从高到低排序（指向指针的指针用法练习）。

```
#include   <stdio.h>
#define   n   50
#define   m   20
typedef    struct
{ char   name[m];
   long   number;
   int     chinese, math , eng , sum;
} student ,*pstd;
void   main( )
{ student   pupil[n];
   pstd   p,a[n],  （1）________;
   int i,j,k;
```

```
    for(i=0;i<n;i++)
    { scanf("%s %ld %d %d %d",pupil[i].name, &pupil[i].number,
     &pupil[i].chinese, &pupil[i].math, &pupil[i].eng);
      （2）____________ = pupil[i].chinese+pupil[i].math+pupil[i].eng;
       （3）____=&pupil[i];
  }
    for(i=0;i<n-1;i++)
    { k=i;
      for(j=i+1;j<n;j++) if(a[j]->sum>a[k]->sum)k=j;
      p=a[i], （4）__________, a[k]=p;
    }
  for(q=（5）_____; q<a+n; q++)
    { printf ("%s,%ld,%d,%d,%d\n",(**q).name, (**q).number,
         (**q).chinese, (**q).math, (**q).eng, (**q).sum);
    }
  }
```

5.3-9　函数 split_linked 用来把一个表头指针为 h 的链表分裂成两个链表，使两个链表长度大致相等（至多使其中一个链表的结点数比另一个多 1），返回第二个链表的表头指针。

```
ptr   split_linked (ptr h)
{ ptr f, p;
 if(（1）________ )return NULL;
 p=h;   h=h->next;
 while(h!=NULL)
 { if(（2）_________ )break;
   p=p->next;
    （3）__________;
 }
 f=（4）_________;
  （5）_______=NULL;
  return f;
}
```

5.3-10　函数 creatB 用向后插入法构造链表。

```
ptr creatB( )
{ int     x;
 ptr   head, last,p;
 head=last=new node;
 scanf("%d", &x);
 while(x!=0)
  { p= （1）_______;
   p->data=x;
    （2）_______=p;
   last=（3）______;
   scanf("%d", &x);
```

```
    }
    last->next=（4） ______;
    p=（5） ______;
    head=head->next;
    delete  p;
    return(head);
  }
```

[程序设计题]

5.3-11　设计一个函数，把首指针为 head2 的简单链表中的结点全部接在首指针为 head1 的简单链表的结点之后，形成一个新链表（表头指针仍为 head1）。

5.3-12　设计一个函数，把首指针为 head2 的简单链表中的结点间隔插入在首指针为 head1 的简单链表结点之间，形成一个新链表（表头指针仍为 head1）。如果 head2 的结点比 head1 的结点多，则剩余结点全部接在新链表的尾部。

△5.3-13　设计一个函数，把首指针为 head 的简单链表中间断开，后半段链表的首指针为 head2，使得两个链表中的结点数相等（或前段比后段多 1 个结点）。

上机操作时，还需要配有链表的构造函数、链表的输出函数以及相应的主函数等。

△5.3-14　试写一个函数，将两个链表合并成一个链表，使得两个链表中的结点交替地在新链表中出现。但是若原来某个链表具有较多的结点，则把多余的结点接在新链表的尾部。

上机操作时，还需要配有链表的构造函数、链表的输出函数以及相应的主函数等。

△5.3-15　用动态数组实现“自由市场动态管理”功能。

用一个动态数组对摊位进行管理。数组的每个元素存储一个“可租赁摊位”，含有租赁者（摊主）编号、姓名、租期、租金和租金缴纳情况等信息。

假定不时地有商户申请加入该市场（要求得到一个摊位），或（已占摊位的商户）要求退出市场（撤销摊位）。

当有商户申请摊位时，如果当前有尚未出租的摊位，市场管理者便（给他）分配一个摊位（将其信息登录在数组中）；如果现有摊位已经租完，就使总摊位数增加 d（摊位增量），调用重新分配函数，增加动态数组长度。

当有商户要求退出市场时，就在数组中删除这位商户（空出一个摊位）；如果空出的摊位数达到一个增量（d 个），则调用重新分配函数使总摊位数减少一个增量（d 个）。

假定初始摊位数（即动态数组的初始长度）为 100，摊位增量 d=10。

该管理程序处于“无限循环状态”，不停地等待处理“申请摊位”和“撤销摊位”事件，直到总摊位数超过 1000（市场爆满），程序终止（退出管理程序）。

第6章* 类和对象

这里介绍的类（class）和对象（object）是C++实现面向对象的程序设计基本工具。

与结构类型相似，类属于用户自定义类型，类型为类的变量称为对象。与结构类型不同的是，类中不仅含有数据（成员数据），还含有对类中数据进行处理的函数（成员函数），通过设置的操作权限，可以限制只有成员函数才能访问成员数据，从而有效地保护和隐藏数据。

6.1 基本用法

6.1.1 定义方式

类的一般定义格式为

```
class  类名
{ 成员序列 };          //类体部分
```

“成员序列”中列出类的所有成员，成员说明的一般格式为

操作权限：成员定义；

操作权限可以是 private（私有的）、public（公有的）或 protected（保护的，可继承的）三者之一，其中“private”是默认的（可以省略）。

操作权限指明该成员是否可在类外引用（引用是指对成员数据的存取，或对成员函数的调用），以及该成员是否可被子类继承（见表6-1）。

表6-1 操作权限的含义

操作权限	使用范围	能否被子类继承
private	类内	不能
protected	类内	能
public	类内、类外	能

操作权限的基本用法如下：

1）只在类内部使用的数据，其操作权限指定为 private 和 protected，可以避免被意外修改，从而有效地保护数据。

2）带有“家族共性的”成员（数据和函数），其操作权限指定为 protected，以便让子类去继承，从而在子类中自动产生同名成员，使子类“更像”父类。

3）具有“公用性作用的”成员数据（比如公用常数），其操作权限指定为 public，以便

共享；具有“入口”作用的成员函数，其操作权限指定为public，以便外部对类进行操作。

具有相同操作权限的成员可以合并定义。

下面是一种典型的类定义格式。

```
class  类名
{ private:          //不可继承的私有部分
    成员数据;
    成员函数;
  protected:        //可继承的私有部分
    成员数据;
    成员函数;
  public:           //公有部分
    成员数据;
    成员函数;
};
```

成员数据和成员函数的定义方式与普通数据和函数的定义方式相同。

成员函数可以直接写在类定义体中，也可以写在类定义体之外（体内只写函数声明）。写在类定义体外时，要在函数名前冠以类名和作用域运算符“::”（双冒号），其函数头的一般格式为

```
函数类型  类名::函数名(形参表)
```

【例 6-1】 类定义示例。

```
class  sample                        //类名 sample
{  int i;                            //私有数据 i
public:
   void  initial( )                  //公有成员函数 initial
   { i=100; }                        //initial 的函数体
   void  display( )                  //公有成员函数 display
   { cout << i<<endl; }              //display 的函数体
};
```

这里，定义一个名为 sample 的类，其私有部分含有一个成员数据变量 i；公有部分含有两个成员函数 initial 和 display，分别用来给 i 赋值和显示 i 的值。

定义对象的一般格式为

```
类名  对象名序列;
```

例如：

```
sample  obj1, obj2;          //定义 sample 类的两个对象 obj1 和 obj2
```

对于同一类的多个对象，其成员数据分别占有各自的存储空间，而成员函数则共用同一副本。也可以理解成“成员数据是分配给对象的，而成员函数是分配给类的”。

也可以在定义类的同时定义对象（合并定义），例如：

```
class sample
{ …                      //这里的类体部分同【例 6-1】
}obj1,obj2;              //定义类的同时，定义两个对象 obj1 和 obj2
```

6.1.2 引用方法

对类变量（即对象）的引用方式与对结构变量的引用方式大体相同。下面介绍几种用法。

1）通过成员运算符“.”引用对象中的公有成员。一般格式为

```
对象名.数据名
对象名.函数名(实参表)
```

例如：

```
obj2.display( );
```

2）定义指向对象的指针，通过指针引用对象的成员。例如：

```
sample  obj, *p=&obj;           //定义指向对象 obj 的指针 p
p->display( );                  //或(*p).display( );
```

3）用 typedef 定义指向类的指针类型，然后再定义指向类的指针。例如：

```
typedef  sample *sptr;          //定义指向 sample 类的指针类型 sptr
sample  stack;                  //定义对象 stack
sptr  p=&stack;                 //定义指向对象 stack 的指针 p
```

4）类作为函数的参数（见【例 6-4】）。

【例 6-2】 类的用法示例——统计一串字符中的数字和字母的个数。

```
#include  <stdio.h>
#include  <iostream.h>
#include  <iomanip.h>                          //setw 所在的头文件
#include  <ctype.h>
const  int  M=1000;
class  string                                  //定义类 string
{  int n;                                      //类 string 的私有部分
   char b[M];
 public:                                       //类 string 的公有部分
  int  digitals, letters;                      //公有成员数据 digitals 和 letters
  void  initial( )                             //公有成员函数（初始化）的定义
  { digitals=letters=n=0; }
  void  getstring( );                          //公有成员函数 getstring 的声明
  void  sortchar( );                           //公有成员函数 sortchar 的声明
  void  display( );                            //公有成员函数 display 的声明
};                                             //类 string 的定义结束点
//以下是类 string 成员函数的定义
```

```
void string::getstring( )                    //定义成员函数 getstring（输入字符串）
{   char   ch;
    cout<<"请输入字符串，按〈Enter〉键结束"<<endl;
    for(;;)
    { ch=getchar( );
      if(ch= ='\n')break;
      b[n++]=ch;
    }
}
void string::sortchar( )                     //定义成员函数 sortchar（字符分类统计）
{ int i;
  for(i=0;i<n;i++)
    if(isdigit(b[i]))digitals++;
    else if(isalpha(b[i]))letters++;
}
void   string::display( )                    //定义成员函数 display（输出数据）
{   int i;
  for(i=0;i<n;i++)cout<<setw(2)<<b[i];       //setw 用于指定所占域宽
  cout<<endl;
  cout<<"读入的字符总数="<<n<<endl;
  cout<<"其中，数字个数="<<digitals<<endl;
  cout<<"         字母个数="<<letters<<endl;
}
void   main( )                               //主函数
{   string   a;                              //定义对象 a
  a.initial( );                              //初始化对象 a 中的数据
  a.getstring( );                            //输入字符串
  a.sortchar( );                             //处理字符串
  a.display( );                              //输出计算结果
}
```

对程序的解释说明

涉及类和对象的程序往往都很冗长，读起来需要有点耐心。

程序中定义一个 string 类，其私有部分含有两个成员数据（变量 n 和数组 b），公有部分含有两个成员数据（变量 digitals 和 letters）和 4 个成员函数，函数 initial 的定义直接写在类体中，而另 3 个函数的定义写在类体外（类体内有函数声明）。

主函数中定义一个对象 a，并依次通过 a 调用 4 个成员函数。

需要说明的是，如果将类中成员函数 initial 的操作权限改为“private”，那么，主函数中的调用“a.initial( );”则是错误的（体外不能引用私有成员）。类似的，主函数中不能出现“a.n”（n 的操作权限为“private”）。但主函数中可以出现“a.digitals 和 a.letters”（因为它们的操作权限为“public”）。

6.1.3 构造函数和析构函数

1. 构造函数（constructor function）

构造函数是特殊的成员函数，其特殊性在于：

1）函数名必须与类同名。

2）系统在执行定义对象的语句时（即对象开始起作用之时）自动调用构造函数。

3）操作权限必须为 public。

4）不带返回类型（当然也没有返回值）。

5）不能被用户程序调用（程序中不能出现调用构造函数的语句）。

构造函数一般设计成预置对象中成员数据的初值。例如，可将【例 6-2】中的成员函数 initial 改为构造函数（见【例 6-3】）。

使用构造函数可以简化程序结构。

另外，构造函数也可以带参数，其对应的实参表则由定义对象时给出（参见【例 6-7】）。

2．析构函数（destructor function）

与构造函数相似，析构函数也是一种特殊的成员函数，其特殊性与构造函数相似，只是前两点有所不同。其中：

1）函数名也必须与类同名，但是在类名的前面加符号“～”。

2）在对象的作用域结束时，系统自动调用析构函数，然后再撤销对象，回收动态数据所占的存储单元。

可以将对对象最后的处理操作设计成析构函数。

【例 6-3】 将【例 6-2】定义的类改为含构造函数和析构函数的类。

```
class   string
{   int   n;
    char   b[M];
public:
    int   digitals;
    int   letters;
    string( )                          //构造函数（功能等同于【例 6-2】中的 initial 函数）
    { digitals=letters=n=0;}
    ～string( );                        //析构函数的声明
    void   getstring( );
    void   sortchar( );
    void   display( );
};
string::～string( )                     //析构函数的定义
{    cout<<"本次操作结束，本次定义的对象被撤销！"<<endl;
}
```

程序的其他部分同【例 6-2】，这些部分包括程序头部的文件包含命令和整体量定义、类成员函数 getstring、sortchar 和 display 的定义，以及主函数等，这里从略，不过要去掉主函数中的初始化语句“a.initial( );”。

6.1.4 程序设计示例

用类的方式实现栈结构及栈操作。

栈是程序设计中一种最常用的数据结构，用于暂时存储程序运行期间产生的一些数据信息（称为栈元素或元素），这些信息将在某时刻从栈中取出使用。

将元素存到栈中称为进栈（或入栈），将元素从栈中取出称为退栈（或出栈）。

程序运行期间，可能会有众多元素不定期地、无规律地进栈或退栈。显然，每做一次进栈操作栈中元素个数就增1，每做一次退栈操作栈中元素个数就减1。

更为“特殊”的是，元素进退栈是遵循“后进先出”原则的，也就是说，执行退栈操作时所退出的元素总是“最后”进栈的元素。

通常用数组（或动态数组）作为栈元素的存储空间（栈空间）。

每个栈都有一个栈顶指针，指向最后进栈的元素（栈顶元素），每当元素进栈或退栈时，都要及时地修改栈顶指针。

每当元素要求进栈时，要先查看预分配的栈空间是否用完（栈是否已满），如果没占满，元素顺利进栈；反之（栈已满），则本次进栈操作失败（元素暂时不能进栈），需要经过“栈上溢处理”（比如通过追加栈空间使之进栈）。

每当要求退栈时，要先查看栈中是否还存有元素（栈是否为空），若栈不空，则执行退栈操作；反之（栈空），本次退栈失败，要进行“栈下溢处理”，将栈已空的信息通知“退栈请求者”，以便做出相应的后续处理。

出于“安全”和“方便”考虑，设计栈类时，可将栈的存储空间（数组）和栈顶指针作为私有数据，而栈操作函数（进退函数、退栈函数）则列为公有函数。另外，将分配栈空间和撤销栈空间的任务分别由构造函数和析构函数完成。

为简化程序结构，【例 6-4】的程序中，将栈元素类型定义为 int，而且元素值均为正整数。栈空间采用一次性的预分配动态数组（栈满时不要求追加栈空间），栈的上下溢处理也只是简单地输出必要的通知信息。

【例 6-4】的程序中，在类外设计一套栈操作的控制函数，并且用类作为函数参数。其中，栈操作主控制函数 opstack 模拟“外界”进退栈请求，采用“无限循环”方式，由用户控制进退栈请求或终止程序。为了便于用户观察栈的变化情况，给栈类附加一个用于显示栈中当前所有元素的公有函数 sdisplay（它通常不作为栈操作必备的函数）。

【例 6-4】 栈类结构示例（用动态数组存储栈）。

```
#include  <iostream.h>
#include  <iomanip.h>
#define  ERROR  -1                      //定义操作不成功的返回信息
#define  OK  1                          //定义操作成功的返回信息
#define  MAX  1024                      //注1，预分配栈空间的大小
class  CStack
{  int  s_length;                       //注2，栈长度
   int  *s_buffer;                      //栈空间
   int  s_top;                          //栈顶指针
 public:
   CStack( );                           //构造函数声明
   ~CStack( )                           //析构函数定义
   { delete  s_buffer; }                //回收栈空间
   int  push(int x);                    //进栈函数声明
   int  pop( );                         //退栈函数声明
```

```
  void    sdisplay( );                          //栈显示函数声明
};
//以下是栈成员函数定义部分
CStack::CStack( )                               //构造函数定义
{   s_length=MAX;                               //栈空间大小
  s_buffer=new int [s_length];                  //注 3，产生栈空间
  s_top=0;                                      //注 4，设置栈顶指针初值（作为栈空标记）
}
int   CStack::push(int x)                       //进栈函数定义
{   if(s_top= =s_length)return ERROR;           //注 5，返回栈满信息
  s_buffer[s_top++]=x;                          //元素 x 安全进栈
  return   OK;                                  //返回进栈成功信息
}
int   CStack::pop( )                            //退栈函数定义
{ if(s_top= =0)return ERROR;                    //注 6，返回栈空信息
  return s_buffer[--s_top];                     //注 7，返回退栈元素
}
void   CStack::sdisplay( )                      //显示栈内容函数定义
{ int i;
  if(s_top= =0)                                 //注 8，栈当前为空
  {   cout<<"当前栈中没有元素。"<<endl;
      return;
  }
  for(i=0;i<s_top;)cout<<setw(4)<<s_buffer[i++];     //注 9，输出当前栈中元素
  cout<<endl;
}
//以下是类以外的函数定义
void   spush(CStack &a)                               //请求进栈的函数定义
{int x,k;
  cout<<"请输入要进栈的元素值："<<endl;
  cin>>x;
  k=a.push(x);                                        //请求进栈
  if(k= =ERROR)cout<<"栈已满，"<<x<<"进栈失败。"<<endl;
  else cout<<x<<"成功进栈。"<<endl;
  return;
}
void   spop(CStack &a)                                //请求退栈的函数定义
{int x;
  x=a.pop( );                                         //请求退栈
  if(x= =ERROR)cout<<"栈已空，退栈失败。"<<endl;          //注 10
  else cout<<x<<"成功退栈。"<<endl;
  return;
}
void   opstack(CStack &a)                             //栈操作主控函数
{ int op;
  for(;;)
```

```
    { cout<<"请选择下一步要做的操作，0:终止程序 1:进栈 2:退栈 3:显示栈元素"<<endl;
     cin>>op;
     switch(op)
     { case 0:   return;
       case 1:   spush(a); break;
       case 2:   spop(a); break;
       case 3:   a.sdisplay( ); break;
       default: cout<<"操作码不对，请重新输入。"<<endl;
     }
    }
}
void   main( )
{ CStack   stack;
   opstack(stack);
}
```

对程序的解释说明

注 1 定义预分配栈空间的大小为 1024，调试时可将 1024 改小一点（比如 4），以便于观察栈满栈空情况。

注 2 定义的栈长度，是指当前分配的栈空间大小。

注 3 语句用 new 运算产生栈空间。

注 4 语句设置栈顶指针 s_top 的初值为 0。s_top 的值同时兼作当栈中元素个数的计数器，可以从注 6、注 8 和注 9 各语句看出这一点。

注 5 语句表示，如果栈顶指针 s_top 已达到栈长度 s_length，则说明当前栈空间已经用完，本次进栈申请无法满足，将栈满信息返回给进栈申请者。实际应用时，可以通过追加栈空间，以满足进栈请求，本程序作了简化处理。

注 6 语句表示，在处理退栈请求时，若发现当前栈是空的，无法退栈，则将栈空的信息返回给请求者。如果注 6 语句的条件不成立，即栈不空，则执行注 7 语句，将栈顶指针回退一步，将退出的栈顶元素返回给请求者。由于先前约定，栈元素值都是正整数，而 ERROR 的值定义为-1，退栈请求者通过检查收到的返回值是否为-1，可以知道本次退栈是否成功（见注 10 语句）。

应当说明的是，实际应用中，从栈中退出元素以后，要对退出的元素进行处理，由于本程序只具模拟功能，所以作了简化（只显示退出的元素值）。

习题 6.1

[简答题]

6.1-1　什么是类？什么是对象？

6.1-2　简述操作权限 public、private、protected 的含义。

6.1-3　对于下列程序，请指出所定义的类名和对象名，类中所含成员的性质和操作权限，以及程序的功能。

```
#include   <iostream.h>
#include   <stdio.h>
class   addup
{   int   num, failure;
    float   sum,ave;
public:
      addup( );
      void process( );
      void display( );
};
addup::addup( )
{   sum=0;   num=0;   failure=0; }
void   addup::process( )
{ float x;
   cin>>x;
   while (x>=0)
   { num++;
      sum+=x;
      if (x<60) failure++;
      cin>>x;
   }
   ave=sum/num;
}
void   addup::display( )
{     cout<<"num="<<num<<endl;
      cout<<"sum="<<sum<<endl;
      cout<<"ave="<<ave<<endl;
      cout<<"failure="<<failure<<endl;
}
void main( )
{     addup obj;
      obj.process( );
      obj.display( );
}
```

[程序阅读题]

6.1-4　写出程序输出结果。

```
#include   <iostream.h>
class   sample
{ private:
    int i;
    int ppp(int y)
    { return (y/10);}
  public:
    sample( ){ i=10;}
    void   pl( )
```

```
    {   i=ppp(i); }
    void display( )
    { cout<<i<<endl;}
};
void main( )
{   sample a;
    a.display( );
    a.pl( );
    a.display( );
}
```

6.1-5　写出程序输出结果（运行时，输入字母 b）。

```
#include  <iostream.h>
#include  <stdio.h>
class test
{   int t;
    char ch;
    char  ff(char c);
public:
    test( );
    void process( );
};
test::test( )
{   t=0; }
void test::process( )
{ ch=getchar( );
   cout<<ff(ch)<<endl;
   for(int i=0;i<8;i++)
    if(ch= = ('a'+i-1))   {t++;   ch=ff(ch); }
   cout<<"ch="<<ch<<endl;
   cout<<"t="<<t<<endl;
}
char  test::ff(char c)
{   return (c-'a'+2)%8+'a'; }
void  main( )
{
    test obj;
    obj.process( );
}
```

6.1-6　写出程序输出结果（运行时，输入：8　120）。

```
#include  <iostream.h>
#include  <stdio.h>
class  mile_and_yard
{   int mile,yard;
public:
```

```
        mile_and_yard( );
        mile_and_yard(int ,int);
        void get_mile_and_yard( );
        void add_mile_and_yard(mile_and_yard,mile_and_yard);
        void display( );
};
mile_and_yard::mile_and_yard( )
{   mile=0;   yard=0;   }
mile_and_yard::mile_and_yard(int val1,int val2)
{   mile=val1; yard=val2;   }
void mile_and_yard::get_mile_and_yard( )
{       cout<<"enter mile:";
        cin>>mile;
        cout<<"enter yard:";
        cin>>yard;
}
void mile_and_yard::add_mile_and_yard(mile_and_yard d1,mile_and_yard d2)
{       yard=d1.yard+d2.yard;
        mile=0;
        if (yard>=1760)
        {   mile=1;
            yard-=1760;
        }
        mile+=d1.mile+d2.mile;
}
void mile_and_yard::display( )
{ cout<<mile<<" miles,   "<<yard<<" yards."<<endl; }
void main( )
{       mile_and_yard x(5,90);
        mile_and_yard y,z;
        y.get_mile_and_yard( );
        z.add_mile_and_yard(x,y);
        cout<<"object   x=";
        x.display( );
        cout<<"object   y=";
        y.display( );
        cout<<"object   z=";
        z.display( );
}
```

[程序设计题]

△6.1-7　设计一个类，用来计算圆的面积。

6.1-8　设计一个类，判定输入的正整数是否是 Armstrong 数。若一个 m 位正整数 n 的各位数字的 m 次方之和等于 n，则称 n 是一个 Armstrong 数。例如：

3 位数中的 Armstrong 数　　$153=1^3+5^3+3^3$

4 位数中的 Armstrong 数　　$1634=1^4+6^4+3^4+4^4$

5 位数中的 Armstrong 数　　$92727=9^5+2^5+7^5+2^5+7^5$

6.1-9　设计一个类，用来求解一元二次方程的根。

6.2　重载、组合和继承

6.2.1　重载

C++具有函数重载功能，即允许在同一个程序中定义多个同名函数，只要同名函数的参数个数不同，或对应参数的类型不同就认为是不同的函数。一组同名函数称为重载函数（overloaded functions），也称多态函数（polymorphism functions）。函数调用时，系统会根据实参的个数和类型上的差别，自动调用相应的函数。

【例 6-5】中含有 3 个名为 abs 的函数，一个用于计算 int 类型数据的绝对值，一个用于计算 float 类型数据的绝对值，而另一个则用于计算 double 类型数据的绝对值。从输出的提示性信息可知，系统确实是按照实参的类型调用不同的函数。当然，实际应用时，不必输出这样的信息。

引入重载函数的好处在于，可以将功能相同或相近的函数定义成重载函数，从而起到“接口单一”的功效。虽然对设计者来说并不“省事”，却方便了调用者。

【例 6-5】 重载函数示例。

```
#include   <iostream.h>
int abs(int   n)
{ cout<<"计算整数的绝对值:   " ;                        //注 1
   return   n<0 ? -n : n ;
}
float abs(float   n)
{   cout<<"计算单精度实数的绝对值: " ;                  //注 2
   return   n<0 ? -n : n ;
}
double abs(double   n)
{ cout<<"计算双精度实数的绝对值: " ;                    //注 3
   return   n<0 ? -n : n ;
}
void   main( )
{int a,x; float b,y; double c,z;
 cout<<"请输入  x，y，z"<<endl;
 cin>>x>>y>>z;
 a=abs(x);                                             //注 4
 cout<<"|x|="<<a<<endl;
 b=abs(y);                                             //注 5
 cout<<"|y|="<<b<<endl;
 c=abs(z);                                             //注 6
 cout<<"|z|="<<c<<endl;
}
```

运行实例（带下划线的表示用户输入的数据，其余为程序输出内容）：

```
请输入 x，y，z
-123  2.456  -0.876
计算整数的绝对值：|x|=123
计算单精度实数的绝对值：|y|=2.456
计算双精度实数的绝对值：|z|=0.876
```

对程序的解释说明

注 4、注 5 和注 6 语句分别用 int、float 和 double 类型的自变量 x、y 和 z，调用重载函数 abs。从运行实例可以看出，确实调用了不同的函数。另外，实际应用时，可将注 1、注 2 和注 3 语句删去，这里输出的信息仅起到便于观察重载功能的作用。

【例 6-6】 定义含有重载函数的类，其中重载函数分别用于计算 int 类型、float 类型和 double 类型参数的 3 次方。

```
#include   <stdio.h>
class   tri
{   int   i,i_tri;
    float   f, f_tri;
    double   d, d_tri;
  public:                              //3 个重载函数的声明
    int   tri_val(int);
    float   tri_val(float);
    double   tri_val(double);
};
int   tri::tri_val(int val)            //重载函数 1，计算 int 类型参数的 3 次方
{ return   val*val*val;}
float   tri::tri_val(float val)        //重载函数 2，计算 float 类型参数的 3 次方
{ return   val*val*val;}
double   tri::tri_val(double val)      //重载函数 3，计算 double 类型参数的 3 次方
{   return   val*val*val;}
void   main( )
{ tri obj;
  int a;   float b;   double c;
  printf("请输入  a，b，c\n");
  scanf("%d%f%lf",&a,&b,&c);
  printf("%6d 的 3 次方=%d\n",a,obj.tri_val(a));
  printf("%6.3f 的 3 次方=%g\n",b,obj.tri_val(b));
  printf("%6.3f 的 3 次方=%g\n",c,obj.tri_val(c));
}
```

运行实例（带下划线的表示用户输入的数据，其余为程序输出内容）：

```
请输入 a，b，c
3  4.12  -5.45
     3 的 3 次方=27
 4.120 的 3 次方=69.9345
```

−5.450 的 3 次方=-161.879

【例 6-7】 修改【例 6-4】中的程序，通过函数重载，使栈的长度可以采用默认值，也可以由用户指定。

```
#include  <iostream.h>
#include  <iomanip.h>
#define  ERROR  -1
#define  OK  1
#define  MAX  1024                          //默认栈长度
class  CStack
{ int   s_length;                           //实际栈长度
  int   *s_buffer;                          //栈空间
  int   s_top;                              //栈顶指针
 public:
  CStack( );                                //构造函数 1 的声明
  CStack(int);                              //构造函数 2 的声明
  ～CStack( )                               //析构函数
  {   delete   s_buffer; }                  //回收栈空间
  int   push(int);
  int   pop( );
  void   sdisplay( );
};
CStack::CStack( )                           //构造函数 1 的定义
{   s_length=MAX;                           //默认栈长度
  s_buffer=new int [s_length];
  s_top=0;
}
CStack::CStack(int n)                       //构造函数 2 的定义
{     s_length=n;                           //用户指定栈长度 n
      s_buffer=new int [s_length];
      s_top=0;
}
//定义以下几个函数的程序段与【例 6-4】相同，这里从略
//类成员函数：进栈函数 push、退栈函数 pop、显示栈内容函数 sdisplay
//类外函数：请求进栈的函数 spush、请求退栈的函数 spop、栈操作主控函数 opstack
void main( )
{ int n;
  cout<<"请输入 n 的值：n>0 表示取 n 为栈长度；否则取默认栈长度，n=";
  cin>>n;
  if(n>0)                                   //注 1
  { CStack s(n);                            //注 2，取用户指定栈长度
    opstack(s);                             //注 3
  }
  else
  { CStack s;                               //注 4，取默认栈长度
    opstack(s);                             //注 5
```

```
    }
}
```

对程序的解释说明

类 CStack 中定义了两个构造函数（重载），其中构造函数 1 不带参数，构造函数 2 带参数。在定义对象时，若不带参数，则启用构造函数 1；若带参数，则启用构造函数 2。

执行注 1 语句时，判断用户输入 n 的值是否则大于 0，如果 n>0，则执行由注 2 和注 3 组成的分程序。注 2 定义的对象 s 带有参数 n，表示启用带参数的构造函数，并将这个参数传给它，取 n 为栈长度。注 3 语句对由注 2 所定义的栈对象 s 进行操作。

如果 n 不大于 0（比如 n=0），则执行由注 4 和注 5 组成的分程序。注 4 定义的对象 s 不带参数，表示启用不带参数的构造函数，栈长度取默认值 MAX。注 5 语句对由注 4 所定义的栈对象 s 进行操作。

注意，注 1～注 5 的程序段不能写成：

```
if(n>0)
  CStack s(n);                    //注 6
else  CStack s;                   //注 7
opstack(s);                       //注 8
```

否则，编译时将指出注 8 语句中的 s 是未定义标识符。这是因为，注 6 和注 7 不是语句，而是类变量（对象）定义。

利用重载函数实现的多态性属于“编译多态性”，也称“静态的多态性”，因为是在编译阶段根据实参“静态地”确定所调用的是重载函数中的哪个函数。

而利用虚拟函数还可以实现“动态的多态性”，即执行阶段体现出来的多态性（见 6.3.1 节）。

6.2.2 组合

一个类的成员可以是另一个类的对象，形成类的嵌套。这种类中有类的机制称为组合，也称关联（association），外层类称为组合类。对象既可以作为组合类的公有成员，也可以作为组合类的私有成员，作为私有成员时，对数据的封装更加严密。

外层类可以引用内层类的公有成员，但不可引用内层类的私有成员。

用已有的类 CA，定义组合类 CB 的一般格式为

```
class  CB
{  private（或 public）: CA  对象名;        //其中，private 可以省略
   …;                                     //类 CB 的其他成员
}
```

表示 CB 是一个组合类，其中一个成员是类 CA 的对象，若带权限“public”则该对象是一个公有成员；若带权限“private”（或省略权限）则是一个私有成员。

【例 6-8】 对象作为公有成员的示例程序。

```
#include  <iostream.h>
class  CA                         //定义类 CA
```

```
{       int i;
 public:
        CA( )   { i=12;}                    //注 1，CA 的构造函数
        //以下是 CA 的其他成员函数
        void   set(int x) { i=x;}           //注 2
        int    read( ) {return i;}          //注 3
        int    add( ){ return i++;}         //注 4
};
class   CB                                  //定义类 CB
{       int i;
 public:
        CA    a;                            //类 CA 的对象 a 作为类 CB 的公有成员
        CB( ) { i=45;}                      //注 5，CB 的构造函数
        //以下是 CB 的其他成员函数
        void   ini(int b)   { i=b;}         //注 6
        int    get( )   {return i;}         //注 7
        int    addab( )   { i+=a.add( ); return i;}           //注 8
};
void   main( )
{       CB    b;                                              //定义类 CB 的对象 b
        cout<<"对象 a 中的 i="<<b.a.read( )<<endl;            //注 9
        cout<<"对象 b 中的 i="<<b.get( )<<endl;               //注 10
        b.ini(54);                                            //注 11
        b.a.set(32);                                          //注 12
        cout<<"对象 b 中的 i="<<b.get( )<<endl;               //注 13
        cout<<"对象 b 中的 i="<<b.addab( )<<endl;             //注 14
        cout<<"对象 a 中的 i="<<b.a.read( )<<endl;            //注 15
}
```

运行时，输出以下内容：

```
对象 a 中的 i=12
对象 b 中的 i=45
对象 b 中的 i=54
对象 b 中的 i=86
对象 a 中的 i=33
```

对程序的解释说明

执行注 9 语句时，输出“b.a.read( )”的返回值，本次调用通过对象 b 中的成员对象 a，调用 a 中的 read 函数，即执行注 3 语句，由于 CA 的构造函数注 1 为 i 赋初值 12，所以注 3 的返回值便是 12，故注 9 语句输出结果为“对象 a 中的 i=12”。

执行注 10 语句时，输出“b.get( )”的返回值，即执行注 7 语句，返回 b 中的成员 i 的值，由于 CB 的构造函数注 5 为 i 赋初值 45，所以注 7 的返回值便是 45。故注 10 语句输出结果为“对象 b 中的 i=45”。

执行注 11 语句，通过注 6 语句，将 b 中 i 的值改为 54。

执行注 12 语句，通过注 2 语句，将 a 中 i 的值改为 32。

执行注 13 语句时，再次输出“b.get( )”的返回值，即执行注 7 语句，返回 b 中的成员 i 的当前值 54，故注 13 语句输出结果为“对象 b 中的 i=54”。

执行注 14 语句时，输出“b.addab( )”的返回值，即执行注 8 语句，而注 8 语句又调用注 4 语句，将 a 中 i 的当前值 32 加到 b 的 i 中，使 b 的 i 值为 54+32=86，故注 14 语句输出结果为“对象 b 中的 i=86”。还要注意，本次执行注 4 语句时，在取 a 中 i 当前值 32 之后，作为副产品又将 a 中 i 值增 1，即 a 中 i 值为 33。

最后执行注 15 语句，输出“b.a.read( )”的返回值，即执行注 3 语句，返回 a 中 i 的当前值 33，故注 15 语句输出结果为“对象 a 中的 i=33”。

【例 6-9】 对象作为私有成员的示例程序。

```
#include   <iostream.h>
class   CA                                              //定义类 CA
{      int i;
 public:
       CA( )   { i=12;}                                 //注 1，CA 的构造函数
       //以下是 CA 的其他成员函数
       void   set(int x) { i=x;}                        //注 2
       int   read( ) {return i;}                        //注 3
       int   add( ){ return i++;}                       //注 4
};
class   CB                                              //定义类 CB
{      int i;
       CA   a;                                          //类 CA 的对象 a 作为类 CB 的私有成员
 public:
       CB( ) { i=45;}                                   //注 5，CB 的构造函数
       //以下是 CB 的其他成员函数
       void   ini(int b)   { i=b;}                      //注 6
       void   seta(int x)   {a.set(x);}                 //注 x1
       int   geta( )   {return a.read( );}              //注 x2
       int   get( )   {return i;}                       //注 7
       int   addab( )   { i+=a.add( ); return i;}       //注 8
};
void   main( )
{      CB   b;
       cout<<"对象 a 中的 i="<<b.geta( )<<endl;                 //注 9
       cout<<"对象 b 中的 i="<<b.get( )<<endl;                  //注 10
       b.ini(54);                    //注 11
       b.seta(32);           //注 12
       cout<<"对象 b 中的 i="<<b.get( )<<endl;                  //注 13
       cout<<"对象 b 中的 i="<<b.addab( )<<endl;                //注 14
       cout<<"对象 a 中的 i="<<b.geta( )<<endl;                 //注 15
}
```

对程序的解释说明

可以看出，本例程序与【例 6-8】程序的功能相同，输出结果也相同。但是，由于对

象 a 是对象 b 的私有成员，在类 CB 之外不能对 a 进行操作，所以主函数中不能出现“b.a.read( )”和“b.a.set(32)”。要访问 a 中的 i，只能通过 b，在类 CB 中进行。于是，在类 CB 中增加了注 x1 和注 x2 访问 a 中成员 i 的函数，主函数中的注 10、注 12 和注 15 语句也作了相应的修改。

6.2.3 继承

继承（inheritance）也叫派生（derive），是通过父类（parent class）定义子类（child class）的一种机制。父类也称为基类（base class），子类也称为派生类（derived class）。

子类可以从父类中继承一部分（可继承的）成员数据和成员函数，使得（在子类中）不经定义，就产生与父类成员同名的继承成员。注意，虽然同名，却不是同一个成员。对于成员数据，它们是不同的变量（有各自的存储单元），对于成员函数，处理的是不同的数据（见例 6-10）。当然，子类也可以定义自己的成员（数据和函数）。

用父类 A 定义子类 B 的一般格式为

```
class   B：继承权限 A
{
…                    //子类 B 的成员
}；
```

继承权限可以是 public、protected、private 三者之一，其中 private 为默认权限（可以省略）。

继承成员（在子类中）的操作权限，将受该成员在父类中的操作权限和继承权限共同制约（见表 6-2）。

表 6-2 继承成员的操作权限

在父类中的操作权限	继 承 权 限	在子类中的操作权限
public	public，private，protected	同继承权限
private	public，private，protected	不能被继承
protected	public，protected	protected
	private	private

从表 6-2 中可以看出：

- 父类中具有 public 权限的成员被子类继承后，在子类中的操作权限与继承权限相同。
- 父类中具有 private 权限的成员不能被子类继承。
- 父类中具有 protected 权限的成员被子类继承后，在子类中的操作权限只能是 private 或 protected（不可能是 public）。如果在子类中的权限变为“private”，则不能再被子类的子类继承。

【例 6-10】 单一继承关系示例程序。

```
#include   <iostream.h>
class   A                              //定义基类 A
{   protected:   int x;                //A 的可继承成员数据 x
```

```
    public:
      int y;                              //A 的公有成员数据 y
      A( ){ x=1;y=2;};                    //注 1，A 的构造函数
      void f( )   {x+=y;}                 //注 2，A 的公有成员函数 f
      void g( )                           //注 3，A 的公有成员函数 g
        { f( );                           //注 4，调用函数 f
          cout<<"A: x="<<x<<endl;}        //注 5
};
class B: public A                         //注 6，定义 A 的子类 B，继承权限为 public
{   protected: int y;                     //注 7，B 自定义的成员数据 y
    public:
    B( ){ y=10;};                         //注 8，B 的构造函数
    void   display( )                     //注 9，B 的公有成员函数 display
      { f( );                             //注 10，调用从 A 继承而来的函数 f
          x+=y;                           //注 11
       cout<<"B:从 A 中继承的 x="<<x<<", y="<<A::y<<";   B 自定义的 y="<<y<<endl;
      }
};
void main( )
{ A   bj;                                 //注 12，产生 A 类的对象 bj
    bj.g( );                              //注 13，调用 A 类的函数 g
    B   obj;                              //注 14，产生 B 类的对象 obj
    obj.display( );                       //注 15，调用 B 类的函数 display
    bj.g( );                              //注 16，再次调用 A 类的函数 g
}
```

运行时，输出以下内容：

```
A: x=3
B:从 A 中继承的 x=13, y=2;   B 自定义的 y=10
A: x=5
```

对程序的解释说明

由注 6 可知，子类 B 以 public 为继承权限从基类 A 中继承（抄录一份）成员数据 x 和 y，以及成员函数 f 和 g。同时，在注 7 和注 9 处，类 B 自己又定义一个成员数据 y 和成员函数 display。这样，类 B 就有 3 个成员函数：display、f、g 和 3 个成员数据：y、x、A::y。其中，A::y 表示从父类继承的 y，以示与自定义 y 相区别。

当执行注 12 产生 A 类的对象 bj 时，自动执行类 A 的构造函数注 1，使 x=1，y=2。接着执行注 13 语句调用函数 g，控制转到注 3，执行注 4，调用函数 f，执行注 2，使 x=3，再执行注 5 语句，输出“A: x=3”（输出结果的第一行内容）。

当执行注 14 产生 B 类的对象 obj 时，首先自动执行类 A 的构造函数注 1，使 x=1，y=2（这个 y 是从 A 类继承来的，即 A::y）。再自动执行类 B 的构造函数注 8，使 y=10（这个 y 是类 B 自定义的）。

当执行注 15 语句时，调用 B 类的函数 display，转入注 9，执行注 10 语句，调用 f，注 2 的操作对象是类 A 中的成员数据 x 和 y，使 x=3，y=2。再执行注 11，此处的 x 是从类 A

中继承来的（其值等于 3），而 y 则是自定义的（其值等于 10），至此，x=13，A::y=2，而 y=10，于是得到输出结果的第二行内容。

当执行注 16 语句时，再次调用 A 类的函数 g，执行注 4 调用 f，对于对象 bj 来说，其成员 x 和 y 的当前值为 x=3 和 y=2，执行注 2 时，使 x=5。于是有了第三行的输出结果。

继承关系可以嵌套，即子类可以进一步派生出子类，构成多层派生。

如果父类中含有构造函数，那么定义子类的对象时，父类中的构造函数也将被自动调用，对于多层继承也如此，即定义多层派生的底层对象时，则从最顶层的基类开始，逐层向下依次自动调用各祖先类的“可继承的”构造函数。

【例 6-11】 构造函数对多层派生类起作用的示例程序。

```
#include   <iostream.h>
class   A                                        //定义基类 A
{ public:
      A( ){ cout<<"基类   A"<<endl;}             //定义 A 的构造函数
};
class   B:   private   A                         //定义 A 的子类 B
{ public:
      B( ){cout<<"A 的子类  B"<<endl;}           //定义 B 的构造函数
};
class   C: protected   B                         //定义 B 的子类 C
{ public:
      C( ){cout<<"B 的子类  C"<<endl;}           //定义 C 的构造函数
};
void   main( )
{
      C cobject;                                 //注 1，定义 C 的对象 cobject
}
```

运行时，输出以下 3 行内容：

```
基类   A
A 的子类  B
B 的子类  C
```

对程序的解释说明

执行注 1，在产生 C 类的一个对象 cobject 的同时，自动执行类 A 的构造函数，输出“基类　A”（即输出结果的第一行）；接着自动执行类 B 的构造函数，输出“A 的子类 B”（即输出结果的第二行）；再自动执行类 C 的构造函数，输出“B 的子类 C”（即输出结果的第三行）。

一个父类可以有多个不同的子类，而一个子类又可以同时继承多个父类（多重继承）。相应的，只有一个父类的子类属于单一继承。

在多层继承中，子类继承了所有祖先类中的可以继承的成员数据和成员函数。

由父类 A 和父类 B 定义子类 C（多重派生类）的一般格式为

```
class   C：继承权限 A, 继承权限 B
{
…                              //子类 C 的成员
};
```

【例 6-12】 多重派生类的示例程序。

```
#include   <iostream.h>
class   A                                       //定义类 A
{ public:
    A( ){cout<<"基类  A"<<endl;}                 //定义 A 的构造函数
};
class   B          //类 B
{ public:
    B( ){cout<<"基类  B"<<endl;}                 //定义 B 的构造函数
};
class   C: public   A,   protected   B          //注 1，定义类 C
{ public:
    C( ){cout<<"A 和 B 的子类  C"<<endl;}        //定义 C 的构造函数
};
void   main( )
{
    C cobject;                                  //注 2，定义 C 类的对象 cobject
}
```

运行时，输出以下内容：

```
基类  A
基类  B
A 和 B 的子类  C
```

对程序的解释说明

由注 1 可知，类 C 以“public”权限继承类 A，同时又以“protected”权限继承类 B。

执行注 2，在产生 C 类的一个对象 cobject 的同时，自动执行类 A 的构造函数，输出“基类 A”(即第一行内容)；接着自动执行类 B 的构造函数，输出“基类 B”(即第二行内容)；再自动执行类 C 的构造函数，输出“A 和 B 的子类 C”(即第三行内容)。

习题 6.2

[填空题]

6.2-1 C++中，允许在同一个程序中定义多个同名函数。一组同名函数称为（1）________，也称多态函数；只要同名函数的（2）________不同或对应参数的（3）________不同就认为是不同的函数。函数调用时，系统会根据（4）________和类型上的差别，自动调用相应的函数。

6.2-2 如果一个类的成员是另一个类的对象，这种类中有类的机制称为组合，也称

（1）________，外层类称为（2）________。外层类可以引用内层类的（3）________，但不可引用内层类的私有成员。

6.2-3　设有如下定义：

```
class A
{
  …                          //这里定义类 A 的成员
};
class B: public A
{
  …                          //这里定义类 B 的成员
};
```

那么，类 A 和类 B 的关系是：（1）________；其继承权限为（2）________。

[程序阅读题]

6.2-4　写出程序输出结果。

运行时，输入 3 和三位同学的姓名、语文和数学成绩：

```
Zhangsan  88  65
Lisi  99  77
Wangwu  55  65
```

程序中采用组合实现代码重用，具体程序如下：

```
#include <stdio.h>
#include <iomanip.h>
const int N=20;
const int M=81;
class Chinese
{ protected:
     int index;
     int score[N];
  public:
     void getdata(int x,int index)
     { score[index]=x; }
     int display(int index)
     { return score[index]; }
};
class math
{ protected:
     int index;
     int score[N];
  public:
     void getdata(int x,int index)
     { score[index]=x; }
     int display(int index)
     { return score[index]; }
```

```
};
class pupil
{       Chinese    yuwen;
        math       shuxue;
        char name[N][M];
        float ave[N];
    public:
        void getdata(int index);
        void display(int index);
};
void pupil::getdata(int index)
{     int x,i;
     for(i=0; i<index;i++)
     {   ave[i]=0;
          cout<<"请输入姓名：";
          cin>>name[i];
         cout<<"请输入语文成绩：";
          cin>>x;
          ave[i]+=x;
          yuwen.getdata(x,i);
         cout<<"请输入数学成绩：";
          cin>>x;
          ave[i]+=x;
          shuxue.getdata(x,i);
          ave[i]/=2;
     }
}
void pupil::display(int index)
{ int i;
   for(i=0;i<index;i++)
   { cout<<"name:"<<setw(30)<<name[i]<<" "<<yuwen.display(i)<<" "
              <<shuxue.display(i)<<" "<<ave[i]<<endl;
   }
}
void   main( )
{       pupil    student;
        int number;
        cout<<"输入学生总数";
        cin>>number;
        student.getdata(number);
        student.display(number);
}
```

6.2-5　写出程序输出结果。

```
#include   <iostream.h>
class s1
```

```
{ protected: int x;
  public:
        void getdatax() { x=7; }
};
class s2: public s1
{ protected: float   y;
  public:
        void   getdatay( ) { y=18+x; }
};
class s3: public s2
{       char ch;
   public:
        void process( ) {    ch=int(x)/int(y)+'0';}
        void display( ) {    cout<<ch<<endl;}
};
void main( )
{       s3 sample;
        sample.process( );
        sample.display( );
}
```

[程序设计题]

△6.2-6　将 6.2-4 题中的程序改为通过多重继承，实现代码重用（程序功能不变）。

△6.2-7　利用重载函数求面积，带一个参数的是求圆面积；带两个参数的是求矩形面积；带三个参数的是求三角形面积。

6.2-8　用组合方式定义一个“书籍”类（对一本书籍）。

书籍类有 3 种成员：

1）普通数据成员。包括：书名、书号、单价、字数、印数、出版日期。

2）类成员。包括：作者信息类、出版社信息类。

3）成员函数（一个或多个）。其功能是输入和输出各普通数据成员的值。

作者信息类：成员数据包括作者姓名、职称和工作单位；成员函数的功能是输入和输出各数据成员的值。

出版社信息类：成员数据包括出版社名称、责任编辑姓名、客服电话号码和网络地址；成员函数的功能是输入和输出各数据成员的值。

6.3　虚拟、友元和模板

6.3.1　虚拟函数

利用虚拟函数和指向对象的指针可以实现动态多态性，即程序运行期间才确定调用同名函数中的哪一个。

1. 指向对象的指针简单用法

与普通类型的指针不同，指向基类类型的指针，可以指向其子类的对象。

【例 6-13】 指向对象的指针用法的示例程序。

```
#include  <iostream.h>
class  A                                 //定义基类 A
{ public:
   void  display( )                      //注 1，基类 A 的成员函数
   { cout <<"来自基类  A"<<endl; }
};
class  B:  public  A                     //定义 A 的子类 B
{ public:
   void  display_B( )                    //注 2，子类 B 的成员函数
    {cout<<"来自 A 的子类  B"<<endl;}
};
void  main( )
{  A x,*pA,*pB;                          //注 3，定义类 A 的对象 x 和指针 pA、pB
   B  y;                                 //定义类 B 的对象 y
   pA=&x;                                //注 4，使 pA 指向 A 的对象 x
   pB=&y;                                //注 5，使 pB 分别指向子类 B 的对象 y
   pA->display( );                       //注 6，调用 A 的成员函数
   pB->display( );                       //注 7
   pB->display_B( );                     //注 8，这是错误的语句
}
```

运行时，输出以下内容：

```
来自基类  A
来自基类  A
```

对程序的解释说明

注 1 和注 2 分别定义类 A 和类 B 的两个不同名的成员函数 display 和 display_B。

注 3 定义指向类 A 的指针 pA 和 pB。注 4 使 pA 指向基类 A 的对象 x。注 5 使 pB 指向 A 的子类 B 的对象 y，这是允许的，因为指向基类类型的指针可以指向其子类的对象。

注 6 中的“pA->display( )”表示通过指向对象 x 的指针 pA，调用 A 的成员函数 display，从而输出第一行信息“来自基类 A”。

请注意，类 B 中有两个成员函数，一个是自定义的 display_B，另一个是从父类 A 中继承来的 display。注 7 语句“pB->display( )”表示通过指向对象 y 的指针 pB，调用从父类 A 中继承来的成员函数 display，从而输出第二行信息“来自基类 A”。

注意，注 8 语句是错误的，因为 pB 的类型是 A*（指向类 A 的），虽然 pB 能够指向子类 B 的对象 y，但是通过 pB 只能引用从父类 A 继承来的成员 display，而不能引用子类 B 中定义的成员 display_B，也就是说，由于 display_B 不是类 A 的成员，所以出现编译错误（编译时报错）。

值得说明的是，可以将注 2 中的 display_B 改名为 display（与 A 的成员函数同名），但

是，注 7 语句调用的仍然是从父类 A 继承来的成员函数，因而输出的内容仍然是“来自基类 A”。

如果将 display 改为虚拟函数，执行情况将会有所不同。

2．虚拟函数用法

虚拟函数的一般定义格式为

```
函数类型  virtual  函数名(形参表)
{    …                         //函数体     }
```

或

```
virtual  函数类型  函数名(形参表)
{    …          //函数体     }
```

其中，保留字“virtual”可以写在函数类型之前，也可以写在函数类型之后，用于指明定义的函数是虚拟函数。

注意，只有类的成员函数才能被定义成虚拟函数，在类外不能定义虚拟函数。

通过虚拟函数和指向对象的指针实现动态多态性的步骤如下。

1）在基类中定义一个公有虚拟函数。

2）在子类中对这个虚拟函数重新定义。重新定义时可带（也可不带）virtual，且函数头（函数类型、函数名、形参表、返回值类型等）必须与基类中的虚拟函数相同，而函数体则可以不同。

3）通过指向基类的指针指向子类的对象调用虚拟函数时，如果子类对基类中的虚拟函数作了重新定义，执行的便是子类中定义的同名函数；反之（子类没对该虚拟函数重新定义），执行的便是从基类继承的那个函数。

与重载类似，使用虚拟函数可以通过“单一接口”进行多种不同的处理操作。

【例 6-14】 虚拟函数用法的示例程序。

```
#include  <iostream.h>
class  A                                   //定义基类 A
{ public:
    virtual  void  display( )              //注 1，基类 A 的虚拟函数
    { cout <<"来自基类  A"<<endl; }
};
class  B:  public  A                       //定义 A 的子类 B
{ public:
    void  display( )                       //注 2，子类 B 对虚拟函数重新定义
     {cout<<"来自 A 的子类  B"<<endl;}
};
class  C: public  A                        //定义 A 的子类 C
{ public:
    void  display_C( )                     //注 3，子类 C 的成员函数
     {cout<<"来自 A 的子类  C"<<endl;}
};
void  main( )
```

```
{   A x,*pA,*pB,*pC;                    //注 4，定义类 A 的对象 x 和指针 pA、pB、pC
    B   y;                              //定义类 B 的对象 y
    C   z;                              //定义类 C 的对象 z
    pA=&x;                              //注 5，使 pA 指向 A 的对象 x
    pB=&y;                              //注 6，使 pB 指向子类 B 的对象 y
    pC=&z;                              //注 7，使 pC 指向子类 C 的对象 z
    pA->display( );                     //注 8
    pB->display( );                     //注 9，调用 B 中定义的同名成员函数
    pC->display( );                     //注 10，调用从 A 为继承来的成员函数
}
```

运行时，输出以下内容：

```
来自基类 A
来自 A 的子类 B
来自基类 A
```

对程序的解释说明

从输出结果可以看出，因为子类 B 对基类 A 的虚拟函数作了重新定义（注 2 定义的成员函数与注 1 同名），所以注 9 语句调用的是子类 B 中定义的同名函数；而子类 C 中没对基类 A 的虚拟函数重新定义（注 3 定义的成员函数与注 1 不同名），所以注 10 语句调用的是从基类继承的虚拟函数。

3．纯虚拟函数用法

在基类中定义纯虚拟函数的一般格式为

```
virtual   函数类型   函数名(参数表)=0;               //virtual 也可写在函数类型后面
```

这里，“=0”没有实质性含义，仅仅表示这是一个纯虚拟函数，不带函数体，当然也就没有具体的实现细节。

基类中定义的纯虚拟函数，仅起到函数声明的作用，因而退化成“单纯的”接口形式，具体的实现细节在子类中定义。

【例 6-15】 纯虚拟函数应用示例。

分别通过普通虚拟函数和纯虚拟函数，计算 x^2、x^3 和 x 的任意 y 次方（x^y）之值。

```
#include   <iostream.h>
#include   <math.h>
class   A                                       //注 1，定义基类 A
{ protected:
    int   x, y;                                 //A 的成员数据
 public:
    virtual   void   set(int i, int j=1)        //注 2，A 的普通虚拟函数
    {x=i; y=j; }
    virtual   void   display( )=0;              //注 3，A 的纯虚拟函数
};
class   square: public   A                      //定义子类 square
{ public:
```

```
    void  display( )
    {    cout<<x<<"的平方="<<x*x<<endl;          //计算并显示 x 的平方值
    }
};
class  cube: public  A                          //定义子类 cube
{ public:
   void  display( )
   {   cout<<x<<"的立方="<<x*x*x<<endl;          //计算并显示 x 的立方值
   }
};
class  chpow: public  A                         //定义子类 chpow
{ public:
   void display( )                              //注 4
   { cout<<x<<"的"<<y<<"次方="<<pow(double(x),double(y))<<endl;
                                                //计算并显示 x 的 y 次方值
   }
};
void  main( )
{ A *ptr;                                       //定义指向基类的指针 ptr
   square  b2;
   cube    b3;
   chpow   bc;                                  //注 5
   int b,c,t=1;
   while(t)                                     //无限循环，控制反复计算
   {   cout<<"计算 b 的平方，请输入 b= ";
   cin>>b;
   ptr=&b2;                                     //注 6
   ptr->set(b);                                 //注 7，调用从基类继承来的 set 函数
   ptr->display( );                             //注 8，调用子类中的函数，输出 b 的平方值
   cout<<"计算 b 的立方，请输入 b= ";
   cin>>b;
   ptr=&b3;                                     //注 9
   ptr->set(b);                                 //注 10
   ptr->display( );                             //注 11，调用子类中的函数，输出 b 的立方值
   cout<<"计算 b 的 c 次方，请输入 b 和 c= ";
   cin>>b>>c;
   ptr=&bc;                                //注 12
   ptr->set(b,c);                          //注 13
   ptr->display( );                        //注 14，调用子类中的函数，输出 b 的 c 次方值
   cout<<"再做一遍？请选择  0：退出；非 0：再做一遍  ";
   cin>>t;
   }
}
```

运行实例（带下画线的表示用户输入的数据，其余为程序输出内容）：

计算 b 的平方，请输入 b=2

```
2 的平方=4
计算 b 的立方，请输入 b=3
3 的立方=27
计算 b 的 c 次方，请输入 b 和 c=2 5
2 的 5 次方=32
再做一遍？请选择  0：退出；非 0：再做一遍
```

对程序的解释说明

注 1 定义的基类 A 含有权限为 protected 的成员数据 x 和 y，以及权限为 public 的两个成员函数，其中，注 2 定义普通虚拟函数 set，注 3 定义纯虚拟函数 display。

注意，注 2 中的形参“int j=1”表示“参数缺省值”。参数缺省值是 C++的语法概念。C++允许函数的最后几个形式参数以赋初值方式指定参数缺省值，这样调用函数时实参可以少于形参，缺少实参的形参便取其缺省值。注 2 表示，调用 set 函数时，第一个形参 i 对应的实参是必不可少的，而第二个形参 j 对应的实参则是可缺省的，如果缺省，则将 j 的值定为 1。当然，这里的“1”可根据实际情况改为其他值。

A 的 3 个子类 square、cube 和 chpow 分别用于计算并显示 x 的平方值、x 的立方值和 x 的 y 次方值。

从本例中还可以看出，在子类中，可以不对基类中定义的普通虚拟函数重新定义，但必须对基类中定义的纯虚拟函数重新定义。例如，若将注 4 中的“display”改为“display_3”（与父类中的纯虚拟函数不同名），则编译时将在注 5 处报错。不过，就本例中的普通虚拟函数 set 而言，由于 3 个子类中都没对其重新定义，故去掉“virtual”，改为非虚拟函数，不会影响程序的正常执行。

注 6 语句使指针 ptr 指向类 square 的对象 b2，注 7 语句调用从基类继承来的 set 函数，将用户输入的 b 值通过形参 i，赋给从父类继承来的成员数据 x，由于形参 j 没有对应的实参，j 取缺省值 1，将 1 赋给从父类继承来的成员数据 y（y 的这个值实际上是用不到的）。注 8，调用子类中的函数 display，计算并输出 x 的平方值。

注 9、注 10 和注 11 分别与注 6、注 7 和注 8 类似。

注 12、注 13 和注 14 也分别与注 6、注 7 和注 8 类似，不过这一次执行 set 时，j 将取其对应的实参 c 的值，从而计算并输出 x 的 y 次方（即实参 b 的 c 次方）。

另外，本例中类 A 的成员函数 set 仅仅起到过度作用，其功能是将由实参传给形参 i 和 j 的值分别赋给成员变量 x 和 y。就本例而言，可以去掉这个 set 函数，改为直接向函数 display 传递参数。只要将注 3 改为

```
virtual  void  display(int x, int y=1)=0;          //注 3，A 的纯虚拟函数
```

同时将 3 个子类中定义的 display 都改为带形参的形式“void display(int x, int y=1)”，去掉注 7、注 10 和注 13，并且将注 8、注 11 和注 14 各自改为

```
ptr->display(b);          //注 8，调用子类中的函数，输出 b 的平方值
ptr->display(b);          //注 11，调用子类中的函数，输出 b 的立方值
ptr->display(b,c);        //注 14，调用子类中的函数，输出 b 的 c 次方值
```

6.3.2 虚拟基类

虚拟基类（virtual base class）主要用于解决“多重继承”中出现的重复继承问题。

在定义子类时，可以指明某个父类是“虚拟基类”，一般定义格式为

```
virtual  继承权限  基类名
```

例如，定义类 A 的子类 B 时，指定 A 为虚拟基类：

```
class  B: virtual  public  A                //A 被指定为 B 的虚拟基类
{ … };                                      //类 B 的定义体
```

图 6-1 给出多重继承关系和继承结构示意图。

图 6-1a 所示的继承关系表明，类 B 和类 C 都是类 A 的子类（都到类 A 中继承）；而类 D 同是类 B 和类 C 的子类，既到类 B 中继承，也到类 C 中继承（多重继承）。

假定基类 A 中存在可被继承的成员 x（成员数据或成员函数），那么类 B 和类 C 会各继承一个 x。由于类 D 同时继承类 B 和类 C，于是类 D 便从 B 和 C 各继承一个 x（这两个 x 是不同的）。在 D 中引用 x 时，必须在 x 前冠以类名，写成 B::x 或 C::x，以示区别，否则会有二义性。图 6-1b 表示由这种非虚拟基类的多重继承关系导致的继承结构，从图中可以看出，由于类 D 中含有两个 A，所以类 D 就含有两个从 A 中（分别通过 B 和 C）继承的成员 x。

如果在定义类 B 和类 C 时，都将 A 指定为虚拟基类，则导致出如图 6-1c 所示的继承结构。从图中可以看出，由于类 D 中只有一个 A，所以类 D 只有一个 x，而这个 x 是直接从 A 继承的，同时这个 x 可以写成 A::x，或 B::x，或 C::x，甚至可以直接写成 x。

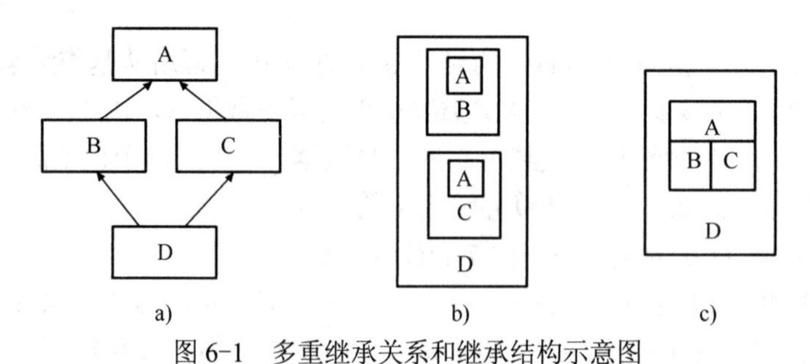

图 6-1　多重继承关系和继承结构示意图

a) 多重继承关系　b) 非虚拟基类导致的多重继承结构　c) 虚拟基类导致的多重继承结构

【例 6-16】体现出图 6-1a 所示的多重继承关系，以及图 6-1c 所示的虚拟基类多重继承结构产生的效果。

【例 6-16】 使用虚拟基类的多重继承示例程序。

```
#include  <iostream.h>
class  A                              //定义基类 A
{  protected:   int  x;
};
class  B: virtual  public  A          //注 1，定义子类 B，指定 A 为其虚拟基类
{  protected:  int  y; };
class  C: virtual  public  A          //注 2，定义子类 C，指定 A 为其虚拟基类
{  protected:   int  z; };
```

```
class D:   public   B,   public   C          //定义由B和C多重派生出的子类D
{  public:
   void setab(int m,int n,int p,int q)
   {   B::x=m, y=p;                          //注3，分别为从类B继承来的x和y赋值
       C::x=n, z=q;                          //注4，分别为从类C继承来的x和z赋值
   }
   void   display( )
   {
     cout<<"由B中继承的   x="<<B::x<<"   "<<"y="<<y<<endl;
     cout<<"由C中继承的   x="<<C::x<<"   "<<"z="<<z<<endl;
   }
};
void   main( )
{    D   obj;                                //定义类D的对象obj
   obj.setab(10,20,30,40);                   //注5，调用类D的成员函数setab
   obj.display( );                           //注6，调用类D的成员函数display
}
```

运行时，输出以下内容：

```
由B中继承的   x=20   y=30
由C中继承的   x=20   z=40
```

对程序的解释说明

执行注5的调用时，先执行注3的赋值语句，分别为从类B继承来的B::x和y赋以10和30，再执行注4的赋值语句，分别为从类C继承来的C::x和t赋以20和40。由于B::x和C::x表示同一个变量，所以注3对x所赋的10，立即被注4所赋的20冲掉，于是x的结果值为20。

如果将注1和注2两处的virtual删去，就变成如图6-1b所示的非虚拟基类的多重继承结构，那么运行结果将变为

```
由B中继承的   x=10   y=30
由C中继承的   x=20   z=40
```

需要说明的是，注1中有无virtual对类A和类B的定义、使用，以及B对A的继承丝毫没有影响，virtual的作用仅在于传递这样的信息：子类D在继承B的成员时，要滤掉B从A继承的成员，直接到A中去继承。

还需要说明，只要注1和注2二者有其一不带virtual，那么类D中就会有两个x。

6.3.3 友元

友元（friend）分为友元函数（friend function）和友元类（friend class）。

如果函数A（或类A）是类B的友元，那么A可以访问类B的所有成员，包括公有成员、私有成员和保护成员。

友元关系是经“授权”获得的，A不能“主动”要求作为B的友元，只有B“邀请”A作为自己的友元，A才能以友元身份访问B的成员。即使类A是类B的友元，B也不能以

友元身份访问 A 的成员（除非 A 也将 B 列为自己的友元），因而友元关系不是对称的，不传递，也不能继承。

如果希望函数 A（或类 A）作为类 B 的友元，那么类 B 就要对 A 进行友元声明。

1．友元函数用法

指定函数 A 作为类 B 的友元函数，要在类 B 的定义体内对函数 A 作友元声明，并且在类 B 的定义体之外对函数 A 进行定义（定义方式同一般函数）。

友元函数声明的一般格式为

```
friend 函数类型 函数名(形参表);
```

其中，保留字“friend”用于指明该函数是一个友元函数。

【例 6-17】 友元函数的用法示例。

```
#include   <iostream.h>
class   B                                   //定义类 B
{ friend   void   A(B &x,B y);              //注 1，友元函数 A 的声明
 private:   int i;
 public:
    B( ){ i=10;}                            //类 B 的构造函数
    void   addi( ) { i++;}
    void   display( ) { cout<<i<<endl;}
};
void A(B &x, B y)                           //注 2，友元函数 A 的定义
{   int temp=0;
    x.addi( );                              //注 3
    y.addi( );                              //注 4
    temp=x.i+y.i;                           //注 5，A 访问类 B 中的私有数据
    cout<<"temp="<<temp<<endl;
}
void   main( )
{   B a, b;                                 //注 6，定义类 B 的对象 a 和 b
    A(a,b);                                 //注 7
    cout<<"a.i=";
    a.display( );                           //注 8，输出对象 a 的成员 i 的值
    cout<<"b.i=";
    b.display();                            //注 9，输出对象 b 的成员 i 的值
}
```

运行时，输出以下内容：

```
temp=22
a.i=11
b.i=10
```

对程序的解释说明

注 1（在类 B 的体内）指明 A 是类 B 的友元函数，注 2（在类 B 的体外）是对友元函

数 A 的定义。由于注 1 仅是函数声明，所以注 1 中的形参表部分也可写成“(B &,B)”（只写形参类型，不写形参名）。

这里，函数 A 的两个形参 x 和 y 都是类 B 的对象，其中 x 是传引用，y 是传值。

执行注 6，定义类 B 的对象 a 和 b 时，各自执行 B 的构造函数，使 a.i=10 和 b.i=10。

执行注 7，用实参 a 和 b 调用函数 A，执行注 3，使 x.i 的值增加 1（等于 11），由于 x 是传引用，所以 x 实际上就是 a，x.i 就是 a.i，因而注 3 语句使 a.i=11。接着执行注 4，使 y.i 的值增加 1（也等于 11），但由于 y 是传值，所以 y.i 值的变化与实参无关，因而 b.i 仍然等于 10。于是，就有了注 8 和注 9 语句的输出结果。

注 5 中的“x.i”和“y.i”表示在 A 的函数体内访问了类 B 的私有 i。如果 A 不是类 B 的友元函数，这种访问是非法的。

当然，即使 A 不是类 B 的友元函数，注 7 语句也没有错误（但要删掉注 5 语句）。

2．友元类用法

指定类 A 作为类 B 的友元类与指定友元函数的方法差不多，需要在类 B 的定义体内对类 A 作友元声明，一般格式为

```
class   B                        //定义类 B
{ friend   class A;              //声明类 A 是类 B 的友元类
    …                            //定义类 B 的成员
}
```

如果类 A 是类 B 的友元类，那么类 A 的对象就可以访问类 B 的所有成员。

【例 6-18】 友元类的用法示例。

```
#include   <iostream.h>
class   B                                  //定义类 B
{ friend   class   A;                      //注 1，友元类声明
   private:     int i;                     //类 B 的私有成员 i
};
class   A                                  //定义类 A
{     B   x;                               //注 2
 public:
     A( ){ x.i=10;}                        //注 3
     void   addi() { x.i++;}               //注 4
     void   display( ){ cout<<x.i<<endl;}  //注 5
};
void   main( )
{   A a;                                   //注 6，定义类 A 的对象 a
     a.addi();                             //注 7
     cout<<"a.i=";
     a.display( );                         //注 8
}
```

运行时，输出以下内容：

```
a.i=11
```

对程序的解释说明

注 1 将类 A 声明为类 B 的友元类。在类 A 的定义体中，注 2 将类 B 的对象 x 作为类 A 的成员（实际上是 A 组合类），以便类 A 的对象通过 x 访问类 B 的成员 i。

执行注 6 定义类 A 的对象 a 时，自动执行类 A 的构造函数（注 3），该函数访问了类 B 对象 x 的私有成员变量 i（x.i=10），为 x.i 定初值 10。

类 A 中的另外两个成员函数（注 4 和注 5），也都访问了这个私有变量 i。

执行注 7 语句，调用类 A 的成员函数 addi 时，使 x.i 的值由 10 增加为 11。

执行注 8 语句，输出 x.i 的值 11。

使用友元可以增加对类中成员的访问渠道，但是却破坏了数据的封装性，这有悖于创建类的初衷。

6.3.4 函数模板

如果定义函数时，将其部分或全部形参的类型被指定为“不确定的类型”，那么该函数就是一个函数模板。形参的这种不确定的类型称为“形式类型”。

调用函数模板时，用具体的“确定的”“实在类型”代替相应的形式类型，产生一个模板函数（templated function），这一“代替”过程称为对函数模板的“实例化”，而本次调用实际执行的，就是实例化后所得的模板函数。

使用不同的“实在类型”调用同一个函数模板，可实例化出不同的模板函数。这些模板函数的函数体是一样的，只是参数类型不同而已。从而实现“对同一个函数用多种不同类型的实际参数去调用”的目标。

形式类型也属于形参（将类型列为参数），称为类型参数；而普通形参则称为数值参数。普通形参对应的实参是“数值”（数据值或地址值），而类型参数对应的实参是数据的类型。

函数模板的定义方式与普通函数的定义方式差不多，只是在函数头前面加模板声明。模板声明的一般格式为

```
template  <形式类型表>
```

其中，“template”是保留字，一对尖括号括起来的“形式类型表”列出该函数所用到的全部形式类型名，每个形式类型名（标识符）前面冠以保留字 class，例如：

```
class Type                    //Type 是形式类型名（可任取）
```

函数模板的实例化与一般的函数调用格式相同，即为

```
函数名(实际参数表);
```

【例 6-19】 函数模板用法示例。

```
#include  <iostream.h>
template  <class  Type>                    //注 1，模板声明
void  swap(Type &a,Type &b)                //注 2，函数模板的定义
{  Type  t;
```

```
        t=a; a=b;b=t;
    }
    void  main( )
    {  int  a=1, b=2;
        float  x=3.12,y=4.56;
        swap(a,b);                                  //注 3，实例化，以整型数据调用
        cout<<"a="<<a<<"    b="<<b<<endl;
        swap(x,y);                                  //注 4，实例化，以实型数据调用
        cout<<"x="<<x<<"   y="<<y<<endl;
    }
```

运行时，输出以下内容：

```
a=2   b=1
x=4.56   y=3.12
```

对程序的解释说明

注 1 的模板声明中指出，随后定义的是一个函数模板，其中用到一个形式类型 Type。注 1 和注 2 组成一个整体（中间不能夹杂除注释以外的其他内容）。注 2 定义的函数模板其功能是交换变量 a 和 b 的值，但变量的类型（当前）是未知的，将由实例化确定。

注 3 语句用两个 int 类型数据调用，于是 int 代替 Type，将函数模板 swap 实例化成下列形式（实现交换 int 类型变量 a 和 b 的值）。

```
void  swap(int &a, int &b)
{  int t;
    t=a; a=b;b=t;
}
```

注 4 用语句用两个 float 类型数据调用，于是 float 代替 Type，重新将函数模板 swap 实例化（实现交换 float 类型变量 x 和 y 的值）。

如果程序中存在同名的重载函数和模板函数，那么当出现函数调用时，编译系统将按下述次序选择与之匹配的函数。

1）如果存在多个函数都能与之完全匹配，则报错；若只能找到一个参数完全匹配的函数，则调用这个函数。

2）如果找不到参数完全匹配的函数，则寻找一个函数模板，如果能将其实例化成一个匹配的模板函数，则表示调用这个模板函数。

3）如果找不到这样的函数模板，则寻找能够经自动类型转换与之匹配的函数，则调用这个函数。

4）如果通过上述方法找不到合适的函数，则报错。

6.3.5 类模板

带有形式类型数据的类称为类模板（class template）。类模板的定义方式与函数模板差不多，即在类定义前面加模板声明。模板声明的一般格式为

```
template  <形参表 1>
```

其中，<形参表 1>中列出该类所用到的全部形式参数，包括数值参数（可无）和类型参数。数值参数说明格式同一般函数的形参（即“类型　形参名”），类型参数的说明格式同函数模板（即“class 形式类型名”）。

类模板中的成员函数如果在类体内定义，则与一般的类成员函数相同；如果在类体内只作函数声明，而在类体外进行定义，那么类体外的定义格式为

```
template  <形参表 1>                              //第一行
函数类型 类名<形参表 2>::函数名(形参表 3)           //第二行
{  …  }                                          //函数体
```

其中，第一行是重抄类模板声明的内容，即这里的<形参表 1>也就是类模板声明中的<形参表 1>。

第二行的<形参表 2>列出类模板中用到的所有参数名，其顺序必须与第一行中的<形参表 1>一致，不过这里只写参数名，普通参数前不带类型名，类型参数前不带 class。

第二行中的“形参表 3”与一般函数的形参表含义相同，即列出该函数的形参。

用类模板定义对象称为类模板的实例化，其一般格式为

```
类模板名<实参表>  对象序列;
```

其含义是，用<实参表>中列出的实参取代类模板声明中<形参表 1>对应的形参，特别是用实在类型取代形式类型，产生实实在在的类（称之为模板类），并且以“类模板名<实参表>”作为类名定义对象或对象序列。

例如，对于下面的类模板定义：

```
//定义类模板 tclass
template  <class type1,class type2>              //类模板声明
class  tclass
{ private:
    type1  a;  type2  b;                         //tclass 的私有成员 a 和 b
    …                                            //定义 tclass 的其他成员
};
```

一种对类模板 tclass 的实例化，可以定义成：

```
tclass<int,double>  obj(2,3.45678);
```

其中，type1 被实例化成 int，type2 被实例化成 double，模板类的名称为 tclass<int, double>，obj 是类 tclass<int,double>的对象，经构造函数，将 2 和 3.45678 分别赋值给 obj 的私有成员 a 和 b，完成对 a 和 b 的初始化。

类模板特别适合于描述用相同方法处理不同类型数据的情况。

【例 6-20】 类模板用法示例。

```
#include  <iostream.h>
//定义类模板 mp
```

```
template   <class t1,class t2>                          //注 1，类模板声明
class   mp
{   t1 x;   t2 y;                                        //注 2
    double   p;
public:
   mp(t1 a ,t2 b) { x=a;   y=b;}                         //构造函数
   void   getx(t1 &x);                                   //成员函数 getx 的声明
   void   gety(t2 &y) {cout <<" y="<<y;   y+=2; }        //成员函数 gety 的定义
    void   prin( )                                       //成员函数 prin 的定义
    { p=x+y;
      cout<<"p=x+y="<<p<<endl;
    }
};
template   <class t1,class t2>                          //注 3，成员函数 getx 的定义
void   mp<t1,t2>::getx(t1 &x)                           //注 4
  {cout <<"x="<<x;   x++; }                              //注 5
void   main( )
{       int m,n;      double c,d;
        cout<<"请输入一个整数和一个实数: ";
        cin>>m>>c;
        mp<int,double>obj1(m, c);                       //注 6
        obj1.prin( );                                    //注 7
        obj1.getx(m);                                    //注 8
        obj1.gety(c);                                    //注 9
        cout<<endl<<"m="<<m<<"   c="<<c<<endl;               //注 10
        cout<<"请输入一个整数和一个实数: ";
        cin>>n>>d;
        mp<double,int>obj2(d, n);                       //注 11
        obj2.getx(d);
        obj2.gety(n);
        cout<<endl<<"n="<<n<<"   d="<<d<<endl;
}
```

运行实例（带下画线的表示用户输入的数据，其余为程序输出内容）：

```
请输入一个整数和一个实数: 1   3.14
p=x+y=4.14
x=1   y=3.14
m=2   c=5.14
请输入一个整数和一个实数: 2   2.718
x=2.718   y=2
n=4   d=3.718
```

对程序的解释说明

注 1～注 5 的程序段都属于类模板 mp 的定义部分。

注 1 列出 mp 的两个类型参数：形式类型 t1 和形式类型 t2。

mp 共有三个私有数据 x、y 和 p，其中 p 的类型是确定的（double），而 x、y 的类型是

“形式的”（由注 2 分别指其为 t1 和 t2），它们将被实例化所给出的实在类型所取代。

除构造函数外，mp 还有三个成员函数，其中 gety 和 prin 的定义都写在 mp 的定义体内；而 getx 则在体内声明，具体定义细节写在 mp 的定义体外（注 3、注 4、注 5）。

注 3 是抄写注 1 的内容（二者完全相同）。

注 4 中的<t1,t2>列参数名 t1 和 t2，而(t1 &x)表示函数 getx 只有形参 x，x 是类型为 t1 的传引用参数。注 5 则是 getx 的函数体，在输出 x 值之后，将 x 的值增加 1，当然实际增加的是 x 对应的实参。

注 6 对 mp 进行实例化，用 int 取代 t1，double 取代 t2，并且用 m 和 c 作为实参，启动构造函数，将 m 和 c 的值赋给 x 和 y（对 x 和 y 进行初始化）。

注 7 调用 prin，计算并输出 p 的值。注 8 的调用，引起输出 m 的值，并将 m 值加 1，注 9 的调用引起输出 c 的值，并将 c 的值加 2。

注 10 输出经注 7、注 8、注 9 调用后的 m 和 c 的值。

从运行实例可以看出注 7、注 8、注 9 调用的执行路线。

注 11 再次对 mp 实例化，这一次，改用 double 取代 t1，int 取代 t2，并且用 d 和 n 作为实参，启动构造函数，将 d 和 n 的值赋给 x 和 y。注 11 以后产生的输出结果不赘。

习题 6.3

[填空题]

6.3-1　利用虚拟函数和（1）_________可以实现动态多态性，即（2）_________才确定调用同名函数中的哪一个。

6.3-2　指向基类类型的指针可以指向_________。

6.3-3　虚拟函数的一般定义格式为

```
函数类型  （1）________  函数名(形参表)
{    …                  //函数体    }
```

或

```
（2）________     函数名(形参表)
{    …        //函数体    }
```

6.3-4　如果在（1）_________对函数 A（或类 A）作友元声明，则 A 是 B 的友元（即友元函数或友元类）；如果 A 是类 B 的友元，则 A 可以访问类 B 的所有成员，包括（2）_________

6.3-5　模板声明“template <class Type1，class Type2>”中，指明（1）_________是类型参数。如果函数 f 的形参表中含有一个或多个（2）_________，那么 f 就是一个函数模板。调用 f 时，用实在类型代替相应形式类型的过程，称为对函数模板的（3）_________，从而产生将要实际执行的模板函数。

6.3-6　带有（1）_________的类称为类模板。在定义类模板的前面加模板声明：

```
template  <形参表 1>
```

其中，<形参表 1>中列出该类所用到的（2）________，包括数值参数（可无）和类型参数，数值参数的说明格式为“（3）________”，类型参数的说明格式为“（4）________”。

用（5）________定义对象称为类模板的实例化，其格式为“类模板名<实参表> 对象序列;”，表示用<实参表>中列出的实参取代类模板声明中（6）________对应的形参，产生模板类，而所定义的对象其类名为（7）________。

[程序设计题]

△6.3-7 给【例 6-4】中的栈增加长度调节功能，初始长度为 MAX，每当栈满时，则请求追加长度 MAX；每当栈的空余量超过 MAX，则请求减少长度（减 MAX）。

△6.3-8 设计一个字符串类，包括动态分配串空间、读入串、求串长、串复制、串连接以及输出串内容等一系列成员函数。

6.3-9 将【例 3-10】（复数运算）用类实现。

附　　录

附录 A　数制和码制

1. 二进制

在计算机中，程序、数据、字符以及其他所有信息都采用二进制的表示形式，每个数位（称作 bit）上的数字只有 0 和 1 两种可能（要么是 0，要么是 1）。

二进制的基数（也称底数）为 2，采用“逢二进一”的加法规则。二进制数的一般形式可以表示为：

$$a_n a_{n-1} \cdots a_1 a_0 . b_1 b_2 \cdots b_m$$

其中，每个 a_i 和 b_j 都是 0 或 1，整个数对应的十进制数值为：

整数部分等于　　$a_n \times 2^n + a_{n-1} \times 2^{n-1} + \cdots + a_1 \times 2^1 + a_0 \times 2^0$

小数部分等于　　$b_1 \times 2^{-1} + b_2 \times 2^{-2} + \cdots + b_m \times 2^{-m}$

也就是说，小数点向左的每一位上的“1”分别代表（十进制的）1, 2, 4, 8, 16,…；小数点向右的每一位上的“1”分别代表（十进制的）$\frac{1}{2}$，$\frac{1}{4}$，$\frac{1}{8}$，$\frac{1}{16}$，…

例如，$(1001011.11)_2 = 1\times2^6 + 0\times2^5 + 0\times2^4 + 1\times2^3 + 0\times2^2 + 1\times2^1 + 1\times2^0 + 1\times2^{-1} + 1\times2^{-2} = (75.75)_{10}$

将十进制数转换成二进制数时，整数部分和小数部分要分别转换。

整数部分的转换规则是“连续除 2，倒排余数”。也就是，将“本数”反复除以 2，记录下余数（取余），直到“本数”（也就是商）变为 0。所记录的余数依次从右（低位）向左（高位）排列。

小数部分的转换规则“连续乘 2，顺排整数”。也就是，将“本数”反复乘以 2，并记下个位数字（个位数不参加下次的相乘），直到“本数”变为 0，或达到满意的“精度”（十进制有限小数转换成二进制时，可能变成无限循环小数），所记录的个位数字依次从左（高位）至右（低位）排列，并在前面加上小数点。

例如，将十进制数 44.385 转换成二进制数，结果为$(44.385)_{10} = (101100.0110001\cdots)_2$。

转换步骤如下：

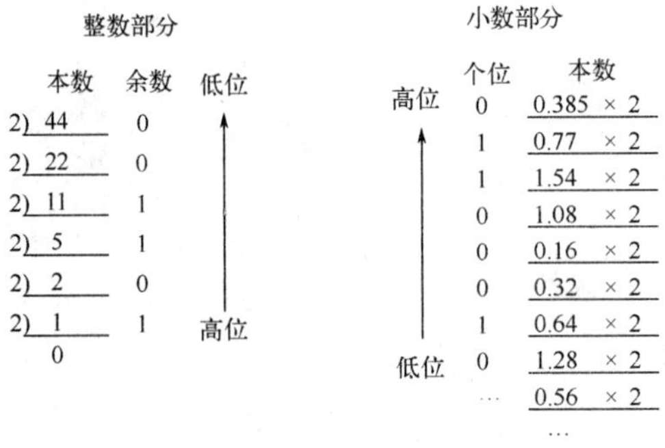

整数部分

	本数	余数	
2)	44	0	低位 ↑
2)	22	0	
2)	11	1	
2)	5	1	
2)	2	0	
2)	1	1	高位
	0		

小数部分

	个位	本数
高位	0	0.385 × 2
↑	1	0.77 × 2
	1	1.54 × 2
	0	1.08 × 2
	0	0.16 × 2
	0	0.32 × 2
	1	0.64 × 2
低位	0	1.28 × 2
	…	0.56 × 2
		…

将二进制数以小数点为界，分别向左、向右每 3 位一组，按十进制换算出每组（3 位）的数值（即 3 位合成 1 位），就转换成了八进制数。不足 3 位时，整数部分在最左边补 0，小数部分在最右边补 0，凑成 3 位。

例如：

001 110 101 010 011 010
1 6 5 . 2 3 2

表示把$(1110101.01001101)_2$转换成$(165.232)_8$。

将八进制数的每一位扩展成 3 位二进制数（一分为三）就可转换成二进制数。

例如：

3 1 7 . 0 3 4
011 001 111 000 011 100

表示把$(317.034)_8$转换成$(11001111.000011100)_2$。

类似的，将二进制数每 4 位合成 1 位，就可将其转换十六进制数；将十六进制数的 1 位扩展成 4 位二进制数就可转换成二进制数。

十六进制数共有 16 个数字，除 0～9 外，分别用字母 A～F（大小写均可）表示（十进制的）10～15。

例如：

0001 0101 1000 1011 1010 0110 0100
1 5 8 B . A 6 4

表示把$(1010110001011.1010011001)_2$转换成$(158B.A64)_{16}$。

又如：

2 F 0 . 4 A
0010 1111 0000 . 0100 1010

表示把$(2F0.4A)_{16}$转换成$(1011110000.01001010)_2$。

八进制和十六进制只是二进制的一种过渡性的“易读”形式，与二进制无本质区别。

几种进位制的对应关系见表 A-1。

表 A-1　几种进位制的对应关系

十进制	二进制	十六进制	八进制	十进制	二进制	十六进制	八进制
0	0000	0	0	8	1000	8	10
1	0001	1	1	9	1001	9	11
2	0010	2	2	10	1010	A	12
3	0011	3	3	11	1011	B	13
4	0100	4	4	12	1100	C	14
5	0101	5	5	13	1101	D	15
6	0110	6	6	14	1110	E	16
7	0111	7	7	15	1111	F	17

2．原码、补码和反码

存储在计算机中的二进制形式的数称为机器数，机器数在计算机中的表示形式称为对机器数的编码。编码的目的主要是解决如何表示带符号数，也就是如何表示正负号和如何表示负数，使计算更方便快捷。

有原码、补码和反码等 3 种编码方法。其共同点是，最高位是符号位，用于存储该数的正负号，“0”表示正号，“1”表示负号，其余各位用于存储数值（数值位）。通常情况下，一个机器数占一个机器字。一个机器字能够表示的最大整数值与机器的字长有关。

这方便起见，下面介绍 3 种编码方法时，用 k 表示机器的字长，并且举例时假定 k=8。

这 3 种编码方法对正数的编码结果都是一样的，仅对负数的编码结果不同。

（1）原码

原码的编码规则是，除最高位为符号位外，其余各位用于存储数的绝对值。

一个机器字所表示的整数可以写成如下形式：

正整数：$0a_6a_5a_4a_3a_2a_1a_0$

负整数：$1a_6a_5a_4a_3a_2a_1a_0$

$[0]_{原}$既可以是 00000000（正 0），也可以是 10000000（负 0）。

一个机器字能够表示的整数值范围为 $0\sim\pm2^{k-1}-1$。

于是，整数 X 的原码可以表示为

$$[X]_{原}=\begin{cases}X & 0\leqslant X<2^{k-1}\\ 2^{k-1}-X=2^{k-1}+|X| & -2^{k-1}<X<0\end{cases}$$

原码也适用于对纯小数进行编码。让小数点固定在符号位的右侧（但无须存储小数点），于是一个机器字所表示的纯小数可以写成如下形式：

正的纯小数：$0.b_1b_2b_3b_4b_5b_6b_7$

负的纯小数：$1.b_1b_2b_3b_4b_5b_6b_7$

纯小数 X 的原码可以表示为

$$[X]_{原}=\begin{cases}X & 0\leqslant X<1\\ 1-X=1+|X| & -1<X<0\end{cases}$$

例如，因为$(23)_{10}=(10111)_2$，故原码$[23]_{原}$=00010111，$[-23]_{原}$=10010111。二进制小数 ±0.1001 的原码分别为$[0.1001]_{原}$=0.1001000 和$[-0.1001]_{原}$=1.1001000。

原码表示法虽然简单，但却不容易实现加减运算。例如，计算 a+b 时，需要先判断 a 和 b 的正负号，同号相加，异号相减。而相减时，还需要判断用谁去减谁，以及结果值的正负号。

（2）补码

补码的编码规则是，正数$[X]_{补}$与$[X]_{原}$相同；负数$[X]_{补}$等于$[|X|]_{补}$的各位（包括符号位）取反（即 0 变 1，1 变 0）后，再加 1（简述为“求反加 1”）。

例如，$[23]_{补}$=00010111，而$[-23]_{补}$=11101001。

整数 X 的补码可以表示为

$$[X]_{补}=\begin{cases}X & 0\leqslant X<2^{k-1}\\ 2^{k}+X=2^{k}-|X| & -2^{k-1}\leqslant X<0\end{cases}$$

将负数的补码还原成原码时，只要保持符号位不变，将其余各位按位求反后，再加 1。

例如，$[-23]_补$=11101001，$[-23]_原$=10010110+1=10010111。

采用补码表示法的最大好处是，可以将符号位作为数值的一部分直接参加运算，从而简化了加减运算，而且还可以将减法运算转换为加法运算。其加减运算规则（公式）如下：

$$[X+Y]_补=[X]_补+[Y]_补$$

$$[X-Y]_补=[X]_补+[-Y]_补$$

例如，X=14，Y=7，现要计算 X–Y=Z 的值，分别求出[X]补=1110 和[–Y]补=11111001，代入上述减运算公式，得到：

$[Z]_补=[X-Y]_补=[X]_补+[-Y]_补$=1110+11111001=00000111（最高位的进位自然溢出）

因为，$[Z]_补$是正数，所以 Z=X–Y 的值为$(00000111)_2=(7)_{10}$。

实际上，这种将“减法变成加法”的做法，属于“模加”运算。模数 $M=2^k$。用$+_M$ 表示模加运算符，其含义为

$$a+_Mb=(a+b)\%M$$

在日常生活中存在不少“模加”运算的实例。

比如，12 小时制的时钟，周期（也就是模数）M=12。若当前时间是 3:00，那么，10 小时后的时间就是 $3+_{12}10=(3+10)\%12=1$（即为 1:00）；而 10 小时前的时间等于 $3+_{12}(-10)=3+_{12}2=5\%12=5$（即为 5:00），这是因为，当 M=12 时，−10 与 2 是“互补的”，所以，减 10 和加 2 的结果是一样的。

凡是处于“循环变化”状态的系统均可以看作“模加”系统。再如，在平面直角坐标系中，角度的变化循环周期为 360°（模数 M=360）。30°“等价于”−330°，−60°“等价于”300°。

补码也能用于表示纯小数。

（3）反码

反码的编码规则是，正数$[X]_反$与$[X]_原$相同；负数$[X]_反$等于$[|X|]_反$的各位（包括符号位）取反。

例如，$[23]_反$=00010111，而$[-23]_反$=11101000。

可见，负数的反码仅比其补码少加 1，也就是说，反码加 1 就得到其补码。

不过，目前的计算机很少使用反码，通常都使用原码和补码。

3．定点数和浮点数

存储在计算机中的数据可以采用两种方式，一种是定点方式（定点数），另一类是浮点方式（浮点数）。定点方式只能用来表示绝对值不是很大的整数和绝对值不是很小的纯小数，浮点方式能表示的数值范围要大得多。

（1）定点数

定点数的小数点隐含在某个固定位置（但无须存储小数点）。分为无符号定点整数、带符号定点整数和带符号定点纯小数 3 种。

- 无符号定点整数：没有符号位，所有的数位都是数值位，小数点隐含在最右边，无符号整数的取值范围是 $0\sim2^k-1$。
- 带符号整数：最高位是符号位，其余的是数值位，小数点隐含在最右边。可采用原码或补码形式，原码的取值范围是：$-(2^k-1)\sim(2^k-1)$，补码的取值范围是：$-2^k\sim$

(2^k-1)。

- 带符号定点纯小数：最高位是符号位，其余的是数值位，小数点隐含在符号位之后。其原码的取值范围是$-(1-2^{-(k-1)})$～$(1-2^{-(k-1)})$，补码的取值范围是-1～$(1-2^{-(k-1)})$。

（2）浮点数

浮点数由阶码 E 和尾数 M 两部分组成，尾数 M 是带符号定点纯小数，而阶码 E 是带符号整数，浮点数的真值为 $\pm M \times R^E$ 。

不同的硬件，选用不同的基数 R（R 无须存储），或取 R=10（十进制浮点数），或取 R=2（二进制浮点数）。例如，二进制浮点数 0.1101×2^{110}，即$(110100)_2$；十进制浮点数 0.3×10^{-3}，即 0.0003。当然，即使是十进制浮点数，其尾数和阶码也要化成二进制形式存储。

浮点数的存储格式形如：

阶符	阶码 E	数符	尾数 M

数符（0/1）确定尾数的正负（也就是整个数的正负），阶符（0/1）确定阶码的正负。阶码为正（阶符为 0）表示需要将尾数放大 R^E 倍（小数点向右移 E 位），阶码为负（阶符为 1）表示需要将尾数缩小 R^E 倍（小数点向左移 E 位）。浮点数的取值范围取决于阶码的长度（所占位数），数的精度取决于尾数的长度（所占位数）。

浮点运算的规则复杂，运算速度较慢。比如，两个浮点数相加时，需要先“对阶”（使阶码相同），再尾数相加。对阶时需要改变阶码值，相当于小数点在浮动，所以称为浮点数。

4．ASCII 码

计算机中使用的字符（如字母、标点符号、汉字等）都要用二进制整数（二进制代码）表示，也就是要对字符进行二进制编码，而编码总是针对某个字符集进行的。

ASCII 码是美国标准协会 ANSI 制定的美国国家信息交换标准码（American Standard Code for Information Interchange），是目前使用最为普遍的字符集编码。

ASCII 码字符集中共有 256 个字符（见附录 B），每个字符占 1 字节，其中码值 0～127（最高位总是为 0）是基本字符，码值 127～255（最高位总是为 1）是扩展字符。

基本字符集中，码值 0～32 是控制字符，32～126 是可印刷字符（除 32 以外的字符称为可见字符）。可印刷字符包括数字 0～9、英文字母（大小写各 26 个），以及各种运算符和标点符号。

5．汉字内码

汉字编码分为内码和外码。内码也称机内码，是汉字在计算机内部的存储表示（类似于 ASCII 码）。外码也称输入编码（也称输入法），是通过普通键盘向计算机内输入汉字时所用到的编码。

下面介绍 5 种内码的编码方法和特点。

（1）GB 码

我国 1980 年公布的简体汉字编码 GB 2312-1980《信息交换用汉字编码字符集 基本集》（简称 GB 码），是中文信息处理的国家标准码（即国标码）。GB 码是在大陆及海外使用简体中文的地区（如新加坡等）使用的唯一中文编码，是几乎所有的中文系统和国际化的软件都支持的中文字符集，也是最基本的中文字符集。

GB 码含有 6763 个简体汉字（一级汉字 3755 个，二级汉字 3008 个），以及一些符号（序号、数字、拉丁字母、日文假名、希腊字母、俄文字母、汉语拼音符号、汉语注音字母）等。

GB 码属于双字节编码（每个汉字占 2B），每字节的最高位为 1（便于和 ASCII 基本字符集区分开来），其余 7 位用于存储码值，而且为了避开 ASCII 表中的控制码，每字节只选取 94 个不同的码值，称为 94 个“区”和 94“位”。1～15 区是符号区，16～94 区为汉字区。码值范围（两个字节分别取值）A1～FE（十六进制）。

（2）GBK 码和 GBK2K 码

GBK 码（1995 年）是与 GB2312 码兼容的扩展字符编码，共收录 21003 个汉字（简体和繁体）、883 个符号，并提供 1894 个造字码位。简体版中文 Windows 操作系统就采用 GBK 作为汉字的内码。

GBK2K 码则是对 GBK 再扩展，补充了藏、蒙等少数民族文字，大约有 160 万个码位，编码长度为 1～4B。

（3）BIG5 码

BIG5 码属于繁体汉字编码，是港台地区普遍使用的编码标准，采用双字节编码，包括 440 个符号和 13053 个汉字（一级汉字 5401 个、二级汉字 7652 个）。

（4）ISO-2022CJK 码

IOS-2022 是国际标准组织（ISO）为各种语言字符制定的编码标准，采用双字节编码，其中汉语编码称 ISO-2022CN，日语、韩语的编码分别称 JP、KR，三者合称为 CJK 码。目前 CJK 码主要在 Internet 网络中使用。

（5）Unicode 码

Unicode 码（Universal Multiple Octet Coded Character Set）也是一种国际标准编码，属于双字节编码。1996 年发布的 V2.0 版本中包含 6811 个符号、20902 个汉字、11172 个韩文拼音、6400 个造字区，并保留 20249 个编码位（共计 65534 个编码位），目前普遍用于网络、Windows 系统和一些大型软件。

在使用不同汉字编码的系统之间进行信息交换时，会导致汉字（或字符）不能正常显示（俗称“乱码”）。出现乱码现象时可以通过内码转换使其恢复正常。

附录B　ASCII码表

码值	字　符	码值	字符	码值	字符	码值	字符	码值	字符	码值	字符	码值	字符	码值	字符	码值	字符
000	(null)	029	↔	058	:	087	W	116	t	145	æ	174	«	203	╦	232	Φ
001	☺	030	▲	059	;	088	X	117	u	146	Æ	175	»	204	╠	233	Θ
002	☻	031	▼	060	<	089	Y	118	v	147	ô	176	░	205	═	234	Ω
003	♥	032	(space)	061	=	090	Z	119	w	148	ö	177	▒	206	╬	235	δ
004	♦	033	!	062	>	091	[	120	x	149	ò	178	▓	207	╧	236	∞
005	♣	034	"	063	?	092	\	121	y	150	û	179	│	208	╨	237	φ
006	♠	035	#	064	@	093	]	122	z	151	ù	180	┤	209	╤	238	ε
007	(beep)	036	$	065	A	094	^	123	{	152	ÿ	181	╡	210	╥	239	∩
008	(backspace)	037	%	066	B	095	_	124	|	153	Ö	182	╢	211	╙	240	≡
009	(tab)	038	&	067	C	096	`	125	}	154	Ü	183	╖	212	╘	241	±
010	(line feed)	039	'	068	D	097	a	126	~	155	¢	184	╕	213	╒	242	⩾
011	(home)	040	(	069	E	098	b	127	⌂	156	£	185	╣	214	╓	243	⩽
012	(form feed)	041	)	070	F	099	c	128	Ç	157	¥	186	║	215	╫	244	⌠
013	(carriage return)	042	*	071	G	100	d	129	ü	158	Pts	187	╗	216	╪	245	⌡
014	♫	043	+	072	H	101	e	130	é	159	*f*	188	╝	217	┘	246	÷
015	☼	044	,	073	I	102	f	131	â	160	á	189	╜	218	┌	247	≈
016	►	045	-	074	J	103	g	132	ä	161	í	190	╛	219	█	248	°
017	◄	046	.	075	K	104	h	133	à	162	ó	191	┐	220	▄	249	·
018	↕	047	/	076	L	105	I	134	å	163	ú	192	└	221	▌	250	·
019	‼	048	0	077	M	106	j	135	ç	164	ñ	193	┴	222	▐	251	√
020	¶	049	1	078	N	107	k	136	ê	165	Ñ	194	┬	223	▀	252	^{n}
021	§	050	2	079	O	108	l	137	ë	166	ª	195	├	224	α	253	^{2}
022	▬	051	3	080	P	109	m	138	è	167	º	196	─	225	ß	254	■
023	↨	052	4	081	Q	110	n	139	ï	168	¿	197	┼	226	Γ	255	ÿ
024	↑	053	5	082	R	111	o	140	î	169	⌐	198	╞	227	π		

（续）

码值	字　符	码值	字符	码值	字符	码值	字符	码值	字符	码值	字符	码值	字符	码值	字符	码值	字符
025	↓	054	6	083	S	112	p	141	ì	170	¬	199	╟	228	Σ		
026	→	055	7	084	T	113	q	142	Ä	171	½	200	╚	229	σ		
027	←	056	8	085	U	114	r	143	Å	172	¼	201	╔	230	μ		
028	∟	057	9	086	V	115	s	144	É	173	¡	202	╩	231	τ		

注：1．码值指 ASCII 码的数值，这里是十进制数值。

2．码值 0～31 通常是控制字符，码值 32～126 是可印刷字符（一般的 ASCII 码通常指这部分码值），除 32（空格符）外，都是可见字符。

3．码值 127～255 是扩展字符。不同系统的控制字符和扩展字符可能不同，这里是 Windows 系统的字符集。

附录 C　C/C++常用库函数

内容

附录 C

附录 D　Visual C++ 6.0 的基本用法

内容

附录 D

视频

VC++6.0

附录 E　Visual C++ 2010 的基本用法

内容

附录 E

视频

VC++ 2010

视频

CodeBlocks

附录 F 部分习题参考答案

第 1 章

1.1-6 （1）主函数 main （2）main 或主

1.1-8 （1）循环结构的前部 （2）测试控制条件 （3）控制条件满足时 （4）控制条件不满足时

1.2-2 合法的有：'\065'：整型，数值为八进制 65（或十进制 53，数字字符 5）；0X4D，整型，数值为十六进制 4D（或十进制 77）；"c"，"a+=m;" 字符串，数值为其本身；1.0E05，213. -900. .007 实型，数值分别为-100000，213.0，-900，0.007

不合法的有：3FF（像十六进制数，但写错了）；123,456（中间含有逗号）；E15（E 前少整数部分）；'None'（字符串括号不对）；-2.0e（e 后少指数部分）；MAX，PI（要作为常量使用需要先定义）

1.2-3 正确的有：定义 1 和定义 4；不正确的有：定义 2、定义 3、定义 5，其中：定义 2 的错误：保留字不能大写，应为：float a, b; int q, m,p；定义 3 的错误：a 和 b 不能带括号 应为：char a, b；定义 5 的错误：a 和 b 之间不能带等于号（初值要一个个地赋）应为：int a=0,b=0;

1.2-5 （1）0 （2）0X 或 0x （3）不能

1.2-7 （1）1 （2）2 （3）2

1.2-9 0～65535

1.2-14 D

1.2-17 B

1.2-19 A

1.2-20 B

1.2-23 （1）10.5 （2）8 （3）5 （4）16 （5）1 （6）8

1.2-24 （4）1 （6）2 （7）71（或）G （9）0 （16）5 （21）0 （24）1 （27）0 （28）1 （34）1

1.2-25 （3）1 （8）4 （9）4

1.2-26 a=3，b=10

1.2-29 （1）(a-1+t)%12+1 （5）sqrt((x1-x2)* (x1-x2)+(y1-y2)*(y1-y2))
（7）a2=28+((x %400= =0)||(x%400!=0)&&(x%4= =0));

1.2-30 （4）a/100%2= =a/10%10%2|| a/10%10%2= =a%10%2 （6）x&&x<1||x>=1&&x = = (int)x，或 x>1E-6&&x<1||x>=1&&x-(int)x>1E-6

1.2-31 （1）x=a&0x00FF （3）x=a|0xFF00 （6）x=a&0xFF00|～a&0x00FF

1.3-1 12.34A56

1.3-2 D

1.3-3 C

1.3-8 98 23.45↵┘****98***23.45↵┘/*****98**↵┘*****/**98↵┘///98↵┘

1.3-11　5,0x35,065,+00053

1.3-12　x=1234.568,y=8.77e+003

1.3-14　z=11.750000

1.3-17　i=2,j=1,k=1↵i=2,j=2,k=1↵i=2,j=4,k=2↵

1.3-18　（1）i,j,k　（2）++i;

1.3-19　修改后的程序：

```
#include  <stdio.h>
#include  <math.h>
void  main( )
{
  float a,b,c;
  printf("请输入系数 a,b,c:\n");
  scanf("%f%f%f",&a,&b,&c);
  printf("方程式%8.2fx*x    %+8.2fx   +%8.2f\n",a,b,c);
  printf("第一个根    x1=%8.2f\n",(-b+sqrt(b*b-4*a*c))/2.0/a);
  printf("第二个根    x2=%8.2f\n",(-b-sqrt(b*b-4*a*c))/2.0/a);
}
```

1.4-2　D

1.4-5　2

1.4-6　（1）1：2：4　（3）1：3：4

第 2 章

2.1-4　不会

2.1-7　B

2.1-8　A

2.1-9　（3）大写字母且不是 IJK 者

2.1-11　（2）F　D

2.1-15　（1）ch= ='Y'||ch= ='y'　（2）else　（3）ch= ='N'||ch= ='n'

（4）cout<<"ERROR\n";

2.2-2　（1）循环语句和 switch　（2）循环

2.2-6　B

2.2-8　4

2.2-10　5，3，8

2.2-11　x=1，y=21

2.2-14　#1,*1,*2,3,4,

2.2-16　27

2.2-20　13,3:16,15:5

2.2-21　x=9，y=7

2.2-22　21

2.2-24　-2+1+1#+4+0+1#

2.2-29 （1）c=0 （2）y<=100 （3）100-y-z （4）x>0

2.2-32 （1）>=1e-6 （2）sign/(k*2+1) （3）++ （4）4*pi

2.2-34 （1）p=0 （2）continue （3）n/100+10*(n/10%10)+100*(n%10) （4）i*i<= （5）break （6）p

2.2-36 （1）flag=1 （2）up （3）cin>>c （4）break （5）(b<c) （6）up （7）b=c

2.2-38 （1）&b,& （2）sum=0 （3）i>=1 （4）i-- （5）b*=10

2.2-41 （1）break （2）continue （3）b （4）||c>mday （5）days=0, （6）days+=365 （7）days+=30 （8）days+=29 （9）days%7

2.2-42 （1）for 循环：for(s=x=1;x<100;x+=2)s+=x; while 循环：s=x=1; while(x<100)s +=x,x+=2; do-while 循环：s=x=1;do s+=x,x+=2; while(x<100);

2.2-43 （3）for 循环：for(p=0,e=x,n=1;fabs(e)>1E-6;)p+=e,e=-e*x/++n; while 循环：p=0,e=x,n=1; while(fabs(e)>1E-6)p+=e,e=-e*x/++n; do-while 循环：p=0, e=x, n=1; do p+=e,e= -e*x/++n; while(fabs(e)>1E-6);

第 3 章

3.1-3 a[9]

3.1-5 （1）其余的元素值为零 （2）出错

3.1-7 C

3.1-9 B

3.1-10 不正确，因为数组长度不是常数。

3.1-11 （4）不正确，不能整体输入整型数组元素 （11）不正确，不能整体输出整型数组元素 （12）正确

3.1-13 （2）不能，交换后又换回来了

3.1-15 s=5+8

3.1-17 4567

3.1-23 程序的功能是：找序列的峰点（输出带+号者）和谷点（输出带-号者），及峰点和谷点总个数。

3.1-24 程序的功能是：判断输入序列是否是单峰的，并找出峰点。

3.1-28 程序的功能是：找鞍点（行内最大，列内最小）。

3.1-29 325

3.1-30 （1）=-1 （2）b[i]（或 b[i]!=0） （3）a[++k] （4）,c[k]++ （5）j <=c[i] （6）a[t--]

3.1-31 （1）t （2）m%i= =0 （3）t=m/i （4）a[--k]=t （5）i++ （6）i=k

3.1-34 方法 1：（1）c=1 （2）printf("1")或 printf("%d",c) （3）j<=m （4）c=c* （5）printf("\n") 方法 3：（1）p=1 （2）a[k][0]=1 （3）a[k][j-1]+a[k][j] （4）a[p][i-1] （5）p=!p

3.1-36 程序 1：（1）t3=k*k （2）a[x]=0 （3）a[t3%10]=a[t3/10%10]=a[t3/100]=1 （4）s=0,x=1 （5）!s

3.2-4 A

3.2−6 D

3.2−7 IJK

3.3−6 4

3.3−8 4d，4d，c34d

3.4−6 （1）打开 （2）关闭

3.4−9 （1）非零 （2）0

3.4−12 B

3.4−13 A

3.4−16 （2）将其中的 9 改为 7，即改为：fseek(fp,7L,0);

3.4−18 （1）!feof(fp1) （2）k=0 （3）'\n' （4）s[−−k] （5）fputc('\n',fp2)

第 4 章

4.1−2 （1）m 和 n （2）n 和 m%n

4.1−3 （1）能 （2）不能 （3）能

4.1−4 B

4.1−5 A

4.1−7 D

4.1−9 二者功能相同，都是将数组元素逆转（即反向排列）

4.1−10 删除数组 a 中所有值等于 x 的元素，并返回余下的元素个数

4.1−11 2,303，8312；函数的功能是：将整数 n 各位数字倒排后形成的整数。

4.1−13 1，0，1；函数的功能是：分析整数 n 各位数字是否呈奇偶交替出现，若是，则返回值为 0；否则返回值为 1。

4.1−14 46；函数的功能是：模拟按位异或运算（23^57=46）。

4.1−16 （1）101 （2）101

4.1−18 DBCDBC

4.1−22 （2）1 2 4 8 5（后面有 15 个 0）

4.1−25 （1）a[i] （2）j= （3）a[j+1] （4）a[j+1]

4.1−28 （1）flag= =0 （2）d[i] = =d[i+1] （3）return 0 （4）n （5）test(d,k) （6）i<=n （7）b[++j1] （8）c[−−k2]

4.1−30 （1）k++ （2）q=i−1 （3）q−max+1 （4）c−'A' （5）t++

4.1−33 （1）f(n) （2）k=2 （3）<=n （4）return 0 （5）return 1 （6）a[k++]=n%10, n/= 10 （7）n=n*10+a[i]

4.2−1 （1）定义整型全局变量 a，且 a 不允许其他源程序文件使用 （2）定义整型局部静态变量 a （3）声明本文件中将要使用在其他源程序文件中定义的整型全局变量 a （4）声明本函数中将要使用在本源程序文件中定义的整型全局变量 a

4.2−3 （1）仅限于函数内部 （2）整个程序执行期间 （3）static （4）静态 （5）编译期间

4.2−6 （1）static，register，auto （2）register，auto （3）extern，static （4）extern，static

4.2−9 A

4.2-11 （1）第一行前面要加 #include <stdio.h> （2）函数 f1 中语句“a+= ++k;”之前要加 extern int k; （3）主函数中语句“printf("x=%d\n",x);变量 x 未定义（去掉此句） （4）定义类型名 st 时，其成员名 st 与类型名 st 重复（可将类型名改为 s)，即改为：

```
typedef struct
 { int n,st; }s;
s a[N];
```

4.3-1 （1）不能 （2）缺乏递归终止条件，属于无限递归函数

4.3-3 2 和 4

4.3-5 8 7 6 5 4 3 2 1

4.3-6 13 和 7

4.3-10 1 2 4

4.3-14 （1）ABS(x) （2）int a,a0,i （3）a,x,s （4）a0=a,x0=x,s0=s （5）a0,x0,s0

第 5 章

5.1-3 （1）p=a （2）合法 （3）合法 （4）2 （5）3

5.1-5 abcd

5.1-8 （1）p=*a（或 p=a[0]，p=&a[0][0]） （2）p=a[1]（或 p=&a[1][0]）
（3）p=&a[1][2] （4）p=&a[0][3] （5）a[i][j]

5.1-9 C

5.1-10 D

5.1-12 D

5.1-13 B

5.1-14 2：3：

5.1-16 a=8,b=6,c=5

5.1-18 DHMFKM

5.2-2 A

5.2-5 求数组 a[n]的最大元素和最小元素所在的下标

5.2- 8 115uudent

5.2-12 3

5.2-14 ABDGK

5.2-16 116,115,50,51

5.2-22 Nanjing is a beautifu city.

5.2-23 （1）r=p+n−1 （2）p++ （3）p= =r （4）*p>*(p+1) （5）return 0

5.2-24 （1）(*r)[N] （2）p++,j++ （3）(*r)+j （4）for(i=1;i<m;i++)

5.3-1 7 3 B

5.3-4 8 10

5.3-7 （1）cptr 或 complex * （2）cptr x1,cptr x2 或 complex *x1,complex *x2
（3）complex x, y （4）&x , &y （5）p−>r,p−>i

5.3-8 （1）*q （2）pupil[i].sum （3）a[i] （4）a[i]=a[k] （5）a

第 6 章

6.1-4 10 1

6.1-6 Object x=5 miles, 90 yards. object y=8 miles, 120 yards. object z=13 miles, 210 yards.

6.2-5 8

6.3-5 （1）Type1 和 Type2 （2）形参表 （3）类型参数 （4）实例化

参 考 文 献

[1] Brian W Kernighan，Dennis M Ritchie．The C Programming Language[M]．2nd ed．Upper Saddle River：Prentice Hall，1997．

[2] 陈卫卫．C/C++程序设计教程[M]．北京：希望电子出版社，2002．

[3] 王庆瑞，等．软件技术基础[M]．北京：科学出版社，2001．

[4] 陈卫卫，王庆瑞．计算机程序设计基础[M]．北京：机械工业出版社，2007．

[5] 陈卫卫，王庆瑞．数据结构与算法[M]．第 2 版．北京：高等教育出版社，2015．

[6] Brian W kernighan, Rob Pike．程序设计实践[M]．裘宗燕，译．北京：机械工业出版社，2000．